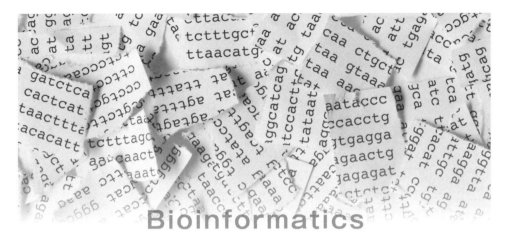

Bioinformatics

進化で読み解く

バイオインフォマティクス入門

長田直樹 [著] Naoki Osada

●本書のサポート情報を当社Webサイトに掲載する場合があります．
下記のURLにアクセスし，サポートの案内をご覧ください．

https://www.morikita.co.jp/support/

●本書の内容に関するご質問は，森北出版 出版部「(書名を明記)」係宛
に書面にて，もしくは下記のe-mailアドレスまでお願いします．なお，
電話でのご質問には応じかねますので，あらかじめご了承ください．

editor@morikita.co.jp

●本書により得られた情報の使用から生じるいかなる損害についても，
当社および本書の著者は責任を負わないものとします．

■本書に記載している製品名，商標および登録商標は，各権利者に帰属
します．

■本書を無断で複写複製（電子化を含む）することは，著作権法上での
例外を除き，禁じられています．複写される場合は，そのつど事前に
(一社)出版者著作権管理機構（電話03-5244-5088，FAX03-5244-5089，
e-mail：info@jcopy.or.jp）の許諾を得てください．また本書を代行業者
等の第三者に依頼してスキャンやデジタル化することは，たとえ個人や
家庭内での利用であっても一切認められておりません．

はじめに

　本書のタイトルにある**バイオインフォマティクス** (bioinformatics) とは，広義には，コンピュータを用いて生物を研究する学問分野を指す．しかし，コンピュータが日常的に利用される現在，生物を扱う研究において，コンピュータを用いない領域は存在しないといってよい．塩基配列の決定からデジタル観測データの収集・解析まで，コンピュータを用いて情報を解析する技術は，生物学のあらゆる分野においてなくてはならないものになっている．それでは，本書が解くバイオインフォマティクスとはどのような意味をもっているのだろうか．あまりに定義を広くとってしまうと，とても1冊の本ですべてをカバーすることはできないので，歴史をさかのぼって，生物と情報とのかかわりについて考えてみよう．

　バイオインフォマティクスという学問分野は，歴史的にいくつかの領域から成り立ってきた．生物学は元来博物学的な記載が中心の学問であったが，1940年代にDNAやタンパク質の物質的な正体が明らかになってくると，それまで生物学とは無縁であった多くの物理学者や化学者が生物の研究を始めるようになった．その後分子生物学とよばれるようになったこれらの研究分野は，生物を精密な機械と捉え，それが機能を果たし生きていくための機構を明らかにすることを目的としていた．一方，それより以前の生物学者は，生物で普遍的に見られる遺伝の仕組みを「遺伝子」という抽象的な概念で捉えていた．遺伝は生物の進化を考えるうえでも重要な要素と考えられた．遺伝子は生物を作り上げる「情報」を次世代に受け渡し，その情報が突然変異により変化することで進化が起こる．これら二つの研究の流れは，1953年に，ワトソンとクリックらがDNAの二重らせん構造を解明することによって遺伝子の本体が明らかにされ，その後DNAからタンパク質への情報の伝達（セントラルドグマ）の仕組みが解明されることにより，融合した一つの研究分野を形作っていった．個人的な見解では，現在のバイオインフォマティクス分野は，この二つの領域の研究をもとに形作られたと考えられ，そのコンセプトが本書の内容に反映されている．つまり，生命情報という視点から生物というものを理解できるようになることが，本書による学習の到達点の一つである．

　本書において中心として扱われるキーワードは**遺伝**，**ゲノム**，**情報**の三つであり，これらのキーワードを束ねるものとして，**進化**の概念がある．進化の概念は，これら三つの要素を俯瞰し，一つの統合された概念として理解するために役に立つものであるた

め，本書ではとくに重点を置いて解説を行っている．生物学の歴史における有名な言葉の一つに，テオドシウス・ドブジャンスキー (Theodosius Grygorovych Dobzhansky) による，「生物学では，進化の光なくしては何事も意味をなさない」というものがある．生物というものを理解するには，進化的な視点が必要不可欠であるという意味であり，本書はこの視点を重要視した内容となっている．

　本書はもともと，私が担当する北海道大学工学部生体情報コース 3 年次における講義，「生命情報解析学」のために書かれたものである．生物，工学，情報学を幅広く学ぶことのできるコースであるため，さまざまな専門的背景をもった学生が聴講することになっている．したがって，本書は生物に関する基礎知識から統計学・情報学の基礎までを幅広く含む内容になっている．大学学部生にとっては若干専門的すぎる部分もあるが，大学学部生だけでなく，これから本格的に研究を始めようと思う大学院生，または，これからゲノムデータや遺伝子発現データを扱い始めたいと思っている生物学他分野の研究者にも有用であると思う．

　これまで出版された多くのバイオインフォマティクスに関するテキストは，情報解析についての数理的な側面を詳細に掘り下げていくか，ソフトウェアなどのツールの使い方を中心に扱っているものが多かった．しかし，手法を用いる意義や応用方法についての生物学的な正しい理解がなければ，その手法を上手に利用することは難しいだろう．バイオインフォマティクス分野の広がりとともに，研究で用いられる方法は複雑多岐になり，論文として発表されている研究方法であっても多くの基礎的な間違いを含むものも多い．本書は，進化という軸を通して，ゲノムデータ解析などのバイオインフォマティクス研究を行うにあたって最低限必要な手法の意義や理論的背景を理解することができるように構成されている．

　本書は全 11 章で構成されている．序盤の第 1 章，第 2 章ではそれぞれ，分子・ゲノムに関する基礎知識と，遺伝・進化に関する基礎知識について学習を行う．すでにある程度の知識をもっている読者は，これらの章に関しては飛ばしてもかまわないだろう．第 3 章から第 10 章までは，実際に行われる解析の手法や，その原理について解説を行う．各章の最初で，どのような考えで解析が行われているか，その歴史や生物学的な意義を概説し，さらにどのような応用が行われているかについて述べる．手法の紹介後，章の最後では，実際の研究を行うにあたって有用なソフトウェアの紹介を行う．第 11 章では補足として，ウェブ上でアクセスすることのできるデータベースについて簡単に解説を行う．データベースはバイオインフォマティクス研究にとって非常に重要な役割を担っているが，本書では簡単な紹介に留めることとする．また，最後には補遺として，本書でたびたび登場する，確率に関する基礎知識の紹介を行う．本書を理解するための助けとしてほしい．

ソフトウェアについては，学術研究目的に無償で提供されているものを中心に紹介している．いくつかのソフトウェアは Windows や macOS で動くものもあるが，多くは Unix/Linux 互換の OS で動くものである．これらのソフトウェアの多くはコマンドラインを用いて起動する必要があり，Unix/Linux 操作の基本的な知識が必要となってくる．本書ではソフトウェアの使い方についての詳細なチュートリアルは行わないが，多くの場合ウェブ上に十分な情報が掲載されているので，コマンドの打ち方やソフトウェアのインストール法については各自学習していただきたい．また，近年のバイオインフォマティクス解析ツールは，R や Python といったプログラミング言語による解析パッケージとして提供されていることが多い．Python は近年普及が進んでいるプログラミング言語で，コードの視認性がよい．また，Biopython[1] というバイオインフォマティクス解析用のパッケージがあり，多くの解析プログラムが開発されている．バイオインフォマティクスを片手間ではなく，きちんと習得したい方は，これらのプログラミング言語の習得にも時間を割いておいたほうがよいだろう．大量のデータを自由に操り，生物学的に意味のある結果をわかりやすい形で表現することがバイオインフォマティクス研究の中心的な作業であり，プログラミング言語をマスターすることによって，この流れを自由に操ることができるようになるだろう．

生命情報を扱う研究領域は常に広がり続けている．現在は，核酸やタンパク質だけではなく，代謝産物を包括的に解析するメタボローム (metabolome) 解析や，生命現象をシステムとして捉えるシステム生物学 (systems biology) といった研究も広く行われている．これらの分野の研究については本書では取り扱わないので，発展的な内容として各自で学習していただきたい．

なお，2017 年に，私も所属する日本遺伝学会より，遺伝学用語の改訂が提案された．これまで慣れ親しまれてきた，優性・劣性という用語が顕性・潜性という表現になるなど，いくつか大きな改訂が行われた．今後更なる変更があるかもしれないが，原則として，本書ではこの新しい用語を採用することにしている．

また，森北出版の丸山隆一・宮地亮介両氏には，本書の内容構成に関する助言や専門外の視点からのコメントなど，多くの助力をいただいた．ここに感謝の意を表したい．

2019 年 5 月

著　　者

目　次

1.　分子・ゲノムに関する基礎知識 ———————————————— 1
　1.1　生命情報とは　　1
　1.2　細胞の構造　　2
　1.3　メンデルの遺伝法則　　3
　1.4　DNA の構造と情報　　5
　1.5　ゲノムの多様性　　8
　1.6　DNA 鎖の複製と突然変異　　12
　1.7　さまざまな仕事をする RNA　　16
　1.8　遺伝情報の翻訳　　20
　1.9　タンパク質のアミノ酸配列　　23
　1.10　タンパク質の立体構造　　26

2.　遺伝と進化に関する基礎知識 ———————————————— 30
　2.1　はじめに　　30
　2.2　短期的な進化（集団遺伝）　　33
　2.3　長期的な進化（分子進化）　　55

3.　集団内・種内の配列解析法 ———————————————— 62
　3.1　ゲノムの多様性を理解する　　62
　3.2　変異のパターンと多様性の指標　　63
　3.3　遺伝構造の推定　　68
　3.4　自然選択を受けたゲノム領域の推定　　74
　3.5　ソフトウェアの紹介　　77

4.　種間の配列比較法 ———————————————— 79
　4.1　種間の配列比較における統計モデルの重要性　　79
　4.2　マルコフ過程の基礎知識　　80
　4.3　塩基配列の進化モデル　　82
　4.4　アミノ酸配列の進化モデル　　93
　4.5　ソフトウェアの紹介　　95

5.　配列のアラインメントと相同性検索法 ———————————————— 96
　5.1　アラインメントと相同性検索　　96
　5.2　配列のアラインメント　　97
　5.3　相同性検索　　103
　5.4　ソフトウェアの紹介　　108

6.　分子系統樹作成法 ———————————————— 109
　6.1　系統樹作成の目的　　109
　6.2　系統樹に関する基礎知識　　111
　6.3　分子系統樹の作成法　　113
　6.4　ブートストラップ法　　120
　6.5　最適なモデルの選択　　121
　6.6　樹形の探索　　123
　6.7　ソフトウェアの紹介　　123

7. 機械学習による予測法 ——————————————— 124
7.1 生命科学と機械学習　　124
7.2 隠れマルコフモデル　　125
7.3 そのほかの機械学習方法　　131
7.4 ソフトウェアの紹介　　134

8. 遺伝子配列決定法とアセンブル法 ——————————— 136
8.1 DNA 塩基配列決定の歴史と概要
　　136
8.2 塩基配列決定法　　138
8.3 リシークエンシングによる変異
検出法　　142
8.4 配列のアセンブル　　147
8.5 配列解読以外への応用　　151
8.6 ソフトウェアの紹介　　152

9. 遺伝子発現情報解析法 ————————————————— 154
9.1 遺伝子発現とその重要性　　154
9.2 トランスクリプトーム解析技術
　　157
9.3 遺伝子発現の標準化　　159
9.4 サンプル間の遺伝子発現量の
比較　　162
9.5 遺伝子発現ネットワークの解析
　　167
9.6 ソフトウェアの紹介　　169

10. タンパク質解析法 ——————————————————— 171
10.1 タンパク質立体構造解析の重要性
　　171
10.2 実験によるタンパク質立体構造
決定法　　173
10.3 立体構造の表示方法　　174
10.4 タンパク質立体構造の予測法
　　176
10.5 ソフトウェアの紹介　　180

11. データベースへのアクセスとその利用法 —————————— 181
11.1 生命情報データベースの概要
　　181
11.2 データベースの構造　　182
11.3 遺伝子配列データベース　　183
11.4 ゲノムブラウザ　　187
11.5 データベースの紹介　　188

補遺 (Appendices) ————————————————————— 191
A.1 確率分布　　191
A.2 尤度とベイズ法　　198
A.3 シャノン情報量と条件付き確率
　　199

参考文献　　201
索　引　　215

Chapter 1

分子・ゲノムに関する基礎知識

1.1 生命情報とは

　本章では，これからの学習の基礎となる，生命情報を担う分子と**ゲノム** (genome) がもつ情報に関して簡単に紹介する．**遺伝** (heredity) の仕組みとそれを担う物質の正体，また，それがタンパク質として生体機能を担うようになる過程を理解することは重要である．

　生物がもつ遺伝情報の総体をゲノムとよび，ゲノムの中にはいくつもの遺伝子がある．ゲノムは，生物によりさまざまな大きさや形をとる．**コドン** (codon) とよばれる遺伝子上の塩基の並びをもとに作られたタンパク質の機能は，個々のアミノ酸の物理化学的性質の組み合わせによって決められており，生物の形やはたらきを支配して

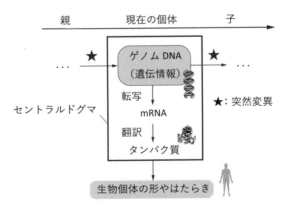

図 1.1 　セントラルドグマと生物の進化について示した模式図

遺伝情報から mRNA の転写，タンパク質の翻訳を通して（セントラルドグマ，図中太枠の中），生物個体の形やはたらきが決まる（いうまでもなく，環境からの影響も重要である）．遺伝情報は世代ごとに突然変異によって変化しうるので，遺伝情報と生物個体の形やはたらきは，世代ごとに変化していくことになる．

いる．また，それぞれのタンパク質がどこでどれくらい作られるかは，遺伝子の**転写**（transcription, 1.7.2 項参照）と**翻訳**（translation, 1.8 節参照）とよばれるはたらきによって調節されている．DNA がもつ情報が mRNA に転写され，**タンパク質** (protein)に翻訳されるという基本原理を，**セントラルドグマ** (central dogma) とよぶ（**図 1.1**）.

　本書のテーマである**進化** (evolution) の概念については次章で本格的に触れることにするが，本章のなかでとくに重要な項目は，**突然変異**（または単に変異，mutation）の発生についてである．突然変異が起こると DNA がもつ情報に変更が加えられ，セントラルドグマを通して作られる生物個体の形やはたらきにも違いが生じることがある．その結果，生物個体の形やはたらきが変化すると，個体がもつ遺伝情報が次の世代に伝わる確率が変わりうる．このことを**自然選択** (natural selection) とよぶ．このように，遺伝情報が変化しながら次世代に伝えられることによって，生物の進化が起こる（図 1.1）．遺伝情報の本質の一つは，時間とともに変化することであるから，生物がもつ情報を考えるにあたって，進化の考え方は欠かせないものである．

1.2　細胞の構造

　生物のからだを構成する基本要素は**細胞** (cell) である．ここでは，生物学になじみの薄い読者のために，ゲノムと遺伝について理解するために最低限必要な，細胞の基本構成要素について解説を行おう．細胞とは，脂質二重膜である細胞膜に囲まれた構造体である．細胞膜によって外界と隔てられており，細胞質基質で満たされている．細胞には原核細胞と真核細胞があり，原核細胞は真核細胞よりも単純な構造をしている．原核細胞と真核細胞を区別する最も大きな違いは，真核細胞では**核** (nuclear) とよばれる構造体の中に，遺伝物質である DNA が含まれていることである．真核生物の DNAは，**ヒストン** (histone) とよばれるタンパク質に巻き付いて存在している．DNA とヒストンなどのタンパク質の複合体を，**クロマチン** (chromatin) とよぶ．

　原核細胞からなる生物を**原核生物** (prokaryote)，真核細胞からなる生物を**真核生物**(eukaryote) とよぶ．原核生物はすべて単細胞からなる生物であるが，真核生物には単細胞からなるものと多細胞からなるものが存在する．ヒト (*Homo sapiens*) 成人のからだを構成する細胞の数は，およそ 37 兆個と見積もられている[2]．

　真核細胞の中には，**ミトコンドリア** (mitochondria)，ゴルジ体，小胞体，**リボソーム**(ribosome) など，多様な構造体が存在し，これらを**オルガネラ**（細胞小器官，organelle）とよぶ．また，植物などの光合成を行う生物は**葉緑体** (chloroplast)，またはプラスチドとよばれるオルガネラをもつ．ミトコンドリアと葉緑体は独自のゲノムをもち，**細胞内共生** (endosymbiosis) によって獲得されたと考えられている（1.5.1 項参照）．真

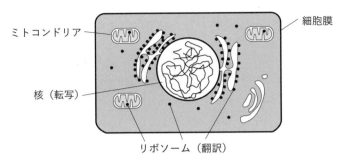

図 1.2　一般化した動物細胞の模式図

植物細胞はこれらに加えて，細胞膜を囲む細胞壁，葉緑体，液胞などをもつ．ミトコンドリアは独自のリボソーム RNA をもち，ミトコンドリアゲノムがもつ遺伝子は，ミトコンドリア内で転写，翻訳される．

核生物では，核の中で遺伝情報の転写が行われ，核外のリボソームで翻訳が行われる．リボソームは小胞体上または細胞質中に存在し，**リボソーム RNA (rRNA)** とタンパク質の複合体からなる (1.7 節参照)．一般的な動物細胞の模式図を，**図 1.2** に示す．

多細胞生物の細胞には，**体細胞** (somatic cell) と**生殖系列細胞** (germ line cell) が存在する．体細胞とは，ヒトでいうと目，皮膚，肝臓，心臓のような組織・臓器を構成する細胞であり，細胞分裂によって増殖することがある．体細胞がもつ遺伝情報は次世代には伝わらない．一方，生殖系列細胞は，将来的に卵や精子になる細胞であり，その遺伝情報は次世代に受け渡される．これら 2 種類の細胞は，ヒトのような動物の場合，発生のごく初期に分化し，その後体細胞が生殖系列細胞に変化するようなことは通常起こらない．核移植によるクローンの作製や，遺伝子導入による人工多能性幹細胞 (iPS 細胞) の作製は，人工的にこの過程を起こさせるものである[3,4]．

1.3　メンデルの遺伝法則

その正体が明らかになるはるか以前，おそらくは先史時代から，われわれ人類は遺伝という現象を知っていた．親と子の見た目や身長は似ているし，人種による肌の色の違いは，多くの場合子供に伝わる．すこし離れた系統間の関係で考えてみると，イエイヌ (以下イヌ，*Canis lupus familiaris*) の仔はイエネコ (以下ネコ，*Felis silvestris catus*) ではなくイヌであり，ネコからイヌが産まれることは現実的にはありえない．また，多くの栽培植物は，人間が野生種からある形質のものを選抜するようになった結果，大きな種子や果実をつけるようになった．過去の人類が遺伝の知識をもっていてこのような栽培化を行ったかどうかは定かでないが，大きな種子をもつ植物から採っ

た種子を用いれば，同じく大きな種子をもった次世代の植物を得られることを，経験的に理解していたと考えても何ら不思議はない．

ところが，人類が長い間漠然と抱いていた考えのなかでは，遺伝とは液体のようなものの混合によって起こるとされていた．ヒトの身長の例がわかりやすいだろう．背の高い親どうしの子供は背が高い傾向にあるが，背の高い親と背の低い親の子供は中間の高さの身長になりやすい．つまり，遺伝による形質の混合が起こっているように見える．19世紀に，遺伝の本質が混合的ではなく，粒子的であるということを実験で証明したのがグレゴール・ヨハン・メンデル (Gregor Johann Mendel) である．メンデルはエンドウ (*Pisum sativum*) を用い，綿密に計算された膨大な量の交配実験により，遺伝子のもつ性質が，混合されるのではなく分離するということを示した (図 1.3)．また，その後，ロナルド・A・フィッシャー (Ronald A. Fisher) により，身長のような連続的な形質であっても，小さな効果をもつ多くの遺伝子が分離して遺伝することによって説明できることが示された[5]．

メンデルの時代には，遺伝子の物質的な正体は不明であった．もちろん細胞の中には存在すると考えられていたのであろうが，この段階では，遺伝子は物質として存在するものというより，抽象的なものとして捉えられていた．遺伝子の正体が細胞分裂

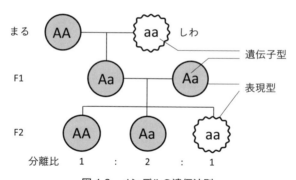

図 1.3 メンデルの遺伝法則

この例ではエンドウの種子がまるいか，しわがあるかという見た目の形質，**表現型** (phenotype) が示されている．A という**アレル** (対立遺伝子，allele) がまるい種子を形作り，a というアレルがしわのある種子を形作る．AA や Aa は個体内でのアレルの組み合わせを意味し，表現型に対して，**遺伝子型** (genotype) とよばれる．遺伝子型 AA または aa のように，同じアレルをもつことを**ホモ接合** (homozygous) とよぶ．一方，Aa のように異なったアレルをもつことを**ヘテロ接合** (heterozygous) とよぶ．この例の場合，遺伝子型 Aa をもった個体はまるい表現型を示す．このとき，アレル A は a に対して**顕性** (dominant)，アレル a は A に対して**潜性** (recessive) であると定義する．まるとしわの系統をかけあわせて F1 系統 (雑種第 1 世代) を作り，その後 F1 系統の個体どうしを掛け合わせると，次に現れる F2 世代の個体では，まるとしわの表現型が 3:1 で現れる．この例では，まる・しわの二つの表現型が，遺伝子によって分離しているといえる (中間型は現れない)．

時に観察できる**染色体** (chromosome) 上にあるということは，20 世紀の初めにウォルター・サットン (Walter Satton) によって提唱され，後にトーマス・ハント・モルガン (Thomas Hunt Morgan) によるキイロショウジョウバエ (*Drosophila melanogaster*, 以下ショウジョウバエ) を用いた実験によって強く裏付けられた．染色体は細胞分裂時に倍数化し，それぞれの娘細胞に分配される構造体である．したがって，遺伝子が染色体上にあると仮定すると，メンデルの法則を物理的に説明できる．後にハーマン・J・マラー (Hermann J. Muller) によって代表される遺伝学者たちは，主にショウジョウバエの交配実験を通して，遺伝の本質をつぎつぎに明らかにしていった．遺伝子の物質的な実体がわからなくても，表現型を変える**突然変異率** (mutation rate) の推定，遺伝子座位 (染色体やゲノム上での遺伝子の位置) 間の**組換え率** (recombination rate) の推定など，さまざまなことが明らかにされていった．

1.4 DNA の構造と情報

1.4.1 遺伝子の正体，DNA

遺伝学者が遺伝子を抽象的なものとして捉え，基盤となる理論の整備を進めていった一方，遺伝子の物質としての正体を最終的に突き止めたのは，ヒトやショウジョウバエではなく，細菌 (バクテリア，bacteria) やファージなどの，より単純な生物を用いた研究者たちであった．オズワルド・エイブリー (Oswald Theodore Avery) による肺炎レンサ球菌 (*Streptococcus pneumoniae*) を用いた実験や[6]，アルフレッド・ハーシー (Alfred Day Hershey) とマーサ・チェイス (Martha Cowles Chase) による実験により，遺伝を担う物質が **DNA** (デオキシリボ核酸，deoxyribonucleic acid) であるということが証明された．その後 1953 年に，ジェームス・ワトソン (James Dewey Watson) とフランシス・クリック (Francis Harry Compton Crick) らにより DNA の二重らせん構造が明らかにされ[7]，マシュー・メセルソン (Matthew Meselson) とフランクリン・スタール (Franklin Stahl) による実験で，DNA の複製が，二重らせん構造のうち片方の鎖を鋳型とし，もう片方を複製することによって行われることが示された (半保存的複製とよぶ，1.6 節参照)[8]．

1.4.2 DNA の構造

DNA はデオキシリボース，リン酸，塩基からできている物質 (**ヌクレオチド**，nucleotide) で，**核酸** (nucleic acid) の一種である．DNA に含まれる塩基には，**アデニン** (adenine)，**チミン** (thymine)，**グアニン** (guanine)，**シトシン** (cytosine) の 4 種類

が知られている．アデニンとグアニンは**プリン塩基** (purine base)，シトシンとチミンは**ピリミジン塩基** (pyrimidine base) とよばれており，化学構造が似ている（図 1.4）．デオキシリボースの 5′ 位にはリン酸基が結合しているが，これが別のデオキシリボースの 3′ 位のヒドロキシ基と結合することにより，数珠つなぎ状の 1 本鎖を作ることができる（デオキシリボースの構造については図 1.13 も参照）．生物がもつ DNA 合成酵素（**DNA ポリメラーゼ**，DNA polymerase）は 5′ から 3′ の方向にだけ DNA を合成していくことができるので，DNA の 1 本鎖には方向性がある．

1 本鎖 DNA 鎖は，それと逆向きの DNA 鎖と相補的に結合する．ある 1 本鎖 DNA に対して相補的な 1 本鎖 DNA のことを，**相補鎖** (complementary strand) とよぶ．2 本鎖 DNA の塩基はアデニンとチミン，グアニンとシトシンがそれぞれ**水素結合** (hydrogen bond) によって結びつき，**塩基対** (base pair) を形成する．前者は二つ，後者は三つの水素結合によって結合する．したがって，グアニンとシトシンを多く含む 2 本鎖 DNA 鎖のほうが熱に対して安定である．

相補鎖と結合した 2 本鎖 DNA は，右巻きのらせん構造をとる（**図 1.5**）．ここで注意したいのは，らせんの回転は，一般的に手前から奥に向かって（または下から上に向かって）右巻き（ねじを回す方向）と定義されていることである．DNA は左巻きの構造（Z 型）をとることも知られているが，生体内では普通観察されない．

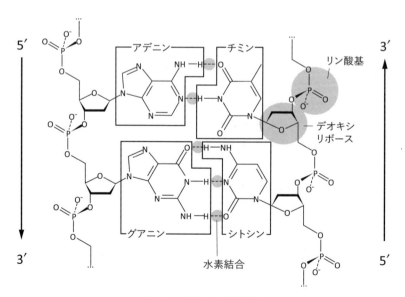

図 1.4 DNA の化学構造

大きな灰色の領域で示されたリン酸基とデオキシリボースが，はしごの支柱の部分を形作り，塩基が橋渡しを行っている．塩基間の灰色で示された領域は，水素結合を示している．

右巻き二重らせん DNA　　　左巻き二重らせん DNA

図 1.5　右巻き二重らせんと左巻き二重らせんの模式図

この場合は，下から上に向かって時計回りに回るものが右巻き二重らせんである．誤った左巻きの二重らせんは，科学論文でもときどき見られるので注意しよう．

1.4.3　DNA がもつ情報

　DNA がもつ情報は，一般的に 5′ から 3′ 方向の塩基の並びを塩基の種類ごとに 1 文字のアルファベットで表し，この並びを**塩基配列** (nucleotide sequence)，配列の 1 箇所を（塩基）サイトとよぶ．長さの単位は塩基対 (bp) である．アデニン，チミン，グアニン，シトシンは，それぞれアルファベット 1 文字で，A, T, G, C と表される．2 本鎖 DNA では，片方の鎖の塩基の配列が決まれば相補鎖の情報も自動的に決まるので，片方の情報だけ記しておけば十分である．塩基配列は常に 5′ から 3′ 方向の並びで表現するという規則に従うと，相補鎖がもつ情報は，配列を相補的に変換 (A ⇔ T，C ⇔ G) した後に，順序を逆にする必要がある．このような相補鎖の配列を，**逆相補配列** (reverse complement sequence) とよぶ．図 1.6 の例では，塩基配列 ATGCAAACGT の逆相補配列は ACGTTTGCAT となる．塩基が 4 種類しかないので，2 ビットの情報があれば 4 種類の塩基を記述できるが，たとえば塩基配列がエラーにより決まらなかった場合や，両親から受け継いだ情報など，4 種類の塩基以外の情報も同時に示したい場合がある．これらを解決するための一般的な表現方法が IUPAC 命名法により決められているので，覚えておくと便利だろう（表 1.1）．

　このような DNA の 4 種類の塩基の並び方が，遺伝情報の正体である．n 個の長さの塩基対は 4^n 通りの組み合わせをとる．ヒトの場合，約 32 億 (3.2×10^9) bp が 23 本の染色体上に分かれて存在する．ヒトは両親から半分の染色体セットを引き継ぐの

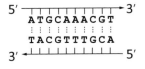

図 1.6　相補鎖と逆相補配列

塩基配列は，常に 5′ から 3′ 方向の並びで表現することに注意．

表 1.1 IUPAC により定められた塩基対の 1 文字表記法

表　記	意　味	覚え方	表　記	意　味	覚え方
G	G（グアニン）	**G**uanine	K	G or T	**K**eto
A	A（アデニン）	**A**denine	S	G or C	**S**trong
T	T（チミン）	**T**hymine	W	A or T	**W**eak
C	C（シトシン）	**C**ytosine	H	A or C or T	Not G
U	U（ウラシル）	**U**racil	B	G or T or C	Not A
R	G or A	pu**R**ine	V	G or C or A	Not T
Y	T or C	p**Y**rimidine	D	G or A or T	Not C
M	A or C	a**M**ino	N	G or A or T or C	**N**ucleotide

で，両親の分を考えると約 64 億（6.4×10^9）bp となる．父方由来，母方由来の塩基配列の違いは，塩基あたりおよそ 0.07〜0.10%である．これらの情報が，ヒトがヒトとなり，ヒトの個人差を作り出す要因となっている．

1.5　ゲノムの多様性

1.5.1　核相

ヒトのゲノムは，父方由来，母方由来の対となる染色体から構成される．両親から半分ずつのゲノムを引き継いでいるものを**二倍体**（diploid）とよび，その半分のゲノムをもつものを**単数体**（haploid）とよぶ．また，二倍体生物において，父方・母方由来の対を成す染色体どうしを，**相同染色体**（homologous chromosome）とよぶ．ヒトの場合，減数分裂を行った配偶子は単数体であり，受精により二倍体となる．真核生物は多くの場合，単数体と二倍体の**核相**（phase）をもつ．**図 1.7** のように，生物が世代交代により，どのようにゲノムを受け渡していくかを示したものを，生活環とよぶ．

真核生物のオルガネラのなかには，ミトコンドリアや葉緑体のように独自のゲノムをもつものがある．これは，真核生物の祖先が細菌を取り込むことによって起こった，細胞内共生に由来するものであると考えられている[9]．たとえば，ミトコンドリアは α プロテオバクテリアの一種が，葉緑体はシアノバクテリアの一種が取り込まれたものだという証拠がある．このように，遺伝子が生物種を越えて伝達されることを，**遺伝子の水平伝播**（horizontal gene transfer）とよぶ（**図 1.8**）．

オルガネラがもつゲノムの大部分は，その後の進化の過程で失われたり，宿主の核 DNA に移動したりしたと考えられているが，いくつかの遺伝子は，現在でもオルガネラがもつゲノム上にある．オルガネラのゲノムはオルガネラの分裂に合わせて複製される．「ある生物のゲノム」という表現を用いたときに，それがオルガネラのゲノムを

1.5 ゲノムの多様性　　9

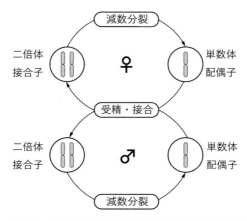

図 1.7　有性生殖を行う二倍体生物における生活環

ヒトの場合，雌の配偶子は卵，雄の配偶子は精子であり，二倍体接合子が個体とみなされる．どちらが生活環のなかで中心的な役割を果たすかは，生物種によって異なる．動物は一般的に二倍体を中心とした生活環をもつが，昆虫などでは，単数体と二倍体の両方が独立の個体としてふるまう例もある．細菌などの原核生物は減数分裂を行わず，常に単数体ゲノムをもつ．

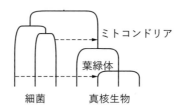

図 1.8　真核生物と細菌との間の細胞内共生による遺伝子の水平伝播を表した分子系統樹

分子系統樹については第 2 章で詳しく解説する．この図では主な細胞内共生イベントだけを示しているが，実際は，数度の細胞内共生イベントがあったことが分子系統解析により示されている[10]．

含むかどうかについての厳密な定義はないが，明確に区別をしたいときには，核ゲノム，ミトコンドリアゲノム，葉緑体ゲノムといったように明示したほうがよいだろう．核ゲノムとオルガネラゲノムは核相，突然変異率，コドンなど，多くの違った特徴をもっている．

Column　倍数体生物

生活環としての倍数性とは別に，植物などのいくつかの真核生物ではゲノムの倍数化が起こっており，このような生物は**倍数体生物**（polyploid）とよばれる．これは，複数の二倍体ゲノムのセットをもつことを意味しており，たとえば，四倍体の生物の一つの細胞が，減数分裂によって四つの配偶子を作る，というわけではない．四倍体である生物の配偶子は，

2セットのゲノムをもつ配偶子（単数体）を作り出すことに注意しよう．生活環としてではなく，セット数をもとに数えて1セットのゲノムをもつものを一倍体 (monoploid) とよぶ．紛らわしいので注意しよう．

同じセットのゲノムが倍数化してできた倍数体を同質倍数体 (autopolyploid)，異なったセットのゲノムが組み合わされてできた倍数体を異質倍数体 (allopolyploid) とよぶ．たとえば，パンコムギ (Triticum aestivum) は，3種の祖先型コムギのゲノムから由来する，異質六倍体であることが知られている．同質倍数体は，ゲノムが倍数化した直後は同じ染色体を複数セットもっているが，長い時間が経つと，それぞれの染色体セットのDNAに変異が蓄積し，生存に必須ではない遺伝子の欠損が起こったりする（遺伝子の進化の仕組みについては第2章で詳しく説明する）．このようにして進化が進むと，多くのゲノム配列が欠失し，過去のゲノムの倍数化の痕跡が失われていく．脊椎動物の共通祖先は過去2回のゲノムの倍数化を起こしたと考えられているが[11]，その後，多くの遺伝子では，倍数化によって増えた遺伝子の欠失が起こっている．したがって，現存する脊椎動物が倍数体生物であるとは一般的にはよばない．しかし，ごく最近に異質倍数体となったアフリカツメガエル (Xenopus laevis) などの例が知られており，これらは倍数体生物とよばれる[12]．

1.5.2　ゲノムサイズと反復配列

生物はさまざまな大きさのゲノムをもつ．一般的に，原核生物は真核生物より小さなゲノムをもっている．ゲノムサイズとはゲノムの大きさを表す一般的な用語で，通常単数体ゲノムを構成する塩基対の長さで表現する．ゲノムサイズは歴史的にはC値 (C-value) とよばれる，1細胞あたりに含まれるDNA量をもとに推定されてきた．ただし，現在では，第8章で触れるシークエンス技術の発達によって，ゲノムの全塩基配列を決めることで直接的にゲノムサイズを推定することも可能になっている．

現在，遺伝子に関するデータベース NCBI (National Center for Biotechnology Information) には，およそ12万6千の原核生物ゲノム配列が登録されている．これらのゲノムサイズは約 0.1〜15 Mbp であり，約 200〜10,000 個の遺伝子をもつ．原核生物のゲノムサイズは，ゲノムがもつ遺伝子数と非常に強い正の相関をもつ．これは，原核生物のゲノムは，タンパク質をコードする（タンパク質として翻訳される）コード領域 (coding region, CDS) で多くが占められており，真核生物のゲノムに見られるような，長い非コード領域 (non-coding region) をもたないことによる．また，ウィルスは一般的には生物とは考えられていないが，核酸を遺伝物質としてもつ．ウィルスは自律的な増殖を行うことができず，ゲノムサイズはほとんどの場合非常に小さいが，100 Mbp 以上の巨大な DNA ゲノムをもつメガウィルスも知られている[13]．また，2本鎖DNAだけでなく，部分的に1本鎖DNAをもつものや，DNAではなく，RNA（1.7節参照）をゲノムとしてもつものも存在する．

真核生物のゲノムサイズは遺伝子数とおおよそ正の相関を示すが，非常に大きな多

様性をもつ．その大きな理由として，**反復配列** (repeat sequence) とよばれる，似た配列が繰り返された配列の存在がある．ヒトゲノムのおよそ半分は，反復配列から構成されている．

ゲノム中の反復配列の割合は，生物種によって大きく異なっている．ヒトゲノムのおよそ半分が反復配列であるのに対して，ショウジョウバエや線虫 (*Caenorhabditis elegans*) などのゲノムでは，反復配列が占める割合は 1 割以下となっている[14]．これらの観察結果は，ヒトのほうがより大きいゲノムをもち，ゲノムの中に遺伝子が占める割合が低いことと対応している．植物のゲノムにも反復配列が大量に存在することがあり，トウモロコシ (*Zea mays*) のゲノムでは，およそ 85% がトランスポゾンとよばれる反復配列（下記コラム：反復配列の種類 参照）で占められている[15]．また，脊椎動物のなかでも，ヒトよりゲノムサイズの大きい種は多数知られており，サンショウウオのなかには約 120 Gbp（ヒトゲノムの約 40 倍のサイズ）ものゲノムをもつものも存在する[16]．

Column　反復配列の種類

数 bp〜約 100 bp の長さをもつ反復配列はサテライト配列とよばれているが，数 bp のサテライト配列は，とくに**マイクロサテライト配列** (microsatellite sequence)，または単純反復配列とよばれている．マイクロサテライト配列は，ヒトゲノムのおよそ 3% を構成するとされている[14]．マイクロサテライト配列は突然変異率が非常に高いため，染色体ごとに異なったアレルをもっている確率（ヘテロ接合度，2.2.4 項参照）が高い．したがって，疾患遺伝子を見つけるための染色体マーカーや，DNA による個人・親子識別などにしばしば用いられる．

ゲノム中のさまざまな箇所に散在する反復配列を，散在性反復配列とよぶ．ヒトゲノム中に存在する散在性反復配列の内訳を**表 1.2** に示す．散在性反復配列のうち，最も多くのヒトゲノム領域を占めるものは LINE (long interspersed elements) 配列である．LINE は後述する SINE (short interspersed elements) とは違って，自ら (DNA) 逆転写酵素をコードしている[17]．したがって，自らが転写されるとその逆転写作用によって自身の DNA コピーを作り出し，ほかの領域に広まっていく．一方，SINE は自らの逆転写酵素をもっておらず，その逆転写はほかのトランスポゾンがもつ逆転写酵素に頼らざるをえない[18]．SINE 配列のうち最も多くあるグループは Alu 配列とよばれ，AluI という制限酵素でヒトゲノムを切断すると，特徴的な長さの DNA 断片が得られることから命名されたものである[19]．そのほかにヒトゲノム中に存在する散在性反

表 1.2　ヒトゲノム中の散在性反復配列の概略とその数[14]

	長　さ	コピー数	ゲノムに占める割合
LINE	6〜8 kbp	850,000	21%
SINE	100〜300 bp	1,500,000	13%
レトロトランスポゾン	1.5〜11 kbp	450,000	8%
DNA トランスポゾン	80〜3 kbp	300,000	3%

復配列には，レトロウィルス由来の**レトロトランスポゾン** (retrotransposon) や，トランスポザーゼをコードする **DNA トランスポゾン** (DNA transposon) が存在する．一般的には，DNA トランスポゾンはカットアンドペースト型のコピーでゲノム中を移動するのに対して，LINE, SINE などの逆転写型の反復配列はコピーアンドペースト型のコピーでゲノム中に増えていく．

セグメント重複は数 kbp～数百 kbp の長さのゲノムのブロックが重複したもので，染色体間での重複と染色体内での重複とに分けることができる．ヒトゲノム中では，およそ 5%程度のゲノム領域がセグメント重複からなるとされている[20]．また，ヒトやほかの類人猿では，巨大な回文（パリンドローム）構造をとるセグメント重複領域が，雄特異的な Y 染色体領域のおよそ 4 分の 1 を占めていることが知られている[21]．回文構造とは，相補的な配列どうしが逆向きに並んでいる構造（たとえば，ATGCGCAT という塩基配列）を指す．

1.6　DNA 鎖の複製と突然変異

　DNA が相補的な 2 本鎖を作ることを利用して，多くの分子生物学実験手法が考案されてきた．2 本鎖 DNA を含んだ溶液を加熱すると，相補鎖間の水素結合が切断され，2 本鎖が乖離し，それぞれ 1 本鎖になる．溶液の温度が低くなると，乖離した 1 本鎖は再結合するが，このとき，別の 1 本鎖 DNA を溶液に加えると，塩基配列が似た，または同じ DNA 鎖どうしが自然に会合する．この現象を**ハイブリダイゼーション** (hybridization) とよぶ．ハイブリダイゼーションは DNA と RNA の間でも起こる．DNA と DNA の結合を DNA-DNA ハイブリダイゼーション，DNA と RNA の結合を DNA-RNA ハイブリダイゼーションとよぶ．塩基配列が一致しているほど，ハイブリッド 2 本鎖 DNA の熱に対する安定性が高くなる．この現象は，第 8 章で述べる DNA マイクロアレイや塩基配列の解読手法にも利用されている．

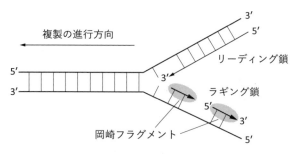

図 1.9　DNA の複製フォーク

この図では，右側から左側へ DNA 複製が進んでいる．DNA ポリメラーゼの特性上，ひとつながりに DNA が合成されていく鎖をリーディング鎖，ばらばらに合成されていく鎖をラギング鎖とよぶ．ラギング鎖から生成される断片を，岡崎フラグメントとよぶ．

DNA が相補鎖を作る仕組みを利用して，DNA の**複製** (replication) が行われる（図1.9）．細胞が分裂する前の段階で DNA の合成が行われるが（DNA 合成期，S 期），この時期の細胞では，2 本鎖 DNA が酵素（DNA ヘリカーゼ）によりほどかれ，$5' \rightarrow 3'$ 方向の鎖を鋳型として連続的に相補鎖が合成される．反対側の鎖については，まず短い断片（岡崎フラグメント）が多数合成され，後に 1 本につなぎ合わされる（図1.9）．相補的であるという DNA 二重らせんの構造が，遺伝情報を保ったまま複製を行う仕組みを可能にしている．

1.6.1 DNA に起こる突然変異

DNA の複製では，まれにエラーが起こる．たとえば，アデニンをもつ DNA 鎖の相補鎖を合成するときに，チミンではなくグアニンをもつヌクレオチドが取り込まれることがある．この間違いを校正する分子機構（校正機構）も存在するが，必ずしも校正が成功するわけではない．また，細胞の中で DNA がもつ塩基が，化学修飾を受けて変化したり，電子を奪われて性質が変わったりすることもある．このような場合も，DNA ポリメラーゼが誤った塩基をもつヌクレオチドを相補鎖として取り込むことがある．以上のような原因により，ごくまれな確率で誤った塩基が娘細胞に伝えられることがある．これを，DNA レベルにおける突然変異とよぶ[†]．DNA に突然変異が起こったからといって，必ずしも表現型に影響があるとはいえないことに注意すること．

1 塩基が変化して起こる変異を，とくに**点突然変異** (point mutation) とよぶ．点突然変異のうち，コードされたアミノ酸の配列を変えるような変異を**非同義変異** (nonsynonymous mutation)，または**ミスセンス変異** (missense mutation) とよぶ．反対に，アミノ酸の配列を変えないような点突然変異を**同義変異** (synonymous mutation)，または**サイレント変異** (silent mutation) とよぶ（1.8 節参照）．点突然変異以外の突然変異としては，**挿入** (insertion)，**欠失** (deletion)，**重複** (duplication)，**逆位** (inversion)，**転座** (translocation) などが挙げられる（図1.10）．マイクロサテライト配列は挿入や欠失がよく起こる塩基配列として知られている（p.11 コラム：反復配列の種類 参照）．これらの突然変異がゲノムの中に生じると，変異をもっている個体ともっていない個体とを区別することができる．このような，遺伝的な違いを区別する指標となる変異のことを，**遺伝マーカー** (genetic marker) とよぶ．

ヒトのような多細胞生物では，生殖系列細胞で起こった突然変異だけが次世代に伝えられる（図1.11）．体細胞で起こった変異を**体細胞突然変異** (somatic mutation)，生殖系列細胞で起こった突然変異を**生殖系列細胞突然変異** (germline mutation) とよぶ．

[†] 古典的な文脈では，表現型に現れる形質の変化も同じく突然変異とよぶので，混同しないようにしよう．

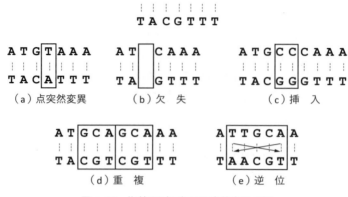

図 1.10 塩基配列に起こる突然変異の例

一番上に示したのが本来の配列で，突然変異の起こった配列を下に示す．四角で囲まれた塩基が突然変異を起こしたものである．図 (d) にあるように，重複は挿入の一種である．また，一般的に，塩基配列の逆位というときは，図 (e) に示すように，配列が単に逆向きになるのではなく，逆相補配列に入れ替わることによって生じたものを指す．

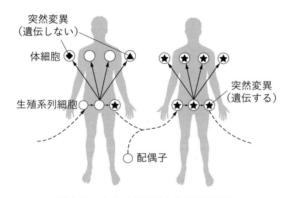

図 1.11 ヒトの体細胞と生殖系列細胞

体細胞が分裂する過程で起こった突然変異（◆や▲）は次世代に伝わらないが，生殖系列細胞で起こった突然変異（★）は次世代に伝わり，次の世代の個体の体細胞も同じ変異をもつことになる．

ヒトの生殖系列細胞突然変異率は，世代あたりサイトあたりおよそ $1\times10^{-8}\sim 2\times 10^{-8}$ とされている．ヒトゲノムは約 32 億 bp から構成されているため，片親からのゲノムにつき世代あたりおよそ 30〜60 個の突然変異が子供に伝えられる．ヒトで行われた大規模な家系ゲノム解析では，突然変異の数は，子供が産まれたときの（母親ではなく）父親の年齢と強い相関を示すことが報告されている[22]．この現象は，精子を作る精母細胞の細胞分裂数は時間とともに増えていくが，卵を作る卵母細胞は，胎児の段

階ですでにほとんどの分裂を終えていることが原因であると考えられている．

体細胞で起こった突然変異は次世代に伝えらえることはないが，まれに**がん** (cancer) の原因となる．がんは多くの場合，体細胞突然変異により細胞の増殖システムが異常をきたしてしまったことにより生み出される．がん細胞がもつゲノムを調べることにより，それぞれのがん種が特徴的にもつ変異パターンや，がんの原因となる突然変異が明らかにされている[23]．

1.6.2 突然変異率の偏り

化学的性質などの違いにより，突然変異率は塩基種ごとに異なっている．プリン塩基どうし，ピリミジン塩基どうしの変異を**トランジッション** (transition) 型，プリン-ピリミジン間の変異を**トランスバージョン** (transversion) 型の変異とよぶ．ヒトのゲノムでは，トランジッション型の変異率は，トランスバージョン型の変異率より2倍ほど高いことが知られている[24]．

塩基の突然変異率は周辺の配列によっても左右される．よく知られている例では，メチル化シトシンの**脱アミノ化** (deamination) が存在する（図 1.12）．シトシンのなかには，塩基にメチル化の修飾を受けているものがある．動物の多くでは，シトシンの次にグアニンが並んだ **CpG 配列**[†]のシトシン塩基がメチル化されている．また，植物ではCpGに加え，CpH, CpHpH（HはG以外の塩基，表1.1参照）など，さまざまな状況のシトシンがメチル化されている[25]．DNAの片方の鎖のシトシンだけがメチル化されていると，もう片方の鎖のシトシンをメチル化する酵素が存在する．この仕組みによりメチル化の情報が維持され，娘細胞に伝えらえる．このような後天的な遺伝情報の修飾を，**エピジェネティック変異** (epigenetic mutation) とよぶ．そのほかのエピジェネティック変異の例として，DNAが巻き付いているヒストンが化学修

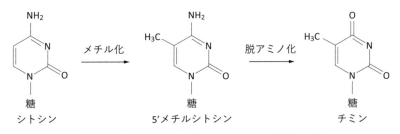

図 1.12　シトシンのメチル化とその後の脱アミノ化
メチル化→脱アミノ化を経て，シトシンはチミンへと比較的容易に変化する．

[†] p は，塩基間のホスホジエステル結合を表す．

16   1 分子・ゲノムに関する基礎知識

飾を受ける，ヒストン修飾（8.5 節参照）などがある．

　メチル化シトシンは容易に脱アミノ化し，チミンに変換されることが知られている．この場合，CpG の最初のシトシンがチミンになると TG，2 番目のグアニンと相補的に結合するシトシン（CG の逆相補配列も CG であることに注意しよう）がチミンになると CA という配列になる．このタイプの変異は非常に多く，ゲノム中における CpG 配列は，塩基がランダムに出現すると仮定して得られる期待値よりもずっと低い頻度でしか現れない[26]．CpG 配列における興味深い現象の一つが，哺乳類ゲノムに見られる **CpG アイランド** とよばれるものである．前述したように，ゲノム中の CpG 配列の多くはメチル化を受けているが，哺乳類の遺伝子 5' 領域には，しばしばメチル化されていない CpG 配列が，ゲノム中の島のようにクラスタとして存在する．このような CpG アイランドは，遺伝子発現の制御に重要な役割を果たしていると考えられる．DNA 配列レベルでは，「50% 以上の GC 含量（塩基配列中での G と C の割合）をもち，CG という並びの数が期待値の 60% 以上になっている 200 bp 以上のゲノム領域」を CpG アイランドとして定義することが多い[27]．CpG アイランドにおいても，多くの場合，CpG の出現確率は，期待値よりも低いことに注目しよう．

　メチル化が要因となる突然変異率の偏り以外にも，リーディング鎖とラギング鎖で突然変異率の違いがあることが知られている[28]．また，突然変異はゲノムのすべての領域において一定の確率で起こっているわけではなく，突然変異率が高い領域や低い領域が存在することが知られている[29]．

1.7　さまざまな仕事をする RNA

1.7.1　RNA の種類

　DNA をコンピュータの部品で例えると，遺伝情報を蓄え，次世代に継承できるハードディスクドライブなどの記憶媒体といえよう．それに対して，実際に記憶媒体からプログラムを読み出し，一時的に情報を蓄えるメモリのような役割を担うのが RNA である．DNA と RNA の構造はほぼ同じであるが，RNA ではデオキシリボースの代わりにリボースが，チミンの代わりに **ウラシル** (Uracil) が用いられている（**図 1.13**）．また，RNA は通常 1 本鎖で存在し，リボースがヒドロキシ基をもつことからも，DNAより物質的に不安定である．

　RNA は DNA のどちらか片方の鎖を鋳型として転写され，その機能や構造により **メッセンジャー RNA (mRNA)，トランスファー RNA (tRNA)，リボソーム RNA，ノンコーディング RNA (ncRNA)** などに分類される．ncRNA は定義として，tRNA

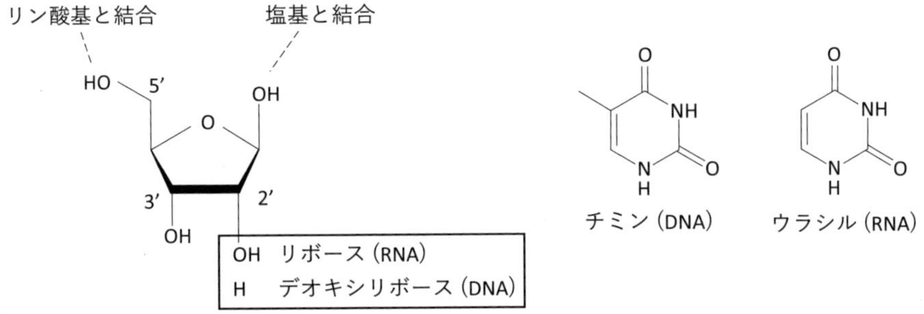

図 1.13　DNA 分子と RNA 分子の違い

DNA のデオキシリボースでは，糖の 2′ 位に水素 (H) が結合しているが，RNA のリボースではヒドロキシ基 (OH) が結合している．また，RNA では塩基としてチミンではなく，ウラシルが用いられている．

や rRNA を含む集合を指すので，タンパク質をコードせず，ある程度の長さのある ncRNA を，とくに lncRNA (long non-coding RNA) とよぶ．lncRNA のなかには，1 本鎖のかたちで酵素や転写制御因子としてはたらくものも存在するが，その機能がまったくわからないものも多数存在する．ncRNA には，ほかにも転写制御にかかわる**マイクロ RNA (micro RNA, miRNA)** や small interfering RNA (siRNA) などの短い分子が知られている．ヒトゲノムの 8 割以上が RNA として転写されているという報告もあるが[30]，転写されている部分が必ずしも機能的であるとはいえないことに注意したほうがよいだろう．ゲノム上のあちこちで起こっている転写が，生命活動に重要な役割を果たしているのか，それとも単なるノイズなのかはしばしば議論になっている[31]．

1.7.2　RNA の転写

DNA の複製と同様，RNA の配列情報も 5′ 方向から 3′ 方向に表される．IUPAC コードを用いてウラシルを 1 文字で表すと U である（表1.1）．RNA は非常に不安定な物質なので，その配列を決定する場合には，試験管内で **RNA ポリメラーゼ** (RNA polymerase) を用いて RNA と相補的な DNA (**cDNA**) を合成し，その配列を決定する場合が多い．cDNA の塩基配列は，通常の塩基配列と同様，ATGC の 4 文字で表す．したがって，転写産物（転写された RNA）の配列を表す場合には，RNA そのものの配列として U を使うか，cDNA の配列として T を使うかの二つの流儀がある．

RNA の転写が始まる場所を**転写開始点** (transcription start site) とよぶ（**図1.14**）．転写の機構は原核生物と真核生物とで大きく異なっている．一般的な真核細胞では，転写開始点の上流（塩基配列の 5′ 側）に**プロモーター** (promoter) とよばれる領域が

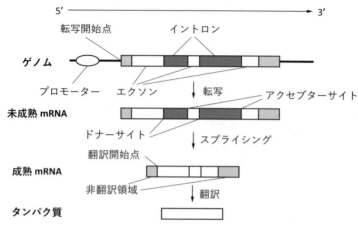

図 1.14　mRNA の転写とスプライシング

ゲノムから mRNA が転写され，スプライシングを受けるまでの過程を模式的に示した．mRNA からタンパク質が翻訳されるまでの仕組みは 1.8 節を参照．

あり，この領域に**基本転写因子** (general transcription factor) が集まることにより転写が始まる．また，プロモーター近傍には複数の**エンハンサー** (enhancer) とよばれる領域があり，ここに**転写因子** (transcription factor) が結合することにより，転写の開始が調節される．エンハンサーは遺伝子近傍だけでなく，数 kbp 以上離れた場所に位置することもある．プロモーターやエンハンサーのような領域を，転写調節領域とよぶ．真核生物，とくにヒトのような生物では，転写開始点の位置はある程度揺らいでいるし，一つの遺伝子が複数のプロモーターを使って転写されたりもする[32]．

また，選択的スプライシングを介した転写産物の多様化により，一つの領域からさまざまな種類の mRNA が生み出されている（1.7.3 項参照）．それに対し，原核生物の転写開始点には比較的強い転写開始シグナルが存在し，スプライシングも起こらない．したがって，同じ遺伝子数をもっていても，真核生物のほうが原核生物よりも多様な mRNA をもちうる．

1.7.3　RNA のスプライシング

真核生物の mRNA には，核内で転写された mRNA（未成熟 mRNA）が，**スプライシング** (splicing) によって**イントロン** (intron) の除去を受け，成熟 mRNA となることがある．イントロン除去後に残る部分を**エクソン** (exon) とよぶ（図 1.14）．エクソンとイントロンの境界配列のうち，イントロンの 5′ 側にあたるサイトを**ドナーサイト**，3′ 側にあたるサイトを**アクセプターサイト**とよぶ．ごく一般的なイントロンはド

ナーサイトに GT, アクセプターサイトに AG という塩基配列をもち, この GT-AG という組み合わせを, 標準的スプライシングシグナルとよぶ. 哺乳類ゲノムのイントロンの 99%は, 標準的スプライシングシグナルをもつ[33]. そのほかイントロンに特徴的な配列として, アクセプターサイトの直前に C と T が 10 bp 程度連続する**ポリピリミジントラクト** (polypyrimidine tract) があり, さらにその上流に, イントロンが除去される際に投げ縄構造を作るブランチポイント (branch point) が存在する.

　1 種類の未成熟 mRNA が異なったスプライシングを受けることもしばしばあり, 組織ごとに異なった成熟 mRNA が作られる場合もある. このような**選択的スプライシング** (alternative splicing) には, エクソンをスキップするものや, イントロン中の異なったドナー・アクセプターサイトが使われるものなど, さまざまなタイプが存在する (図 1.15). また, タンパク質をコードしない成熟 mRNA が生産される場合もある. ヒトのような多様な組織をもった生物では, このような仕組みでタンパク質の多様性が生み出されていると考えられている. 選択的スプライシングにより, 同じ遺伝子から作られた異なったタンパク質どうしを, **アイソフォーム** (isoform) とよぶ[†].

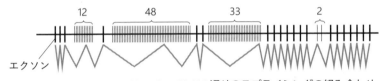

$12 \times 48 \times 33 \times 2 = 38{,}016$ 通りのスプライシングの組み合わせ

図 1.15　ショウジョウバエ *Dscam* 遺伝子で起こっている選択的スプライシングの例

ショウジョウバエの *Dscam* 遺伝子はよく研究されている. 成熟 mRNA は 24 個のエクソンからなるが, そのうち四つのエクソンは, それぞれ 12, 48, 33, 2 種類の異なったエクソンから一つを選んでスプライシングされることが知られている. したがって, 合計 38,016 種類のタンパク質が, 1 種類の mRNA から作られうる[35].

　イントロンだけでなく, エクソンもスプライシングの多様性にかかわっている. エクソン領域には, **エキソニックスプライシングエンハンサー** (exonic splicing enhancer, ESE) 配列という配列が存在し, いくつかのタンパク質がスプライシング時に結合して, エクソンの両端でスプライシングを促進したり抑制したりする. ESE に起こった突然変異は, アミノ酸を変えない変異であっても, スプライシングの異常を引き起こす可能性がある[34].

[†] DNA 解析以前のタンパク質の解析が中心となっていた時代によく使われた用語で, 集団内の多型や, 遺伝子重複 (2.3.1 項参照) によって作られたコピー間のタンパク質構造の違いも含める場合があるので, 注意して使ったほうがよい (過去の技術ではこれらは区別できなかった).

1.7.4　RNA がとる立体構造

RNA のなかには，自ら触媒作用等をもち，細胞内で機能するものがあることはすでに説明した．その機能の多くは，1 本鎖 RNA 分子内での相補的結合を基盤にした立体構造をとることで達成されている．代表的なものとして，tRNA にも見られる**ステム–ループ構造** (stem-loop structure) がある（図 1.16）．相補的結合を基盤にした立体構造を，RNA の**二次構造** (secondary structure) とよぶ．RNA 分子はその後さらに折りたたまれ，**三次構造** (tertiary structure) をとる．ステム–ループ構造の場合，相補的な RNA 塩基配列が逆向きに連結されて存在することになるので，塩基配列からその二次構造を予測することが可能である．RNA 二次構造の予測は，相補性などを利用し，小さい**自由エネルギー** (free energy) をとる構造を探索することによって行われることが多い[36]．

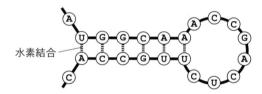

図 1.16　ステム-ループ構造の例

A と U，C と G が互いに水素結合により相補的に結合し，安定な立体構造を作る†．

1.8　遺伝情報の翻訳

アミノ酸 (amino acid) が**ペプチド結合** (peptide bond) によって数珠つなぎになったものを**ポリペプチド** (polypeptide) とよぶ．つながったアミノ酸の数が少ないものを単に**ペプチド** (peptide) ともよぶ．ポリペプチドは，折りたたまれることによってタンパク質として機能し，細胞の構造を担ったり，さまざまな代謝を触媒したりするなど，多くの生体機能をつかさどる．mRNA はリボソームを舞台とする翻訳機構によってタンパク質に翻訳される．翻訳は通常，3 塩基を 1 組の翻訳対象として，mRNA の 5′ 側（上流側）にある AUG 配列（cDNA 塩基配列では ATG）より開始する．AUG はメチオニン (methionine) をコードするので，翻訳直後のタンパク質のアミノ酸配列は，通常メチオニンから始まる．翻訳開始点の上流配列を **5′ 非翻訳領域** (5′ untranslated region, 5′ UTR) とよぶ．真核生物の翻訳開始点には**コザック配列** (Kozak sequence) とよばれる特徴的な配列が存在するが[37]，一つの mRNA が複数の翻訳開始点をもつ

---

† RNA では，G と U も相補的に結合することができる．

図 1.17 コザック配列の配列ロゴ

文字の高さが出現頻度を表している．中央の AUG が翻訳開始点である．このような表現方法を配列ロゴ (sequence logo) とよび，サイトごとの**シャノン情報量**（Shanon's entropy，補遺 A.3 参照）をもとに算出される[38]（CC BY-SA 3.0 TransControl 2007）．

こともある．**図 1.17** に示されるように，コザック配列はある程度の自由度をもっており，翻訳開始点が使われるかどうかは，コザック配列がどれだけ典型的であるかに概ね依存している．これらの特徴的な配列は，mRNA 塩基配列からコード領域を予測するのに役立つ．

　翻訳開始点から翻訳が始まると，3 塩基の並び（コドン）が，アミノアシル転移酵素と tRNA に認識され，アミノ酸がつぎつぎと結合していく．真核生物の核ゲノムから転写された mRNA では，UGA, UAG, UAA が終止コドン (stop/termination codon) となっており，これらのコドンが見つかるまで翻訳が進んでいく．ゲノム配列や cDNA 配列のなかで，翻訳開始点に対応する ATG から終止コドンに対応する TGA/TAG/TAA が現れるまでの領域を，**オープンリーディングフレーム** (open reading frame, **ORF**) とよぶ（**図 1.18**）．ランダムな塩基配列ではコドンには 4^3 通り，つまり 64 通りの可能性があるので，3/64 の確率で終止コドンが現れる．ランダムに終止コドンが現れる確率を α とすると，ランダムな配列の任意の ATG から n bp の長さの ORF が得られる確率は，$\alpha(1-\alpha)^{n-1}$ となる．この**確率分布** (probabilistic distribution) は**幾何分布** (geometric distribution) として知られており，その期待値（平均値）は $1/\alpha$ である（補遺 A.1.1 参照）．つまり，ランダムなゲノム配列の任意の ATG からは，平均して $(64/3 \fallingdotseq)$ 21 アミノ酸の ORF が得られる．一方，通常のタンパク質は 100 アミノ酸残基以上の長さをもつ．したがって，そのような長さの ORF は，もしそれぞれの塩基がランダムに並んでいたと仮定すると，偶然では現れにくいものだと思われる．つまり，ゲノム配列の中に長い ORF を見つけた場合には，その ORF は実際にタンパク質として翻訳されている可能性が高い．ヒトゲノムの中の既知タンパク質をコードする ORF の長さは，平均すると約 1.3 kbp である[14]．

　3 の倍数ではない長さの挿入や欠失などの突然変異により読み枠がずれると，多く

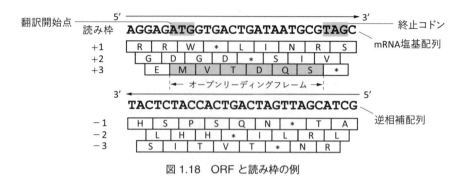

図 1.18 ORF と読み枠の例

塩基配列の 3 塩基ごとの区切り方を読み枠 (reading frame) とよび，一つの塩基配列について，1 bp ずつずらした 3 通りの読み枠が考えられる．逆相補配列も考えると，+1 から −3 まで合計 6 通りの読み枠があり，ATG から TGA/TAG/TAA までの間を ORF とよぶ（終止コドンは * で表されている）．この図の例では灰色のボックスで示された領域が ORF である．R，W といったアルファベットは，アミノ酸の種類を表している（詳しくは図 1.20 を参照）．

の場合，正常な位置よりも 5′ 側上流に終止コドンが現れ（未成熟終止コドンとよぶ），本来よりも短いタンパク質が翻訳される．このような突然変異を，**フレームシフト突然変異** (frameshift mutation) とよぶ．

NCBI のウェブサイトから，ウェブブラウザを用いて実行することのできる ORFfinder[39] というツールにアクセスすることができ，任意の塩基配列から ORF を見つけることができる．

各コドンとアミノ酸との対応（遺伝暗号，コード）は，生物種によって少々異なっている場合があるが，ヒトを含む幅広い真核生物で用いられているものを，**標準遺伝暗号** (universal genetic code) とよぶ（表 1.3）．真核生物細胞中に存在するミトコンドリアは，核ゲノムと少し異なったコードをもつ．生物が使うアミノ酸は 20 種類，コドンは 64 種類存在するので，いくつかの異なったコドンが一つのアミノ酸をコードすることになる．多数を占めるのは，コドンの 3 番目の塩基がどれになっても同じアミノ酸をコードする **4 重縮重コドン** と，3 番目の塩基のうち 2 種類が同じアミノ酸をコードする **2 重縮重コドン** である．2 重縮重コドンは，3 番目の塩基がトランジッション型で変化した場合には同じアミノ酸をコードし，トランスバージョン型で変化した場合には異なったアミノ酸をコードする．特殊なコドンとして，セリン (serine) とアルギニン (arginine) は 6 種類のコドンによってコードされる（**6 重縮重コドン**）ことが知られている．そのほか，標準遺伝暗号において例外的なアミノ酸として，3 重縮重コドンであるイソロイシン (isoleucine)，縮重がないコドンであるメチオニン (methionine) とトリプトファン (tryptophan) がある．縮重という性質を利用して，塩基配列に起

表 1.3　標準遺伝暗号表

		コドンの 2 番目の塩基			
		U	C	A	G
コドンの 1 番目の塩基	U	UUU (Phe) UUC (Phe) UUA (Leu) UUG (Leu)	UCU (Ser) UCC (Ser) UCA (Ser) UCG (Ser)	UAU (Tyr) UAC (Tyr) UAA (Stop) UAG (Stop)	UGU (Cys) UGC (Cys) UGA (Stop) UGG (Trp)
	C	CUU (Leu) CUC (Leu) CUA (Leu) CUG (Leu)	CCU (Pro) CCC (Pro) CCA (Pro) CCG (Pro)	CAU (His) CAC (His) CAA (Gln) CAG (Gln)	CGU (Arg) CGC (Arg) CGA (Arg) CGG (Arg)
	A	AUU (Ile) AUC (Ile) AUA (Ile) AUG (Met)	ACU (Thr) ACC (Thr) ACA (Thr) ACG (Thr)	AAU (Asn) AAC (Asn) AAA (Lys) AAG (Lys)	AGU (Ser) AGC (Ser) AGA (Arg) AGG (Arg)
	G	GUU (Val) GUC (Val) GUA (Val) GUG (Val)	GCU (Ala) GCC (Ala) GCA (Ala) GCG (Ala)	GAU (Asp) GAC (Asp) GAA (Glu) GAG (Glu)	GGU (Gly) GGC (Gly) GGA (Gly) GGG (Gly)

*Phe, Leu といったアミノ酸の略号については図 1.20 を参照.

こる突然変異を，非同義変異と同義変異に分類することができる（1.6.1 項参照）．これにより，進化の過程で遺伝子が早く進化したか，遅く進化したかを判断する指標を得ることができる（4.3.6 項参照）．

1.9　タンパク質のアミノ酸配列

1.9.1　タンパク質とアミノ酸の構造

アミノ酸は，中心となる炭素原子（$C\alpha$）に，水素，カルボキシ基，側鎖，アミノ基が結合している化合物である．アミノ酸には，鏡像異性体である L 型と D 型とが存在

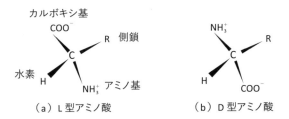

図 1.19　アミノ酸の基本立体構造

水素原子側から見ると，カルボキシ基（COO^-），側鎖（R），アミノ基（NH_3^+）が，L 型では時計回りに，D 型では反時計回りに配置されている．

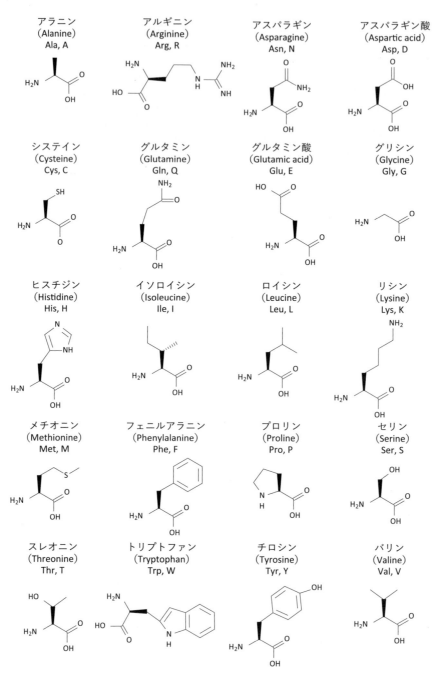

図 1.20 アミノ酸の名称・略称と構造式

する．**L型アミノ酸**は，炭素原子を水素原子のほうから見ると，カルボキシ基，側鎖，アミノ基が時計回りに配置されている（**図1.19**）．D型のアミノ酸を生物がタンパク質に用いることはないが，その理由は不明である．

　自然界のタンパク質は，20種類のL型アミノ酸からなる（**図1.20**）．20種類のアミノ酸はそれぞれ，1文字または3文字のアルファベットによって表される．1文字の表記法は覚えるのが少々厄介だが，情報として表すのに便利である．20種類のアミノ酸に，B, J, O, U, X, Z以外の20種類のアルファベットがそれぞれ割り振られている．

1.9.2　アミノ酸の性質

　アミノ酸は，側鎖の物理化学的性質によってさまざまな特徴をもつ．アミノ酸の性質は，主に側鎖の電荷，極性，体積によって分類されている．タンパク質の立体構造はこれらの特徴によって大きく変わると考えられている．たとえば，疎水性のアミノ酸はタンパク質の内部に多く，親水性のアミノ酸はタンパク質の表面に露出していることが多い．アミノ酸の体積が変われば，アミノ酸分子間にはたらくファンデルワールス力が変化し，立体構造が変わる可能性がある．アミノ酸の極性と体積の違いをユークリッド距離として計算した値は，アミノ酸の進化的な変化（置換）の起こりやすさに相関していることが知られている[40]（詳しいモデルについては第3章で解説する）．このことは，二つの性質が似たアミノ酸は，タンパク質の機能や構造をあまり変えないので，進化のうえで相互に置換が起こりやすいことを示唆している．

　アミノ酸はこれらの性質により，大まかにいくつかのグループに分けられる．主な分類を**表1.4**に示す[41]．

表1.4　アミノ酸の性質による分類

電荷による分類	正の電荷をもつアミノ酸	R, H, K
	電荷をもたないアミノ酸	A, N, C, Q, G, I, L, M, F, P, S, T, W, Y, V
	負の電荷をもつアミノ酸	D, E
極性による分類	極性	R, N, D, C, Q, E, G, H, K, S, T, Y
	非極性	A, I, L, M, F, P, W, V
電荷・極性・体積 による分類	特別なグループ	C
	中性，小さい	A, G, P, S, T
	親水性，比較的小さい，酸性	N, D, Q, E
	親水性，比較的大きい，塩基性	R, H, K
	疎水性，比較的小さい	I, L, M, V
	疎水性，比較的大きい	F, W, Y

1.10 タンパク質の立体構造

1.10.1 アミノ酸の結合様式

1本につながったポリペプチド鎖は折りたたまれ，生体機能の中心を担うはたらきをする．アミノ酸のつながり方の順番（アミノ酸配列）のことを，タンパク質の**一次構造** (primary structure) とよぶ．アミノ酸配列は，塩基配列と並び，バイオインフォマティクス解析が扱う最も基本的なデータの一つである．アミノ酸配列の長さの単位はアミノ酸残基 (aa) である．

異なったアミノ酸どうしのアミノ基とカルボキシ基は，ペプチド結合でつながる．このときの C-N 結合は部分的な二重結合性をもつため，二つの $C\alpha$ をつないでいる分子は，すべて同じ平面上に存在する．したがって，アミノ酸間のつながりの角度は，$C\alpha$ とアミノ基の N との間の回転角 φ，$C\alpha$ とカルボキシ基の CO との間の回転角 ψ とによって記述される．この二つがとりうる角度（二面角）は，側鎖やカルボキシ基の酸素原子，アミノ基の水素原子，$C\alpha$ の水素原子の衝突によって制限されている（図1.21）．

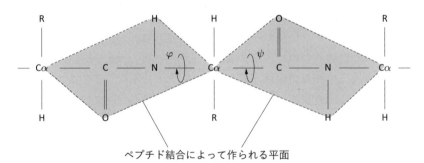

ペプチド結合によって作られる平面

図 1.21 アミノ酸間ペプチド結合の二面角

アミノ酸間のペプチド結合を示した図．ペプチド結合に関与する原子は，同じ平面上（図中破線で囲まれた面）に存在するため，ポリペプチド鎖の構造は，$C\alpha$ と N の間の結合角 φ と，$C\alpha$ と C の間の結合角 ψ によって決定される．これらの角度を二面角とよぶ．

1.10.2 タンパク質の高次構造

ポリペプチドのなかには，翻訳された後に切り離され，最終的なタンパク質の構成成分とならないものもある．代表的なのは**シグナルペプチド** (signal peptide) で，タンパク質が細胞のどこに輸送されるかの情報を含んでいる．シグナルペプチドが切り離されたタンパク質は，複雑な3次元構造に折りたたまれて機能する．この過程をタンパク質の**フォールディング** (folding) とよぶ．フォールディングは通常自発的に起こ

るが，分子シャペロンなどの，ほかの分子の仲介によりなされることもある（p.172 コラム：タンパク質の熱安定性とプリオン病 参照）．一般的には，タンパク質は熱力学的に安定な構造をとっており，自由エネルギーが小さい状態にあると考えられている．タンパク質は，局所的にはまず**αヘリックス** (alpha helix) や**βシート** (beta sheet) などとよばれる**二次構造** (secondary structure) をとる（図 1.22）．これらの二次構造が組み合わされ，**タンパク質ドメイン** (protein domain) が作られる．タンパク質ドメインはタンパク質の機能単位であり，酵素活性をもったり，ほかのタンパク質との結合に関与したりする．このようなドメインが集まって最終的な**三次構造** (tertiary structure) を作り上げる．また，タンパク質の特定の領域によっては，安定した構造をとらず，比較的ゆるい構造をとることが知られている．このようなタンパク質を**天然変性タンパク質** (natively unfolded protein)，決まった立体構造をとらない領域を**ディスオーダー領域** (disordered region) とよぶ．これらのタンパク質または領域は，ほかの物質との何らかの相互作用などにかかわっているのではないかと考えられている．さらに，実際のタンパク質は，複数のポリペプチドが組み合わさって複合体を作ることが多い．たとえば，二つのポリペプチドが組み合わさった複合体をダイマー (dimer) とよび，同じポリペプチドが二つで複合体を形成すればホモダイマー，異なったポリペプチドが複合体を形成すればヘテロダイマーとよぶ．複合体はときに巨大なものになり，真核生物の核膜孔複合体 (nucleoporin complex) は，100 種類以上のポリペプチドの複合体であることが知られている．このような，異なるポリペプチドによる高次構造を，**四次構造** (quaternary structure) とよぶ．

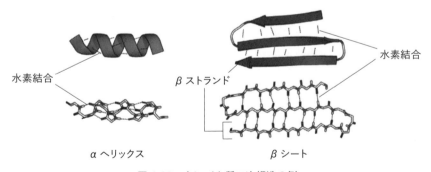

図 1.22　タンパク質二次構造の例

最も基本的な二次構造であるαヘリックスとβシートを示す．アミノ酸間の水素結合は点線で示されている．αヘリックスでは，4 aa 離れたアミノ酸の側鎖間で水素結合が形成されることによって，アミノ酸間に特定の一定の結合核をもった（主に）右巻きらせん構造が形成される．βシートでは，βストランドとよばれる隣り合ったペプチド鎖の側鎖間に，水素結合が形成される[42]（CC BY-SA 4.0 Thomas Shafee 2017）．

1.10.3 タンパク質のフォールディング

生体内でタンパク質を構成するアミノ酸は20種類あるので，長さ n aa のタンパク質では，20^n 通りのアミノ酸の組み合わせが考えられる．多くのタンパク質では $n > 100$ であるので，可能なアミノ酸の組み合わせ数はほぼ無限である．そのような組み合わせのなかから，どのようにタンパク質の構造を予測すればよいだろうか．1961年に，クリスチャン・アンフィンセン (Christian Boehmer Anfinsen Jr.) は，変性を受けたリボヌクレアーゼが，試験管内 (in vitro) で，活性をもつタンパク質に再びフォールディングされる現象を発見した．この現象は，その後ほかのタンパク質でも確認され，タンパク質フォールディングの基本的な性質を表していると考えられている．この現象が意味するところは，タンパク質の一次構造が，その後の立体構造を決定する本質的な情報をすべて含んでいることを示している．この原理は**アンフィンセンのドグマ** (Anfinsen's dogma) とよばれており，基本的にはすべてのタンパク質で成り立っていると考えられる[43]．アンフィンセンのドグマが成立するならば，タンパク質の一次構造から複雑な立体構造を予測することが，原理的には可能である（第10章参照）．

タンパク質が規則的な構造に折りたたまれていく過程を表現するモデルとして，漏

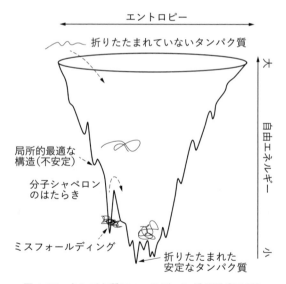

図 1.23 タンパク質フォールディングの漏斗モデル

折りたたまれていないタンパク質は，乱雑な状態から次第に折りたたまれて，自由エネルギーが小さい方向へとフォールディングされていく．自由エネルギーが小さくなるに従って次第にとりうる形が制限されていき，最終的にはいくつかの安定な構造をとることになる．

斗モデル (funnel model) というものがある（**図 1.23**）[44]．タンパク質が安定的で規則的な構造をとるということは，自由エネルギーが小さい状態へと移るということである．その過程で，次第にとりうる構造の形が制限されていき，最終的にはいくつかの安定的な構造をとる．この過程は常に熱による攪乱を受けているので，タンパク質は，局所的には安定だが自由エネルギーが大きい状態（局所的最適）である構造から抜け出したり，複数の安定的な構造を同時にとったりすることがある．タンパク質の安定性は，折りたたまれていない状態と折りたたまれた状態との自由エネルギーの差によって決定される．折りたたまれていない状態に対して，折りたたまれた状態がより小さい自由エネルギーをもっていれば，その構造はより安定であるといえる．

Chapter
2
遺伝と進化に関する基礎知識

2.1　はじめに

2.1.1　なぜ進化の考えが重要なのか

　第1章では，ゲノムとその構成要素である DNA，そして DNA がもつ情報が，セントラルドグマを経て生物の表現型に現れる過程についての基礎知識を学んだ．また，DNA の塩基配列は突然変異によって変化し，その情報の変化が次世代に伝えられるということも学んだ．これらの変化は，のちの生物にどのような影響を及ぼすのだろうか．

　バイオインフォマティクスの分野において，進化の考えは非常に重要である．多くのバイオインフォマティクス解析手法では，異なった生物がもつ塩基・アミノ酸配列やタンパク質立体構造の比較を行う．それではなぜ，ヒトの遺伝子は出芽酵母 (*Saccharomyces cerevisiae*) の遺伝子より，ハツカネズミ (*Mus musculus*) の遺伝子に似ているのだろうか．なぜ，ヒトのゲノムは個人ごとに異なっているのだろうか．そもそも，何の根拠があって異なった遺伝子配列を比較することができるのだろうか．これらの疑問は，すべて進化の原理によって説明できる．

　ヒトの例を考えてみよう．われわれヒトのゲノムサイズはおよそ 3.2×10^9 bp である（ゲノムサイズの定義については 1.5.2 項参照）．個人の核ゲノムは母方由来と父方由来のゲノムからなり，日本列島人（ヤポネシア人．国籍が日本という意味ではなく，歴史的に日本列島に住んでいる人たちの総称として用いている）の場合，母方由来ゲノムと父方由来ゲノム間の塩基配列の違いは，挿入・欠失を除くと 0.07〜0.10% 程度である．これらの違いはもともと 1 個体の生殖系列細胞で起こった突然変異に由来しており，ヒトの個人間の遺伝的な差異をもたらす原因の多くを担っている．個人間の遺伝的な差異は，病気へのかかりやすさにも大きくかかわっている．ヒトゲノムの突然変異率はそれほど高くないので，これらの変異は，数十年〜数百年前程度のごく最

近に起こったものではなく，数万年から数十万年前に起こり，時間をかけて広まったものがほとんどである．それでは，どのようにしてこれらの変異はヒト集団の中に広がっていったのだろうか．

もう少し時間をさかのぼってみよう．ヒトに最も近縁な現生種は2種のチンパンジー（*Pan troglodytes* と *P. paniscus*）であり，ヒトとチンパンジーの祖先は約500万〜700万年前に分岐したと考えられている．両者のゲノムには，塩基配列レベルではおよそ1.2%の違いが見られるが[45]．これらの違いはどのようにしてゲノムに蓄積されていったのだろうか．

本章で紹介する遺伝と進化に関する基礎知識を理解することによって，これらの問いに答えることができる．もちろん，なぜヒトとチンパンジーが袂を分かって別の種に進化したのか，というような問いに対して，ゲノムがもつ情報だけから答えを得ることは難しいが，ゲノム配列の進化に関する基本的な理論はよく研究されている．その全体像を把握することによって，塩基配列やアミノ酸配列について調べ，比較解析などを行う意味について理解を深めることができるだろう．

2.1.2 二つのレベルでの進化

本章で扱う内容についてまとめよう．図2.1は，遺伝子の進化を，種レベルでの短期的なものから種より上のレベルでの長期的なものまで模式的に表した図である．これまで地球上で起こってきた生物の進化は，現在起こっている進化過程と同じものが繰り返された結果として存在している．すなわち，短期的な進化と長期的な進化を支配する機構は，本来同じものであるはずだ．しかし，それぞれの過程を考えるための

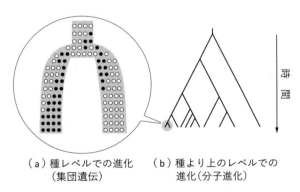

（a）種レベルでの進化　　（b）種より上のレベルでの
　　（集団遺伝）　　　　　　進化（分子進化）

図2.1　二つの異なったレベルにおける遺伝情報の進化

(a)は種（集団）を単位とした進化の概念図である．個体の遺伝情報に突然変異（○→●）が起こり，それが種内のすべての個体に広がると，種としての遺伝情報の変化が起こる．この過程が繰り返されることにより，(b)で示されるような長期的な進化が引き起こされる．

数理的なモデルは大きく異なっている．本章では，まず2.2節で種レベルでの遺伝情報の進化について扱い，次に2.3節で種より上のレベルでの遺伝情報の進化について扱う．

種レベルでの遺伝情報の進化を扱う学問分野を，**集団遺伝学** (population genetics) とよぶ（図 2.1(a)）．集団とは，交配を行うことのできる生物の集まりのことであり，大雑把にいうと，生物種に対応する．個体で起こった突然変異は生殖を経て次世代に伝わり，集団の中で数を増やしたり減らしたりする．第1章導入部で示した図1.1では，セントラルドグマと突然変異との関連を示した．実際には，突然変異の運命は，自然選択だけではなく，**遺伝的浮動** (genetic drift) とよばれる偶然の効果によっても大きく左右される（2.2.4項参照）．本章の2.2.6項までは，突然変異が，遺伝的浮動や自然選択の影響を受けて，どのように集団内に広まっていくかについての理論的基盤を学ぶ．それ以降の2.2.7〜2.2.9項では若干発展的な内容について扱うので，とりあえず先に進みたい読者は，必要になったときに目を通す程度でよいだろう．集団遺伝の理論は，生物の進化理論を構築するのに重要なだけでなく，現存する生物から得られた遺伝情報を解析するための基盤にもなる．本章に続く第3章では，この理論を応用して，種内の配列解析を行う手法について解説を行う．これらの手法は，ヒトの遺伝的な個人差を扱う医学や，遺伝情報を用いた生態学分野においても盛んに用いられている．

種より上のレベルでの遺伝情報の進化を扱う学問分野を，**分子進化学** (molecular evolution) とよぶ（図 2.1(b)）．種より上のレベルでは，種間の比較を行うことが基本であるので，種内の多様性については目をつぶり，問題を単純化する．第4章〜第6章の内容は，分子進化学で用いられている配列解析手法の紹介が中心となっている．これにより，異なった種の遺伝子配列がどのくらい違うのかを定量化し（第4章および第5章），どのような進化的関係をもっているかを推定（第6章）することができる．

分子進化の考え方において最も中心的になるものは，**分子進化の中立説** (the neutral theory of molecular evolution，以下中立説）である（2.3.3項で詳しく説明する）．中立説は，遺伝情報の進化様式を定式化し応用する基盤となっているが，そのなかの重要な原則の一つは，「進化的に大切な遺伝情報や構造は保存される」というものである．この大前提のもとに，第7章および第10章で用いられている解析手法が構築されている．また，第9章および第10章で扱っている内容は，遺伝情報がセントラルドグマを経てどのように表現型に影響を与えるか（そしてどのように生物進化に貢献しているか）を明らかにする，という視点に立っている．

以上に述べたように，本章で扱う内容は，これ以降の章で学ぶ解析手法の基盤となっており，「進化で読み解く」という本書の特徴的な視点の中心となっている．不慣れな

読者には少々難易度が高いところがあるかもしれないが，各章で行われる解析との関連に戸惑った際には，ぜひ本項を見直してみてほしい．

2.2 短期的な進化（集団遺伝）

2.2.1 集団内に見られる変異

生物集団内で見られる**遺伝的変異** (genetic variation) を扱う分野を，集団遺伝学とよぶ．集団遺伝学は生物の進化を考えるうえで非常に重要な分野であるが，進化とはそもそも何かという疑問もあるので，ここでの定義を述べてみよう．進化とは，生物種のもつ性質が時間とともに遺伝的に変化していくことである．しばしば誤解されるように，進化とは必ずしも物事がよくなる方向に進むことだけを示すわけではない．また遺伝子レベルでは，表現型に現れる遺伝子の変化だけが進化とよばれるわけでもない．遺伝情報の面からより一般的に進化を定義すると，進化とは「**遺伝子頻度** (gene frequency) の世代による変化」ということができる．ここで使われている「遺伝子」という言葉は古典的なものなので，ゲノム時代の現在では，「塩基配列」と置き換えることができる（ここでは塩基配列以外の変化についてはとりあえず無視し，以下では，遺伝子頻度を単に「頻度」とよぶことにする）．つまり，進化とは「違いをもった塩基配列の集団内での頻度が，時間（世代）により変化すること」と定義することができる．ここでの塩基配列は，必ずしもタンパク質をコードしなくともよい．まったく機能の変化を伴わなくても，それは塩基配列レベルでの進化とよべるからである．第8章で詳しく触れるように，塩基配列の違いは物理的に決定することができる．したがって，塩基配列レベルの進化は厳密な定量化が可能である．

それでは，「集団内での頻度」とは何だろうか．集団とは交配を行う，または遺伝的に似通った生物の集まりのことであり，一般的には種とよばれる単位をとる．たとえば，ある単数体の集団で，半数の個体においてゲノムのある塩基サイトでの塩基が A であり，もう半数の個体のゲノムで G であった場合，A の頻度は 0.5 であると表現する．A と G それぞれの塩基をアレル（1.3 節参照）として考え，これを**アレル頻度** (allele frequency) とよぶ．また，この例のような一つの塩基の変化による変異のことを**一塩基多型** (single nucleotide polymorphism, **SNP**) とよぶ．多型とは一般的にある程度（1%）以上の頻度の変異のことを指し，非常に稀な変異は含まないことが多いが，その境界はあいまいである．

2.2.2 突然変異と遺伝的変異

どうして集団内の個体に上記のような塩基配列の違いが起こるのだろうか．その理由として，もともとの生物集団はすべて A または G の塩基配列をもっていたのだが，ある個体において A → G または G → A への突然変異が起こったということが予想される（突然変異発生の分子機構については第1章ですでに説明した）．もしその変異をもった個体が偶然であれ必然であれ多くの子孫を残せば，変異の頻度は上昇していくだろう．

さて，アレル頻度がさらに上昇して，すべての個体が新しく起こった変異をもつようになったらどうだろうか．突然変異率はとても低いと考えられているので（1.6節参照），さらなる突然変異を考えなければ，その変異は生物集団すべてがもつ特徴になる．つまり，

1. 突然変異によって新しいアレルが生まれる
2. アレル頻度が上昇する
3. 集団中のすべての個体に新しいアレルが広まる

という三つのステップを経て，アレルの**固定** (fixation) が起こる．変異が SNP である場合，塩基の**置換** (substitution) が起こったと表現する．

進化というのは，すべて上記の過程の繰り返しによって起こると考えられる．ヒトとチンパンジーのゲノム塩基配列には，2.1.1 項で述べたように，およそ 1.2%の違いがあることが知られている[45]．ヒトゲノムのサイズを 3.2×10^9 bp とすると，およそ 3,840 万塩基の違いが存在することになる．すなわち，これらの塩基配列の違いが，ヒトとチンパンジーとの生物学的違いを生み出しているということができる．さかのぼって考えてみると，これらの違いのほとんどは，もともと1個体の生殖系列細胞で起こった突然変異に起因している．それが何らかの理由によりヒトおよびチンパンジーの祖先集団のなかで広まった結果が，数百万年を経た種の違いとして表れているのである．にわかには想像できない過程であるが，この時間的スケールの大きさが，進化というものを可能にしている．

上記ステップ2におけるアレル頻度の上昇は，遺伝的浮動と自然選択の二つによって起こる．自然選択には2種類あり，一つは，ダーウィンがもともと進化の原動力として提案したような，**正の自然選択** (positive selection, Darwinian selection) である．もし，変異アレルをもった個体が，ほかの個体より生き残りやすかったり，子供を残す数が多かったりすると，そのようなアレルが集団中に広まる確率は，変異が有利でも不利でもない**中立** (neutral) な状態よりも高くなるだろう．反対に変異が不利

な場合には，**負の自然選択** (negative selection) がはたらく．負の自然選択は**純化淘汰** (purifying selection) ともよばれる．負の自然選択には，変異をもった個体が正常に発生せず死に至る致死性の変異から，変異をもった個体の生存率や産仔数が減少するレベルまで，さまざまな種類のものが考えられる（2.2.5 項参照）．DNA に起こる中立な変異には，遺伝子間領域やイントロンの塩基配列に起こる変異，コード領域に起こる同義変異などが考えられる．タンパク質のアミノ酸配列が変化する場合や遺伝子発現の転写調節領域の変異は自然選択の影響を受ける可能性があるが，中立的に進化する可能性もある．遺伝的浮動の詳細については 2.2.4 項で扱う．

上記の例では変異が SNP であるとしていたが，もちろん重複，挿入，欠失などの変異についても，同様の議論を行うことができる．

2.2.3　ハーディ–ワインベルグの法則

一般的に，われわれは個人の遺伝子型に興味があるのだが，何らかの理論をもとに研究を行う場合には，問題を抽象化するために，モデルをできるだけ単純にすることが必要である．2.2.2 項における進化の説明では，個体レベルでの情報を考えずにアレル頻度だけを考えたが，変異の頻度を考えるだけで十分なのだろうか．このことを考えるのに有用な法則として，**ハーディ–ワインベルグの法則** (Hardy–Weinberg principle) が存在する．この法則は，「ほかの集団と隔離された十分に大きな集団では，任意交配が行われており，変異が中立であれば，次世代の遺伝子頻度が前の世代の遺伝子頻度と同じになる」というものである（もう 1 点，任意交配以外に新しい突然変異が起こらないという条件も必要であるが，塩基レベルの突然変異率はとても低いことがわかっているので，この場合は条件をほぼ満たしていると考える）．

アレル A と T の二種類が存在する SNP の例を考えよう（**図 2.2**）．ハーディ–ワインベルグの法則が成立する条件下では，A のアレル頻度を p とすると，次世代の遺伝子型の頻度は，ホモ接合体 AA について p^2，ヘテロ接合体 AT について $p(1-p)$，ホモ接合体 TT について $(1-p)^2$ となる．AA の個体が x 人，AT の個体が y 人，TT の個体が z 人いるとする．まずはアレル頻度を計算してみよう．塩基 A のアレル頻度は $(2x+y)/2(x+y+z)$，T のアレル頻度は $(y+2z)/2(x+y+z)$ である（二倍体なので，アレルの総数は個体数の倍であることに注意）．ここで，ある遺伝子型の個体がどの遺伝子型の個体とも同じ割合で交配（ここでは個体の性別は気にしないが，性別を考えても，任意交配のもとでは同じ結果が得られる）をすると仮定する．たとえば，AA の人が AA の人と子供を 1 人作ると，その子供は 100%遺伝子型 AA となり，AT の人と子供を作ると，その子供の 50%が遺伝子型 AA となる．実際に次世代での AA

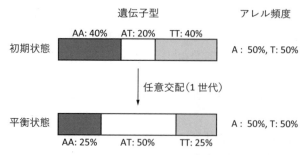

図 2.2　ハーディ–ワインベルグ平衡の概念を表した模式図

この例では，アレル A と T が集団の中で 50% ずつの頻度で存在し，ある世代で遺伝子型 AA の個体が 40%，AT の個体が 20%，TT の個体が 40% いると仮定している．最初の遺伝子型の割合がどのようなものであっても，1 世代の任意交配を経ると，次の世代の遺伝子型の割合は，ハーディ–ワインベルグの法則で予想されるものとなる．この法則のもとでは，アレル頻度は世代を経ても変化しない．

型の頻度を求めてみると，AA 型の頻度は $(2x+y)/2(x+y+z)$ の 2 乗となることが確かめられる（興味のある読者は計算してみるとよい）．すなわち，ハーディ–ワインベルグの法則は，任意の x, y, z に対して成り立つことがわかる．任意の x, y, z に対して成り立つということは，遺伝子型の頻度は 1 世代で平衡に達するということである．この状態を**ハーディ–ワインベルグ平衡**（Hardy–Weinberg equilibrium，**HW 平衡**）とよぶ．すなわち，アレル頻度さえわかれば，遺伝子型の頻度は，HW 平衡を仮定することにより近似できるのである．したがって，集団遺伝学の多くの解析では，個々の遺伝子型の頻度よりも，アレル頻度を中心に考えることが多い．集団の中にあるアレルの集まりのことを**遺伝子プール**（gene pool）とよぶ．N 個体からなる二倍体生物の遺伝子プールは，$2N$ 個の遺伝子（アレル）をもつ．

2.2.4　集団の大きさが有限である場合の進化

1.　有限集団における進化モデル

これまでの例では，集団の大きさが無限であるという仮定のもとで議論が行われていた．ところが，実際の生物集団の大きさは有限である．集団の大きさが有限である場合に起こる問題は，近親交配である．ここでいう近親交配とは，兄弟婚やいとこ婚のような近い世代で起こるものだけではなく，数世代，数十世代というレベルで祖先を共有することも含んでいる．あなたが何人の祖先をもつか，時間を逆向きに考えてみよう．あなたは 2 人の両親をもち，両親はさらに 2 人ずつの祖父母をもつ．これを繰り返して n 世代さかのぼると，あなたの祖先は 2^n 人いることになるだろう（**図 2.3**）．

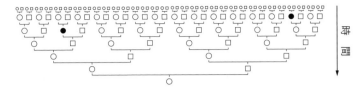

図 2.3　祖先の数に関する誤った概念図

ヒトの場合，個体は常に二人の生物学的な両親をもつので，祖先の数は n 世代さかのぼると 2^n 人となる．この図では，6 世代前の 64 人までが描かれている．ところが，この計算を繰り返すと，あっという間に祖先の数が当時の地球上の人口より多くなってしまう．しかし実際は，図中の●で示された個体は同一人物である可能性がある．その場合，実際の祖先の人数は，単純な予想よりもずっと少なくなる．

ところが，仮に 30 世代[†]さかのぼると，あなたの祖先はおよそ 10 億 ($\simeq 2^{30}$) 人存在することとなり，当時の全世界の人口より多くなってしまう．この計算の何が間違っているのだろうか．実は，祖先をさかのぼっていくに連れて増えていくあなたの祖先どうしは赤の他人ではなく，どこかで共通の祖先をもつ遠い親戚どうしなのである．これらを独立の個体として計算していることが間違いのもとである．

この問題を別の角度から考えてみよう．集団に存在する個体数を N とする．ここで使われる集団の個体数とは理論的な数で，実際の人口の数とは異なることに注意しよう．一般的に，集団遺伝学で用いられる集団の大きさは，**有効集団サイズ** (effective population size) とよばれる．これは，交配にかかわり子孫を残す個体だけを考えた，仮想的な集団の大きさである．有効集団サイズの定義に関する議論は少々複雑なので，とりあえずは深く考えずに先に進もう（たとえば，[46]）．本書では，とくにこだわらず有効集団サイズのことを集団の大きさともよんだりする．N 個体の集団が次世代の子孫を残すことを考える．二倍体集団の場合，集団中の染色体の数（二倍体生物の場合，しばしばこのような表現を使う）は $2N$ 本である．集団中の個体数と集団の世代時間（何歳で子供を残すか）は一定で，任意交配を行うと仮定する．性別はいまのところ考えない．この集団が任意交配を行って次の世代を残すプロセスは，次のように近似される．

1. 集団中からランダムに 2 個体を選び出す．
2. それぞれからアレルを一つずつ取り出し，次世代の個体がもつアレルとする．
3. ステップ 1 と 2 を N 回繰り返し，次世代の N 個体の遺伝子型を決定する．

このように理想的に進化する集団を，**ライト–フィッシャー集団** (Wright–Fisher

[†] 1 世代を 25 年とすると，750 年に相当する．

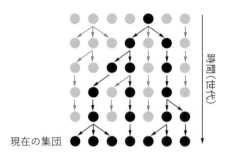

図 2.4 ライト–フィッシャー集団のモデル図

ここでは単数体の例を挙げた．丸印は個体を表し，ここでは $N = 7$ である．個体が残せる子孫の数にはばらつきがあるので，二つや三つの子孫を残せる個体がいる（矢印は親子関係を示す）一方，まったく子孫を残せない個体も現れる．現在の個体から過去をさかのぼってみると，黒丸の個体だけがその遺伝的構成に寄与しており，灰色の個体からの遺伝子の伝達は途絶えてしまっていることがわかる[47]．

population）とよぶ（図 2.4）．もちろんこれは非現実的なモデルであるが，問題をより複雑にした場合でも比較的よい近似を与えることが知られているので，集団遺伝学の解析の多くはこのモデルをもとに議論を行う（ほかのモデルも存在するが，現在はあまり使われていない）．このモデルでは，手順からもわかるように，一つの個体が複数個体の子孫を残すこともできる一方，まったく次世代に子孫を残せない個体も出てくる．ある遺伝子配列に変異（SNP）があり，2 種類のアレル，A と T があるとしよう．もともとのアレルを A，変異型のアレルを T とし，A のアレル頻度を p とする．新しく突然変異が起こった場合，T の初期頻度は $1/2N$ となる．

頻度 p をとるアレルの次世代での頻度は，1 世代でどのように変化するだろうか．この過程は，$2N$ 個のボールが入った箱から，取り出したボールを箱に戻しながら，合計 $2N$ 回ボールを取り出す作業と同じであるとみなせる（図 2.5）．$2N$ 個のボールのうち，$2Np$ 個は赤いボール，$2N(1-p)$ 個は白いボールであるとすると，赤もしくは白のボールの数の割合の変化を，アレル頻度の時間的変化とみなせる．この過程は，数学的には試行回数 $2N$，成功確率 p の**二項分布** (binomial distribution) で近似できる．二項分布は最も基本的な確率分布の一つである（補遺 A.1.3 参照）．この分布の期待値（次世代のアレル A の頻度）は $2Np$，分散は $p(1-p)/2N$ となる．N が有限である限り，アレル頻度はふらふらと上下し，試行回数が増えていくと，いつかは頻度 0 か 1 に到達する．頻度が 0 になったアレルは集団から失われ，頻度が 1 になった場合は集団中に固定すると考えることができる．一度変異アレルが失われるか固定されるかすると，その後は新たな変異が起こるまで多型は起こらない．この，偶然の力によって起こるアレル頻度の世代ごとの変化を，遺伝的浮動とよぶ．このとき，分散は

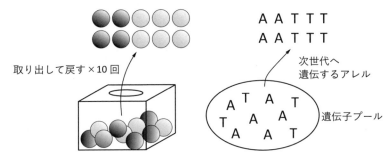

図 2.5 箱からボールを取り出す過程と，集団の遺伝子プールから次世代へ遺伝するアレルを取り出す過程の類似性

ここでは $N=5$ ($2N=10$) の例が示されている．この過程を1世代と考えると，世代ごとにアレル頻度が変化していく可能性があることがわかる．

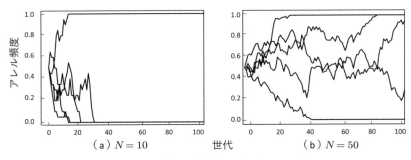

図 2.6 遺伝的浮動のコンピュータシミュレーション

(a) は $N=10$，(b) は $N=50$ のときの，遺伝的浮動によるアレル頻度の変化をコンピュータシミュレーションを用いて再現している．それぞれの場合において，初期アレル頻度 0.5 のもとに，100 世代まで計 5 回の試行が行われている．小さい集団である $N=10$ の場合のほうが，世代あたりのアレル頻度変化が大きく，短い時間で変異の喪失または固定が起こっていることがわかる．

N に反比例するので，N が大きいほど，すなわち大きな集団ほど，世代あたりのアレル頻度変化は小さくなる（図 2.6）．遺伝的浮動は，遺伝子レベルで進化が起こる原動力の主たるものの一つである．

　有限な大きさの集団内では，自然選択がはたらかず，新たな突然変異も起こらない場合，集団中の変異は，遺伝的浮動によって時間とともにすべて消失するか，固定してしまう．しかし，現実の生物集団の塩基配列には，多くの場合遺伝的変異が見られる．その理由は，ゲノムでは，世代ごとに常に突然変異が起きているからである．ライト–フィッシャー集団において，次世代に受け渡される遺伝子の総数は $2N$ 個である．第1章で学んだように，生殖系列細胞ではある確率で DNA に突然変異が起こり，次世代に受け渡される．世代あたりの塩基配列の突然変異率を，塩基サイトあたり μ

とすると，$2N\mu$ 個の突然変異が毎世代集団中で起こることになる．現在のヒトの人口を 7×10^9，$\mu = 1 \times 10^{-8}$，ヒトのゲノムサイズを 3.2×10^9 とすると，毎世代あたり 4.5×10^{10}，つまり 450 億個以上の点突然変異が，毎世代ヒト集団に生まれていることになる．集団の大きさが一定の状態で十分な時間が経過すると，毎世代集団に生まれる突然変異の数と，遺伝的浮動によって集団から失われる変異の数が等しくなると考えられる．この平衡状態を，**突然変異と浮動の釣合い** (mutation-drift balance) 状態とよぶ．

2. 近交係数

本項最初の段落の問題に戻り，遺伝的浮動を近親交配の面から定義してみよう．図 2.7 はいとこ婚を表す家系図である．図の個体 A について，**近交係数** (inbreeding coefficient) F を計算してみよう．ただし，新たな突然変異は起こらないものとする．近交係数 F とは，個体 A がもつ二つのアレルが，共通祖先をもつために同じアレルである確率である．共通祖先をもつために同じアレルであることを，**同祖** (identity by decent, IBD) であるとよぶ．A の祖父母には血縁関係がなかったと仮定すると ($F = 0$)，A の近交係数は 1/16 となる．より一般的に，近交係数は，二つの個体から任意に選んだアレルの組み合わせが，IBD である確率として定義される（この場合，近縁係数，kinship coefficient ともよぶ）．親子どうし・兄弟姉妹どうしの近交係数は 1/4 となる．図 2.7 には，いとこどうしから産まれた子供 A が描かれている．いとこどうしの近交係数は，A の近交係数と同じく 1/16 である．

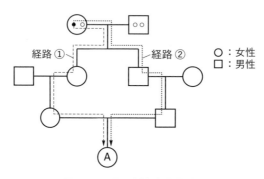

図 2.7 いとこ婚を表す家系図

遺伝学で用いられる家系図では，一般的に○は女性，□は男性を表す．この例では，いとこ婚によって生まれた子供 A の近交係数 F を考える．A の祖父母がもつアレルの一つ（図中●）に注目し，そのアレルが A に伝えられる確率を計算する．このアレルが A に伝えられるには，破線で示した経路①を通る場合と，点線で示した経路②を通る場合が存在する．どのアレルも，1/2 の確率で子供に伝えられるので，経路①を通って A に伝えられる確率は $(1/2)^3 = 1/8$，経路②を通って A に伝えらえる確率も $(1/2)^3 = 1/8$ である．したがって，$(1/8)^2 = 1/64$ の確率で A は同祖であるアレル（●）をもつ．祖父母がもつ四つのアレルすべてについて同じことがいえるので，$F = 1/64 \times 4 = 1/16$ となる．

上記の近交係数は既知の家系のなかでのものだったが，ここで，より一般的に近交係数を定義してみよう．集団サイズ N の二倍体集団の場合，t 世代目における任意の個体における近交係数 F_t は，$t-1$ 世代から t 世代の個体に同じアレルが受け渡される確率が $1/2N$ なので，次の式で表すことができる．

$$F_t = \frac{1}{2N} + \left(1 - \frac{1}{2N}\right) F_{t-1} \tag{2.1}$$

第一項は $t-1$ 世代から t 世代目に同じアレルが受け渡される確率，第 2 項は同じアレルが受け渡されなかったが $t-1$ 世代ですでに IBD であった確率である．二つは排反な事象なので，確率を足し合わせることができる．

式 (2.1) を変形することにより，次の近似式が得られる．

$$1 - F_t = (1 - F_0)\left(1 - \frac{1}{2N}\right)^t \approx (1 - F_0)\, e^{-\frac{t}{2N}} \tag{2.2}$$

$1 - F_t$ は，ランダムに選ばれた二つのアレルが，t 世代さかのぼると IBD でない確率であり，t とともに減少していく．したがって，同祖である確率，つまり近交係数は時間とともに増加していく（いいかえると，どこかで共通祖先をもつ確率が高くなっていく）．この予測は，すでに述べた遺伝的浮動を近親交配の面から捉えたものであり，両者は本質的に同じものであるといえる．

3. 集団内の遺伝的多様性

式 (2.1) と似たような計算を用いて，突然変異と浮動の釣合い状態における，集団中に見られる遺伝的多様性の推定値が得られる．世代ごとに遺伝子に突然変異が起こる確率を u としよう．このとき，突然変異率はとても低いので，突然変異が二回以上起こって元の遺伝子配列に戻ることはないと仮定する．たとえば，長さ 1,000 bp の塩基配列に突然変異が起こり，300 番目の塩基サイトの A が T に変わったとする．続けてこの配列に突然変異が起こった場合，同じ 300 番目の T が再び A に代わるということは考えずに，T や G や C に変化する，またはそれ以外のサイトに変異が起こると仮定する．このようなモデルを，**無限サイトモデル** (infinite site model) とよぶ．すなわち，突然変異が起こるたびに，配列は別の状態へと変化する．式 (2.1) では突然変異については考慮しなかったが，両親から受け取った遺伝子のどちらにも突然変異が起こらない確率は $(1 - u)^2$ であることから，次の式が立てられる．

$$F_t = \left[\frac{1}{2N} + \left(1 - \frac{1}{2N}\right) F_{t-1}\right](1 - u)^2 \tag{2.3}$$

突然変異と浮動の釣合いがとれた平衡状態では，$F_t = F_{t-1}$ となる．また，u が十分小さいとき，変数として u^2 と u だけを含む項を無視することができる．したがって，平衡状態における F の推定値 $\hat{F}$ について，式 (2.3) を変形して次の式が導かれる．

$$\hat{F} = \frac{1}{4Nu + 1} \tag{2.4}$$

$\hat{F}$ は集団中からランダムに選ばれた二つのアレルが同じである割合の推定値であるから，ランダムに選ばれた二つのアレルが異なっている割合の推定値 $\hat{H} = 1 - F$ は，次のようになる．

$$\hat{H} = \frac{4Nu}{4Nu + 1} \tag{2.5}$$

式 (2.5) 中の $4Nu$ は，集団遺伝学のなかでよく現れる変数なので，特別に θ という変数を使う場合が多い．θ は集団内の遺伝的多様性を表すパラメータとして重要なもので，**集団変異率** (population mutation rate) とよばれる．$\hat{H}$ は，集団中からランダムに選んだ二つの遺伝子の配列が少しでも異なっている確率であり，**ヘテロ接合度** (heterozygosity) ともよばれる．この統計量は，サンプル間に見られる遺伝的変異を定量化するための，最も基本的なものである．

それでは，ランダムに選んだ二つの遺伝子配列間に見られる塩基配列の違い（異なっている塩基サイトの割合），すなわち**塩基多様度** (nucleotide diversity) について考えてみよう．$\hat{H}$ の推定値は個々の塩基サイトについても成り立つので，配列全体で見られる違いの割合は，$\hat{H}$ に等しくなる．また，塩基サイトあたりの突然変異率を μ とする．μ はとても低く，$4N\mu \ll 1$ と考えることができるので，塩基多様度の推定値を $\hat{\pi}$ とすると，

$$\hat{\pi} = 4N\mu \tag{2.6}$$

が得られる．$\hat{\pi}$ は，配列の中で組換え (2.2.8 項) が起こった場合でも，不偏[†]であることが知られている．

4. 突然変異の固定確率

頻度が p であるアレルが，最終的に集団中に固定する確率（固定確率）を考えてみよう．アレル頻度は，数学的には拡散方程式とよばれる偏微分方程式の変数として扱われる[48]．詳細については触れないが，自然選択がない中立な変異の場合，頻度 p の変異の固定確率は p となる．これは直感的に理解でき，たとえば，$p = 1/2$ の場合，二つの

[†] 推定値に偏りがないこと．

同じ頻度のアレルが固定する確率は等しく，固定確率は $1/2$ となる．新しく起こった変異アレルの初期頻度は，前述したように $1/2N$ である．したがって，新しい変異の固定確率も $1/2N$ である．すでに述べたとおり，世代あたりに集団中に入ってくる変異の数は $2N\mu$ である．したがって，世代あたりに固定する変異の数は $2N\mu \times 1/2N = \mu$ となり，突然変異率と等しくなる．単位時間あたりに固定する変異の数のことを**分子進化速度** (rate of molecular evolution) とよぶ．つまり，中立な突然変異だけを考えた場合，分子進化速度は突然変異率に等しくなる．

2.2.5 自然選択

1. 適応度

これまでは，変異はすべて進化的に中立であると仮定してきたが，次に，変異に自然選択がはたらく場合を考えてみよう．これまでと同じく二倍体の場合を考えることにする．自然選択を考えるにあたり，**適応度** (fitness) という概念を導入する．有性生殖を行う生物は，生存，交配，生殖というサイクルを繰り返し繁殖していく（**図 2.8**）．広い意味での適応度とは，このサイクルひとまわりを考え，次の世代に子供をほかの個体より多く，もしくは少なく残す度合いの期待値を表す．若いうちに死にやすかったり，交配相手を見つけにくかったりする遺伝子型をもつ個体は適応度が低い．反対に，成長の程度はほかの個体と変わらなくても，繁殖力が高く，より多く子供を残しやすい遺伝子型をもつ個体は適応度が高いといえよう．ここで重要なのは，適応度とは生存・交配・生殖に関する期待値のことを指し，遺伝子型による効果だけを考えることである．たとえば，ある個体がたまたま死んでしまったり，交配相手を見つけることができなかったりした場合には，（進化遺伝学的には）適応度が低かったとはいえない．

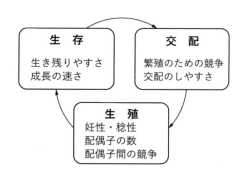

図 2.8 有性生殖を行う生物に関する適応度の概念図

生物の生活史においては，さまざまな過程において子孫の残しやすさが異なってくる（本文参照）．これらすべてを含めて，遺伝子型がもつ適応度は定義される．

44 2 遺伝と進化に関する基礎知識

適応度が, ある遺伝子におけるアレル A によって決まっているとしよう. アレル A をホモ接合でもった個体に比べて, 変異アレル a をホモ接合でもった個体が, 相対的に s だけ子供を残しやすいとする. 適応度はある集団の中での相対的な有利さ, 不利さを示すので, 各個体の適応度を表 2.1 のように表すことができる. s の値は正でも負でもよいが, 適応度は通常負の値をとらない. $s > 0$ であれば a は有利な変異, $s < 0$ であれば a は有害な変異, $s = 0$ であれば a は中立な変異である.

表 2.1 遺伝子型と適応度の対応

遺伝子型	AA	Aa	aa
適応度	1	$1 + hs$	$1 + s$

*s は変異アレルの適応度係数. h はその顕性の程度を表す係数である.

ここで, h はヘテロ接合個体の適応度を決めるパラメータである. $h = 0$ の場合, 遺伝子型 AA と遺伝子型 Aa をもつ個体どうしは同じ適応度をとる. この場合, a は A に対して潜性であるとよぶ. 反対に $h = 1$ の場合, a は A に対して顕性であるとよぶ. 図 1.3 で示したメンデルの実験では, 顕性である形質 (まるい表現型) と潜性である形質 (しわの表現型) がはっきりと区別できるようなものが選ばれたが, 実際の自然界では必ずしもそうとは限らない. とくに $h = 0.5$ の場合には, ヘテロ接合体は二つのホモ接合体の中間の適応度をもつが, この場合は数学的な取り扱いが楽なので, 集団遺伝学モデルでは $h = 0.5$ を仮定することが多い.

また, h が 0 と 1 の間に収まらない場合も考えられる. $s > 0$ かつ $h < 0$ の場合にはヘテロ接合個体はホモ接合個体よりも常に低い適応度をもち, このような様式は**アンダードミナンス** (underdominance) とよばれる. 反対に, $s > 0$ かつ $h > 1$ の場合は**オーバードミナンス** (overdomiance) とよばれ, ヘテロ接合体がホモ接合体よりも常に高い適応度をもつ. オーバードミナンスが実際に起こっている例は, まれであるが存在する. 通常, 新しく生まれた変異は, 遺伝的浮動の効果によっていつかは集団から除かれてしまうが, オーバードミナンスの表現型をもつ変異は集団中に長い間保たれることになる. このように, いくつもの異なったアレルが長い間維持されるような淘汰を**平衡淘汰** (balancing selection) とよぶ. なお, 古典的な集団遺伝学では, オーバードミナンスが集団内の変異を維持するための中心的な機構であると信じられてきたが, 現在ではむしろ特殊な例であると考えられている (p.46 コラム:分子機構が明らかにされた自然選択の例 参照).

2. 自然選択下における突然変異の固定確率

中立の場合と同じく, 自然選択がはたらく場合の変異の固定確率は, 拡散方程式をもって近似することができる. とくに, $h = 0.5$ のとき, 有効集団サイズが N の集団

において，初期頻度 $1/2N$ である変異の固定確率 $F(s)$ は，N が十分大きく s が十分小さいとき，中立な変異の固定確率を 1 とすると，次のように近似される（導出過程は省略するが，たとえば [48] を参照）．

$$F(s) = \frac{2Ns}{1 - e^{-2Ns}} \tag{2.7}$$

式 (2.7) を見ると，s が大きくなればなるほど固定確率は高くなることがわかる．つまり，変異が有利であればあるほど集団中に広まりやすくなり，変異が不利であれば集団中に広まる確率はほぼ 0 になる．たとえば，$Ns = -10$ のとき，$F(s) = 4.12 \times 10^{-8}$ となり，このような変異が集団中に広まる確率は非常に低い．これは，$N = 10,000$ のとき $s = -0.001$，つまり，変異をホモ接合でもった個体の適応度が，およそ 0.1% 下がることに相当する．この程度の適応度の低下は，通常行われる野外または実験室での実験においては観察できない．つまり，短期間の実験で観察できないようなレベルの有害度であっても，長期間の生物の進化を考えた場合には，非常に大きな効果をもつことが予測される．ここで注目したいのは，式 (2.7) において，s が常に N との積の形で現れていることである．N の大きさは遺伝的浮動の効果と負の相関を示す（集団サイズが大きいほど，遺伝的浮動の効果が弱くなる）．たとえば，集団サイズが 10 倍大きくなると，自然選択の有効性もおよそ 10 倍大きくなるということになる．

このときの固定確率を図示したものが図 2.9 である．注目すべき点が 2 点ある．1 点目は，正の自然選択がはたらいたときの固定確率である．$2Ns$ が十分大きければ，相対的な固定確率は $2Ns$ によって近似できる．たとえば，$N = 10,000$，$s = 0.001$ では $2Ns = 20$ であるから，そのような変異の置換速度は，中立なものと比べておよそ 20 倍速くなる．つまり，たとえ生存に 0.1% だけ有利な変異であっても，その置換

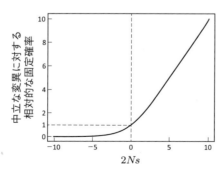

図 2.9　自然選択下における，新たな突然変異の固定確率

中立変異の固定確率を 1 とした，選択係数 s，有効集団サイズ N における変異の固定確率（実線）．式 (2.7) による．横軸は $2Ns$，縦軸は相対的な固定確率を表す．

速度はけた違いに早くなるということである．2点目は，$2Ns < 0$ でも $F(s)$ がそれほど小さくならない s の範囲が存在する，つまり，たとえ $s < 0$ であっても，低確率ではあるが固定することのできる有害な変異が存在するということである．一般に，$|2Ns| \approx 1$ 付近では自然選択と遺伝的浮動との効果が同じくらいの力ではたらいている．このような変異が進化上重要な役割を担っているという説を，**分子進化のほぼ中立説** (the nearly neutral theory of molecular evolution) とよぶ[49]．中立説では，変異を有害なもの，中立なもの，有利なものといったように定性的に分けるが，ほぼ中立説では，変異の効果をより連続的なものとして捉えているといえる．ほぼ中立的な変異の固定確率は，自然選択の強さだけでなく，集団サイズの違いによっても変わってくるので，変異の分布や固定確率が集団サイズに依存するという予測が立てられる．

3. 弱い淘汰と集団内の変異

自然選択は，集団内での変異パターンにどのような影響を与えるだろうか．正の自然選択がはたらく場合 ($s > 0$)，変異の頻度は総じて中立変異よりも高くなるが，s がとても大きければ，そのような変異はあっという間に固定してしまうので，集団内の頻度にはそれほど影響を与えない．負の自然選択がはたらく場合 ($s < 0$) も同様に，選択がとても強ければ（有害な度合いが強ければ），そういった変異はそもそも集団に現れることがない（致死であるかそれに近い）．同義変異はアミノ酸配列を変えないので，進化的に中立であると仮定すると，アミノ酸を変化させるような非同義変異のほうが，より低頻度に偏って分布すると予想される（非同義変異のほとんどは有害であると考えられる．同義・非同義変異については1.6.1項参照）．実際に多くの生物において観察されている非同義変異は同義変異よりも低い頻度をもつものが多く，この観察結果は，多くの非同義変異が弱い淘汰を受けていることを示している[50]．

Column　分子機構が明らかにされた自然選択の例

ヒトでよく知られているオーバードミナンスの例として，鎌状赤血球貧血症 (sickle cell anemia) という疾患がある．この変異は，ベータグロビン遺伝子 (HBB) の塩基配列に突然変異が起こり，6番目のアミノ酸であるグルタミン酸がバリンに置き換わったものである．この変異をもつヘモグロビンタンパク質は通常とは異なった立体構造をとるため，ホモ接合個体はほぼ致死となるが，ヘテロ接合個体は，通常の環境では重篤な症状をとらない．ヘテロ接合個体はマラリアに対して抵抗性をもつため，アフリカなどマラリアが蔓延している地域では，ヘテロ接合個体の適応度が高くなっていることが知られている[51]．

地域特異的な自然選択の例では，アメリカ大陸に生息するシロアシネズミ (*Peromyscus maniculatus*) における，ASIP遺伝子による表現型の多型（明色型・暗色型）が知られている．明色型の個体は明るい色の，暗色型の個体は暗い色の砂の上で目立たなくなり，捕食者からの捕食を免れやすい．たとえば，アメリカ合衆国ネブラスカ州には，サンドヒルとよばれる比較的新しい（1万〜5万年前）時代に形成された明るい色の土壌をもつ地域が

あり，この地域には明色型を引き起こす ASIP 遺伝子の変異をもった個体が集団に多い．面白いことに，変異が急速に広まった時代を遺伝子の多型パターンから推定すると，サンドヒルの形成時期と非常に近い値が得られている[52]．

2.2.6 突然変異，遺伝的浮動，自然選択

これまで見てきたように，突然変異，遺伝的浮動，自然選択が集団内での遺伝子的多様性を決める大きな三つの力である．突然変異は，毎世代親から子に遺伝子が伝えられるたびに起こり，常に集団中に新しい変異が導入される．突然変異のうち，強い負の自然選択がはたらくような変異は，自然選択によって取り除かれ，集団中から失われる．反対に，強い正の自然選択がはたらくような変異は，自然選択によって急速に集団に固定する．中立な突然変異には遺伝的浮動の効果がはたらき，変異は世代とともに失われていくか固定する．また，適応度に弱い影響しか与えない変異については，自然選択と遺伝的浮動の両方がはたらくこともありうる．平衡状態に見られるこれら三つの力の釣合いのことを，**突然変異と選択と浮動の釣合い** (mutation-selection-drift balance) とよぶ．ゲノム中の多くを占める，特別な機能をもたない領域では，2.2.4 項で解説した突然変異と浮動の釣合いによって集団内での変異パターンを説明することができるが，遺伝子のコード領域においては，これに加えて自然選択の影響も考えなければいけない．

2.2.7 集団の分化

実際の生物について HW 平衡を見てみると，平衡状態よりは少しずれていることが多い．観察データが HW 平衡からずれているかどうかは，χ 二乗分布を用いた適合度検定などによって判別できる．期待値と観察値とのずれの原因となっている可能性が高いものは集団構造や近親婚である．ハーディ–ワインベルグの法則では，集団が一様かつ大きさが無限であると仮定されている．このことは少々非現実的で，多くの生物において，集団の大きさは有限で，集団がさらに小さな集団に分かれていることが多い．このような場合，アレル頻度が小集団間で異なっている場合がある．ヒトの例を考えてみよう．日本という狭い地域を考えただけでも，集団内の個体が任意交配を行っているとは考えられない．北海道に住んでいる者どうしが子供をもつ確率は，北海道と沖縄に住む者どうしが子供をもつ確率よりも高いだろう．ある集団の中に集団構造があるのにもかかわらず，それに気づかず一つの集団として扱ってしまうと，HW 平衡で予想されるよりもホモ接合体の割合が大きくなることがある．この現象を**ワーランド効果** (Whalund effect) とよぶ（図 2.10）[53]．

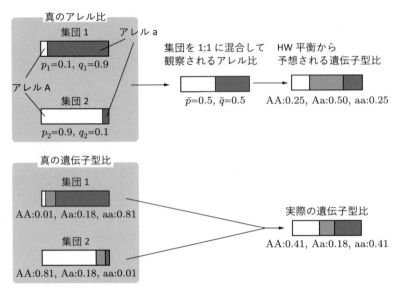

図 2.10　ワーランド効果の模式図

図の左では，二つの集団それぞれでのアレル A, a の頻度 p, q が示されている．集団構造が存在すると，それぞれの集団でのアレル頻度が異なることがある．ここでは集団 1 でのアレル A の頻度 p_1 は 0.1，アレル a の頻度 q_1 は 0.9 で，集団 2 での A と a の頻度 p_2, q_2 は集団 1 での頻度とは逆となっている．集団 1 と集団 2 からのサンプルは 1:1 に混合された状態で観察されるとすると（図の上部），混合集団での A と a のアレル頻度はともに 0.5 となる．実際には，ホモ接合体の割合は AA と aa をあわせて 0.82 となり（図の下部），HW 平衡から期待される期待値 0.5 よりも大きくなる．

簡単な計算でワーランド効果について考察してみよう．アレル A について，同じ大きさである二つの集団内でのアレルの頻度をそれぞれ p_1, p_2 とする．集団構造を考えず，二つの集団をひとまとめに解析した場合，全体でのアレル A の頻度は $(p_1+p_2)/2$ となる．したがって，HW 平衡より予想される A のホモ接合個体の頻度は，$(p_1+p_2)^2/4$ となる．ところが，実際にそれぞれの集団から同数のサンプルを取った場合，それぞれの集団での A のホモ接合個体の頻度は p_1^2, p_2^2 となるから，その平均は $(p_1^2+p_2^2)/2$ となる．後者から前者を引くと，その差は $(p_1-p_2)^2/4$ となる．この値は，$p_1 = p_2$ のときは 0 であるが，そうではない場合は常に正の値をとる．つまり，実際は集団構造をとっているのに，ひとまとめにして解析を行うと，観察されるホモ接合個体の頻度が，HW 平衡から期待される値より多くなってしまう．

集団の分化は生物進化において非常に重要な問題である．一般的な生物種は多くの場合，遺伝的構造をもった**分集団** (subpopulation) に分割される．集団構造は地理的分布と対応することが多い．また，分集団は亜種 (subspecies) として分類されること

も多い．さらに，分集団がより小さな分集団に分かれるといったような複雑な階層構造をとることもある．人類集団を例に考えると，東アジア人集団が存在し，そのなかに日本列島人集団があり，またそのなかに地域ごとの遺伝的集団が存在する．このような分集団間の分化が進んでいけば，究極的には**種分化** (speciation) とよばれる，新しい種が生まれる現象につながると考えられる．

ある集団が二つに分かれたと仮定する．すると，それぞれの集団で遺伝的浮動によるアレル頻度の変化と，新しい変異の導入が起こるので，二つの集団の間でのアレル頻度が異なった値になることがある（図 2.1(a)）．このとき，集団が小さいほど遺伝的浮動によるアレル頻度の変化は速く起こるので，時間あたりのアレル頻度の違いは大きくなる．つまり，孤島など，地理的に隔離された小集団での遺伝的な分化はとても強くなる．

また，分集団どうしが遺伝的に完全に隔離されていない場合も多い．多くの場合，隣接した集団間には**移住** (migration) が観察される．集団間での移住は，遺伝的浮動によるアレル頻度の変化を均質化する力としてはたらく．集団間のアレル頻度の違いは，集団の分岐年代が古かったり，それぞれの有効集団サイズが小さかったりするほど大きくなり，集団間の移住率が高いほど小さくなる．着目しているゲノム領域が進化的に中立である場合，集団間の分化の度合いは，上に挙げた，分岐年代，集団の大きさ，移住率の三つの要素によって主に決まってくる．

遺伝子頻度の違いを定量化するための統計量の一つとして，F_{ST} がある．F_{ST} は本来，近交係数を表す F 統計量より定義されたが，現在ではさまざまな定義が使われている．F_{ST} の導出法は第 3 章で示すが，集団間での遺伝子頻度の違いが大きいほど大きくなるような統計量となっている．ゲノム上の SNP についてそれぞれ F_{ST} を計算する場合を考える．ゲノム全体が中立的に進化していると考えると，ゲノム全体（バックグラウンド）の分化度は，上記の 3 要素，分岐年代，集団の大きさ，移住率によって決定されるだろう．したがって，ほかの領域よりも有意に大きい F_{ST} をもつゲノム領域は，自然選択によって形成されたと考えるほうが自然である．人類集団間で遺伝子の分化度が自然選択によって高くなっている例として，マラリアなど病気への耐性[54]，ラクトース不耐性[55]，肌や目の色の濃さ[56]，髪の毛の太さ[57]，低酸素耐性[58] などが挙げられる．反対に，集団間での分化度が，中立のときよりも低くなる要因としては，平衡淘汰（2.2.5 項参照）の影響が考えられる．

2.2.8 連鎖

前項まで，あるサイトでのアレル頻度の変化は，ほかのサイトでのアレル頻度の変

50 2 遺伝と進化に関する基礎知識

化と相関がないものとして考えていた。しかし，同一染色体上に存在するサイト間には，**連鎖** (linkage) が生じることが知られている。これは，同一染色体に乗ったアレルは，同時に子孫に伝えられるという物理的理由による。ただし，二倍体以上の生物においては，アレル間の連鎖は，毎世代ごとに**組換え**により解消される可能性が存在している。また，別の染色体のサイト間では，そもそも連鎖は発生しない。反対に，単数体生物や真核生物のオルガネラがもつゲノムにおいては，通常すべてのサイト間に連鎖が生じる。以下，連鎖がゲノムに与える影響を具体的に見てみよう。

新しい変異は，集団中のいずれかの染色体に起こる。二つのサイト 1 と 2 に突然変異が起こる場合を考えてみよう。サイト 2 で起こった突然変異を突然変異 B → b とする。このとき，サイト 2 の近傍のサイト 1 において，最初に突然変異 B → b が起こった染色体ではすでに，突然変異 A → a が起こっていたとしよう。その後，変異 b をもった染色体が，遺伝的浮動により頻度をある程度上げた場合を考えてみる。もしサイト 1 と 2 との間に組換えが起こらなかったとすると，アレル b は常にアレル a と同じ染色体上に存在することになる。このような染色体レベルでのアレルの組み合わせを，**ハプロタイプ** (haplotype) とよぶ。

アレル A と a，B と b の頻度をそれぞれ p_A, p_a, p_B, p_b とし，ハプロタイプ AB, Ab, aB, ab の頻度をそれぞれ p_{AB}, p_{Ab}, p_{aB}, p_{ab} とする。サイト 1 と 2 との間に組換えが起こると，最初に存在した組み合わせが混ぜ合わされていく。したがって，a の存在と b の存在との相関が減っていき，最終的には無相関になる（**図 2.11**）。この状態を連鎖平衡 (linkage equilibrium) 状態とよぶ。連鎖平衡から予想される期待値と観察値との違いを，**連鎖不平衡** (linkage disequilibrium, LD) 量 D として，以下のように定義する。

$$p_{AB} = p_A p_B + D$$
$$p_{Ab} = p_A p_b - D$$
$$p_{aB} = p_a p_B - D \qquad (2.8)$$
$$p_{ab} = p_a p_b + D$$

D は次のようにも表すことができる。

$$D = p_{AB} p_{ab} - p_{Ab} p_{aB} \qquad (2.9)$$

また，連鎖不平衡量を，ハプロタイプに見られるアレル A と B との相関で評価する方法もある。アレル A と B とを 0，a と b とを 1 といったようにラベルすることにより，（ピアソンの）相関係数を用いて評価することができる。相関係数 R と連鎖不平

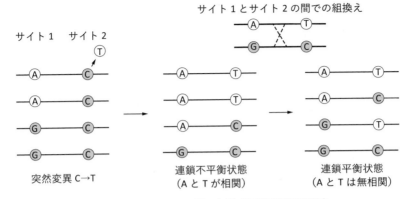

図 2.11 二つの SNP 間における連鎖不平衡の概念

ある塩基配列上のサイト 1 に塩基 A と G の SNP がある．この SNP の近傍のサイト 2 に存在する塩基 C に突然変異が起こり，T になるとする（左列）．遺伝的浮動により，A-T という組み合わせをもったハプロタイプの頻度が上がった場合（中央列），アレル T は常にアレル A と一緒の染色体に存在することになる．このとき，二つの SNP は連鎖不平衡状態にある．さらに時間が経ち，二つのサイト間で組換えが起こると，G-T という新たな組み合わせが生まれ，時間が経つにつれ A と T の相関はなくなっていく（右列）．この状態を連鎖平衡状態とよぶ．

衡量 D との関係は，次のようになることがわかっている．

$$R^2 = \frac{D^2}{p_A p_a p_B p_b} \tag{2.10}$$

D 値はアレル頻度の影響を強く受けるので，異なったサイト間の D 値を比較することは難しい．そのため，D 値がとりうる最大値と最小値によって基準化した，D' という統計量がしばしば用いられる[59]．同様に，相関係数 R は常に -1 から 1 の間の値をとるため，サイト間の比較が容易である[60]．ヒトの場合，ゲノム上で数十 kbp 程度離れたサイト間においても，連鎖不平衡を観察することができる．

2.2.9 遺伝子系図

1. 合祖過程

ライト–フィッシャー集団を基盤にした集団遺伝学の理論では，変異が生まれ，それが自然選択と遺伝的浮動によって集団内での頻度を変えていく過程を考えた．つまり，前向き (prospective) な過程を考えている．ところが，われわれが知りたいのは，過去に起こった出来事であることが多い．つまり，現在観察されている事象から，過去に何が起こったのかを知りたいのである．したがって，進化においては，後ろ向き

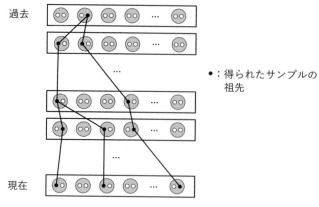

図 2.12 合祖過程を表す模式図

黒丸が現在データの得られているアレルを示している．有効集団サイズが $2N$ のとき，ランダムに取り出された二つのアレルが一つ前の世代で共通祖先をもつ確率は $1/2N$ となる．

(retrospective) な考え方も重要である．

われわれの遺伝子を例に考えてみよう．集団中からランダムに取り出された二つの遺伝子は，時間をさかのぼっていくと，必ずどこかで共通祖先をもつ．近交係数の計算を行ったときに述べたとおり（2.2.4 項参照），有効集団サイズ N の二倍体集団では，集団内に $2N$ 個の遺伝子が存在するので，1 世代さかのぼったときに，その二つの遺伝子が共通祖先から由来している確率は $1/2N$ である（**図 2.12**）．反対に，それぞれ別の祖先から由来している確率は $1 - 1/2N$ である．同様にして t 世代さかのぼったときに，二つの遺伝子が共通祖先をもつ確率 P_t は，次の幾何分布（補遺 A.1.3）によって表すことができる．

$$P_t = \frac{1}{2N}\left(1 - \frac{1}{2N}\right)^{t-1} \tag{2.11}$$

N が十分大きいとき，合祖が起こるまでの時間 t の分布は，次に示す**指数分布** (exponential distribution) $P(t)$ によって近似することができる（補遺 A.1.4）．

$$P(t) = \frac{1}{2N}e^{-\frac{t}{2N}} \tag{2.12}$$

この指数分布の平均値は $2N$，分散は $4N^2$ である（単位は世代）．つまり，ヒトの集団サイズをおよそ 10,000 と仮定した場合，集団から適当に二つの遺伝子を取ってくると，その二つはおよそ 20,000 世代くらい前に共通祖先をもつことが期待される．ただし，この値は期待値であるので，指数分布の性質上，多くの遺伝子はそれよりも最近

に共通祖先をもつことに注意しよう．集団中の遺伝子が時間をさかのぼることによって共通祖先をもつ過程を，**合祖（コアレセント）過程** (coalescent process) とよぶ[61]．

2. 遺伝子系図

集団中からいくつも配列をサンプリングしてくると，それらの間には複雑な祖先関係が存在する．このような配列間の祖先関係を，**遺伝子系図** (genealogy) とよぶ[†]．図 2.13 に示すように，集団から i 個のアレルをサンプルしたとしよう．時間をさかのぼっていくと，i 個のサンプルのうち，ランダムに選ばれた二つが共通祖先をもつように合祖し，その結果，サンプル数は $i-1$ 個となる．この過程を，サンプルが最後の一つになるまで繰り返す．モデルを単純化するために，同時に三つ以上のサンプルが合祖することはないと仮定する．すでに示したように，時間をさかのぼっていくとき，ランダムに選ばれた二つのサンプルが一つに合祖するまでの待ち時間の分布は，式 (2.12) によって表すことができる．また，i 個のサンプルからランダムに二つを選び出す組み合わせは $i(i-1)/2$ 通りとなる．したがって，単位時間あたりに二つのサンプルが共通祖先をもつ確率は，$1/2N$ に $i(i-1)/2$ を掛けた $i(i-1)/4N$ となる．したがって，合祖までの待ち時間 $P(t)$ は，式 (2.12) の $1/2N$ を $i(i-1)/4N$ で入れ換えた，次の確率密度関数で表される．

$$P(t) = \frac{i(i-1)}{4N} e^{-\frac{i(i-1)t}{4N}} \tag{2.13}$$

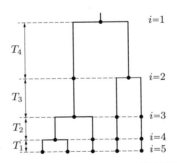

図 2.13 五つのサンプルからなる遺伝子系図の例

サンプル数が少ないほど，合祖が起こるまでにかかる時間は長くなってくる．図 2.13 の例では，最初に合祖が起こるまでの時間 T_1 は，2 回目の合祖が起こるまでの時間 T_2 よりも短くなっている．式 (2.13) において，待ち時間の期待値は $4N/i(i-1)$ であるので，n 個のサンプルが最終的に一つになるまでの期待値 $T_{\text{all}}(n)$ は，次の式で示さ

[†] ここで紹介する遺伝子系図では，配列中に起こる組換えは考慮しない．

れる.

$$T_{\mathrm{all}}(n) = \sum_{i=2}^{n} \frac{4N}{i(i-1)} = \frac{4N(n-1)}{n} \tag{2.14}$$

次に，遺伝子系図全体での枝の長さを考える．i 個から $i-1$ 個になるまでの時間の期待値は $4N/i(i-1)$ であるが，その時間に相当する枝の数は i 本である．したがって，その期間内の枝の長さの合計の期待値は $4N/(i-1)$ となる．よって，枝の長さの合計の期待値 $E[L]$ は，次のようになる．

$$E[L] = 4N \sum_{i=2}^{n} \frac{1}{i-1} = 4N \sum_{i=1}^{n-1} \frac{1}{i} \tag{2.15}$$

また，世代あたりの突然変異率を μ とすると，系図全体で起こる変異数の期待値 $E[S]$ は，次のようになる．

$$E[S] = 4N\mu \sum_{i=1}^{n-1} \frac{1}{i} \tag{2.16}$$

無限サイトモデルでは，新しく起こった変異は常に新しい変異サイトを作り出すので，起こった変異の合計は，多型サイトの総数（分離サイト，3.2.1 項参照）となる．したがって，この期待値は，後に 3.2.1 項で示すサンプル中の多型サイト数 S と等しくなる．また，ランダムに選んだ二つの配列が合祖するまでの時間の期待値は $2N$ であるから，ランダムに選んだ二つの配列の間の塩基配列の違いの期待値は $4N\mu$ に等しくなる．この値は，式 (2.6) で示した塩基多様度 π の推定値と等しい．

3. 合祖過程を考える利点

合祖過程のような後ろ向きの過程を考える利点は何だろうか．一つの重要な点は，その理論的なシンプルさである．前向きの確率過程を考えるためには，拡散方程式などの数学的に取り扱いにくいモデルを考えなければならないが，後ろ向きの過程では，より簡単な計算で，塩基多様度などに関して同じ期待値を導出することができる．

もう一つは，コンピュータによるシミュレーションのやりやすさである．実際の生物に起こった進化の歴史は複雑で，特定の集団動態をとったときの塩基多様度の期待値などを解析的に求めることは難しい．解析的な解を得るのが難しい場合には，コンピュータを用いたシミュレーションが有効である．シミュレーションには，ライト‒フィッシャー集団を仮定して集団を進化させていく**前向きシミュレーション** (forward simulation）と，得られたサンプルから合祖過程に基づいて共通祖先までさかのぼる**後ろ向きシミュレーション**（backward simulation）が存在する．前向きシミュレーションは世代ごとのアレル頻度の変化を記録していく一方，後ろ向きシミュレーションでは，合祖が起こった世代の情報のみを記録していくので，一般的には後ろ向きシミュレーションのほうがよい効率をもつ[62]．

　一方，合祖過程は，自然選択がはたらいた場合のモデルを立てることが難しく，単純な仮定のもとで自然選択がはたらいたときの，近似的な遺伝子系図しか得ることができないという欠点ももつ．したがって，複数の突然変異が適応度に影響を及ぼすような，ある程度複雑な自然選択を考えたシミュレーションを行う場合には，一般的に前向きシミュレーションを用いる．つまり，合祖過程は，変異を中立と仮定した場合には強力なモデルとなりうるが，そうでない場合には，ほかのモデルがより適切な場合もある[63]．

2.3　長期的な進化（分子進化）

2.3.1　遺伝子配列はなぜ似ているのか

　2.2節では，集団の中の一個体で生まれた変異が，集団の中に固定するまでの過程について触れた．長期的な進化を考える場合は，この固定された変異（置換）に注目する．たとえば，ヒト，ハツカネズミ，ショウジョウバエ，線虫，シロイヌナズナ（*Arabidopsis thaliana*）の遺伝子のDNA塩基配列をそれぞれ比べた場合，その違いのほとんどは集団中に固定した塩基置換である．集団中に存在する多型は割合的にとても少ないので，ほとんど無視することができる．

　通常われわれはとくに意識することなく，塩基・アミノ酸配列の類似性を利用して物事を考えている．たとえば，ヒトの遺伝子Aとハツカネズミの遺伝子Aの塩基配列を比較したり，細菌Xの遺伝子Bと細菌Yの遺伝子Bのアミノ酸配列を比較したりする．それではなぜ，ヒトとハツカネズミの遺伝子Aは似たような遺伝子配列をもっているのだろうか．二つの可能性を考えてみよう．まず，遺伝子Aはもともと別の起源をもっていたが，ヒトとハツカネズミでそれぞれ同じ機能をもつように進化したため，遺伝子配列も同じようになるように進化してきた可能性がある．一方，ヒトとハツカネズミの共通祖先の段階で遺伝子Aは存在しており，それが原因でヒトとハツカネズミの遺伝子Aは似通っているという可能性もある．前者は生物の表現型レベルではいくつかの例が知られており，**収斂進化**（convergent evolution）とよばれる．たとえばコウモリと鳥の羽が，進化の結果，同じような「飛ぶ」という機能を獲得した

ことが挙げられる．しかしながら，遺伝子の塩基・アミノ酸配列レベルでは，このような例は（議論になっている例はいくつかあるが）あまり知られていない．したがって，ある遺伝子どうしが似たような配列をもっていた場合には，二つ目の理由，つまりそれらが共通の祖先から進化してきたからだということをまず考えることにしよう．第1章で触れたとおり，遺伝子の塩基・アミノ酸配列には，常に突然変異が起こる可能性がある．もしその突然変異が有害であれば，負の自然選択がはたらくので，そういった変異は集団中に固定しない．したがって，もしある配列が生物の生存などに重要であるならば，そのような配列は進化的に保存され，その保存性が配列の類似性を

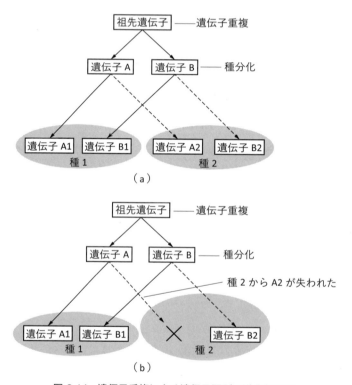

図 2.14　遺伝子重複による遺伝子配列の進化的関係

(a) ある祖先遺伝子が重複によって A と B とに分かれ，その後祖先種が種 1, 2 の二つに分岐したシナリオを示している．遺伝子 A1 と B1 とは遺伝子重複によって分かれているのでパラログどうしである．同様に遺伝子 A1 と B2 もパラログどうしである．遺伝子 A1 と A2 は種分化によって分かれているので，オルソログどうしである．同様に，遺伝子 B1 と B2 との関係もオルソログである．(b) 種 1 と 2 との種分化ののち，種 2 のゲノムから遺伝子 A2 が失われた場合を示す．この場合，遺伝子 A1 に最も配列が似ている遺伝子を種 B のゲノムの中から探すと，遺伝子 B2 が見つかるが，これらはオルソログどうしではなく実際はパラログどうしであり，予想されるよりも深い分岐をとる．

生み出していることになる．

上記のような，進化的な原因による配列どうしの類似性を**相同性** (homology) とよぶ．そこから派生して，共通祖先をもつことを原因として類似している配列どうしを，**ホモログ** (homolog) とよぶ．進化的な類似性の原因は，さらに大きく二つに分けられる．一つは，いま比較している二つの種が，共通祖先から種分化したことによるものである．種分化によって分岐した遺伝子どうしを**オルソログ** (ortholog) とよび，「ヒトとハツカネズミのオルソログ」というように使用する．もう一つの原因としては，**遺伝子重複** (gene duplication) が挙げられる．さまざまな分子機構により，塩基配列はそのコピーを同じゲノムの中に作ることがある．遺伝子重複も突然変異の一種であると捉えることができる．もし，1個体で起こった遺伝子重複が集団内に固定すると，その遺伝子重複は種ごとの遺伝子数の違いとして表れる．遺伝子重複のあと，それぞれのコピーに塩基置換が起こると，時間が経つにつれて二つのコピーの配列間に違いが出てくる．遺伝子重複によるコピーどうしを**パラログ** (paralog) とよぶ．ホモログのなかには，オルソログとパラログがあると理解しておくとよい（**図 2.14**）．

2.3.2 分子系統樹の読み取り

相同な配列間には進化的な関係が存在する．ごく最近に共通祖先から派生した配列どうしはとても似通っているし，分岐してから長い時間が経った配列どうしはより多くの置換を含んでいる．極端な例では，時間が経ちすぎて，配列どうしに類似性を見つけることが不可能かもしれない．配列間の系統関係は，通常，**分子系統樹** (molecular phylogenetic tree) とよばれるものによって表すことができる．分子系統樹の作成方法は第6章において詳しく説明するが，**図 2.15** に示すように，共通祖先からの分岐が**枝** (branch) どうしをつなぐ**節**（または分岐点，node）によって表されている．現存

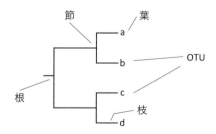

図 2.15 分子系統樹における各部の名称

根を上下左右のどこに配置するかは流儀によって異なるが，現代的な分子系統樹では，右や下よりも，左や上に配置する場合が多い．また，非常に多くの葉がある場合は，根を中心として，円周上に葉を配置することもある．

する生物の遺伝子配列は，**葉** (leaf) または**外部節** (external node) とよばれる枝の先端に来るように配置される．すべての配列は，時間をさかのぼっていくと最終的に一つの共通祖先に達する．この共通祖先の位置を**根** (root) とよぶ．遺伝子配列の置換は枝で起こり，枝の長さは通常そこで起こった置換の数に比例するように描かれる．二つの配列が分岐してからそれぞれに起こったサイトあたりの置換の数のことを，配列間の**進化距離** (evolutionary distance) とよぶ．枝の長さが進化距離を表している場合は，通常，分子系統樹と一緒にスケールを表示する．

分子系統樹は階層的構造をとる．図 2.15 において，葉 a, b のように，祖先を共有する葉の集まりを**クレード** (clade) とよび，祖先を共有する葉だけで構成されている生物の集合を**単系統群** (monophyletic group) とよぶ．逆に，形態等を指標とした生物の分類群が分子系統樹に一致しない場合もある．図 2.15 の a, b, c が同じ生物の分類群に属するとしよう．このときの a, b, c のように，ある葉のグループについて，それらが共通祖先に行き着くまでに，違った分類群の葉が同じクレードに混じる場合，そのような分類群は**側系統群** (paraphyletic group) とよばれる．たとえば，爬虫類という分類群は系統的には鳥類を含んでいるため，爬虫類と鳥類を別とみなす分類方法においては，単系統群ではなく側系統群となる．

遺伝子の系統関係から，どのように遺伝子重複が起こったのかを読み取れるだろうか．図 2.16 に，仮想的な遺伝子 A, B について，ヒト，ハツカネズミ，イヌ，ニホンメダカ (*Oryzias latipes*) の遺伝子配列を用いて描かれた分子系統樹を示した．ここでは，これらの遺伝子はそれぞれのゲノムの中にあるホモログがすべて示されているとするが，実際にはゲノム配列が完全に解読されているとは限らないので，見つかっていない遺伝子がある可能性についても注意しよう．われわれはすでに，ヒトから見た

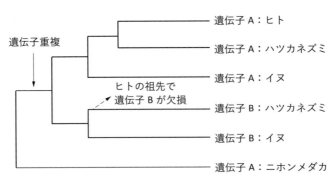

図 2.16 分子系統樹から遺伝子重複が起こった時期を読み取る例
仮想的な遺伝子 A, B について，ヒト，ハツカネズミ，イヌ，ニホンメダカの遺伝子配列を用いて描かれた分子系統樹．解説は本文を参照．

場合ハツカネズミが最も近縁で，その次がイヌ，最も遠い関係をもつのがニホンメダカであるということを知っている．そのうえで図 2.16 を見ると，まず魚類と哺乳類の共通祖先が分かれた後に遺伝子 A と B の重複が起こり，その後ヒトの系統では遺伝子 B の欠損が起こったということが読み取れる．このようなことを考えながら分子系統樹を見ることによって，遺伝子群がどのように進化していったのかについての歴史を推測することができる．ただし，分子系統樹が常に正しく推定されているとは限らないことにも注意を払っておこう．

2.3.3 分子進化の中立説

　遺伝子機能に重要な配列は保存されるということであったが，実際に異なる種のオルソログのアミノ酸配列を比較してみると，まったく同じということはほとんどなく，多くの置換が観察される．これらの置換が，正の自然選択のはたらきにより，生物のそれぞれの生息環境に有利な変異が置換したものだったのか，それとも機能的に重要ではない中立な変異が集団中に固定したものだったのかということが，1960 年代に議論になった．そこで，この時代に発展しつつあった分子生物学技術を利用して，いくつかの生物種のオルソログのアミノ酸配列を比べてみると，置換の速度はタンパク質によって異なっているが，それぞれのタンパク質においては，置換の数と生物種間の分岐年代には，ほぼ比例するような関係が見られた．つまり，異なった生物種のオルソログを比較することによって，その 2 種の分岐時間が推定できることになる．このことを**分子時計** (molecular clock) とよぶ[64]．

　配列間の置換数が時間に比例するということは，どういうことを意味しているのだろうか．比例しているということは，置換速度が一定ということである．もし置換の多くが正の自然選択によるものだとすると，その生物の生息環境などの違いが原因となって，タンパク質の進化速度は生物種ごとに大きく異なると考えられる（2.2.5 項で説明した Ns が生物種ごとに違うということである）．ところが，さまざまな分子データが明らかになってくると，この比例関係は，さまざまな種で，さまざまなタンパク質で成り立っていることがわかった．中立な変異の置換速度は突然変異率 (μ) に等しくなることはすでに説明した．それならば，進化速度の一定性は，置換した変異が中立であり，いろいろな生物で μ が一定であるということを仮定するだけで説明できる．また，遺伝子ごとに置換速度が異なるのは，起こった突然変異が有害である割合が異なると考えれば説明できる．この，「集団中に固定した変異のほとんどは，進化的に中立である」という仮説は，これまでに何度か触れた中立説の中核を，端的に表した説明である[65]．注意すべきことは，中立説は負の自然選択があることを前提としている

し，正の自然選択があることを否定してもいない．正の自然選択に関しては，単にその割合が「それほど多くはない」，といっているだけで，本質的な議論は量的に議論されるべきである．中立説を提唱した木村資生は日本で生まれ育った研究者で，国立遺伝学研究所の教授を務めた．中立説はおそらく，日本人が提唱した生物学における説のうち，最も有名なものの一つだろう．分子時計が成り立つことによって，遺伝子がもつ情報から過去を量的に推定することが可能になったのであるが，これはすべて中立説を前提としているおかげである．

中立説のもとで，二つの配列がどのくらい昔に分岐したのかを推定する問題を考えてみよう．T 年前に共通祖先から分岐した二つの配列の間に起こった，サイトあたりの置換数を d，年あたりサイトあたりの突然変異率を μ とすると，共通祖先から分岐したあと，置換はそれぞれの系統で起こるので，$d = 2T\mu$ となる（図 2.17）．したがって，d と μ の値を知ることができれば，T が推定できる．また，μ が不明な場合であっても，化石などの証拠から分岐年代がすでにわかっている 2 種間での置換数がわかれば，その値を利用して μ の値を知ることができ，T が未知の種間について分岐年代の推定が可能である．第 4 章では，この問題に対して，より複雑なモデルを立ててアプローチする方法を紹介する．

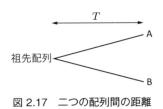

図 2.17　二つの配列間の距離

祖先配列から進化し，時間 T だけ経った配列 A と B との間の進化距離は，時間 $2T$ の間に起こった置換の数に相当する．

Column　二つのレベルの進化の境界領域

本章の 2.1 節では，進化を時間的な視点に立って二つのレベルに分けた．しかし，現実の進化は連続的な過程であり，二つのレベルの進化を完全に分けることはできない．その効果がよく現れるのが近縁種の分岐過程である．図 2.18 に示したように，近縁種から二つの遺伝子を取って，その共通祖先にたどり着くまでの時間を見てみると，その分岐は，種が分かれた（種分化が起こった）時間に加えて，祖先集団で合祖が起こる時間が含まれる．したがって，図 2.17 で仮定したような方法を用いて種の分岐時間を推定すると，分岐時間を過大推定してしまうことがある．このような場合は，祖先集団における過程と，その後の分岐における過程を両方考えなければならない．このような過程を複数種合祖過程 (multi-species coalescent process) とよび，その解析に適した方法がいくつか提案されている[66]．

また，「種とは生殖的に隔離された集団である」という一般的な理解に反して，近縁種間での交配が起こり，遺伝子が交換される**遺伝子流入** (gene flow) が観察されることがしば

しばある. このような場合にも, 種より上のレベルの遺伝子解析に, 集団遺伝学的観点を取り入れなければならない. さまざまな生物のゲノム配列が明らかになってきている現在, 集団遺伝学的な過程への理解がますます重要になってきている.

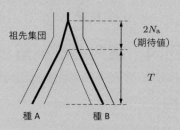

図 2.18 近縁種の分岐時間

細い実線は種の分岐, 太い実線は遺伝子系図を表している. 近縁種から遺伝子配列を取ってくると, 種分化以降に固定した変異だけでなく, 祖先集団ですでに存在した変異についても考慮しなければいけない. 世代あたりの突然変異率を μ, 祖先集団の大きさを N_a, 種分化が T 世代前に起こったと仮定すると, 種分化後に起こった変異の数は $2T\mu$ (2.3.3 項を参照), 祖先集団で合祖が起こるまでの時間の期待値は $2N_a$ 世代なので, 祖先集団で起こった変異の数の期待値は $4N_a\mu$ (2.2.9 項を参照) である. したがって, 近縁種間における配列間の違いの期待値は $2T\mu + 4N_a\mu$ となる[67]. 種 A と B がより遠縁の種の場合は, T が十分大きくなるので, $4N_a\mu$ の影響は無視することができる.

Chapter

3

集団内・種内の配列解析法

3.1 　ゲノムの多様性を理解する

　本章では，集団から得られたサンプルの塩基配列解析法について学ぶ．多数の個体から大量の遺伝子配列を得ることは，これまで非常にコストがかかる作業であったが，第8章で触れるようなシークエンス解析技術の発達により，多数の個体のゲノム配列を，比較的容易に得ることが可能になってきた．このような大量のデータを解析するには，もちろんコンピュータを使った解析が必要になってくる．

　集団内・種内の遺伝子配列を解析する目的はたくさんある．たとえば，ヒトの集団からたくさんの個体を選び，ゲノム配列を決定する試みが行われてきている．ゲノム配列を決定することによって，特定の疾患にかかわりのある変異を同定することや，人類集団の進化の足取りを調べることが可能である．多くのヒトゲノムを決定する国際的な取り組みで有名なものは，1,000人ゲノムプロジェクトとよばれるもので，2008年から2015年にかけて，2,500人以上のゲノム配列が決定された[68]．いまでは，日本におけるプロジェクトを含め，世界中で数万人単位のゲノム解析計画が進行中である．また，集団内の遺伝的多様性を知ることは，保全生物学にも重要な知見を与える．現在，人類活動によって多くの野生生物が絶滅の危険にさらされている．こういった集団の遺伝的多様性を把握することによって，種の保全に対する何らかの指針を立てることができるようになるだろう．また，多数のゲノム配列を調べることによって，どの遺伝子に自然選択がはたらいて生物のゲノムが進化してきたのか，といったような生物進化に関する疑問にも答えることができるようになっている．

　集団内・種内の遺伝子解析の目的を大雑把に分けると，① 表現型の多様性を生み出す遺伝的変異の探索，② 集団の分化や集団の大きさの変化など，歴史的な遺伝的構造の変化の推定，③ 短い時間スケールで起こった自然選択とその遺伝的基盤の探索，の三つとなるだろう．目的 ① の表現型と遺伝子型とのかかわりについては本書では深く触れ

ないが，疾患の原因となる変異を推定するための**ゲノムワイド関連解析** (genome-wide association study, **GWAS**) や**量的形質遺伝子座** (quantitative trait locus, **QTL**) 解析などが盛んに行われている[69,70]．本章では，主に目的 ② と ③ のために必要な，基本的な解析の手法を紹介する．

　本章ではまず，3.2 節において，集団からの遺伝子配列データを記述・評価する統計量についての基本的な事項を学ぶ．その後 3.3 節で，過去の歴史と遺伝的構造の推定法，最後に 3.4 節で，自然選択の検出法について学ぶ．

3.2　変異のパターンと多様性の指標

3.2.1　遺伝的多様性を表す統計量

　本節では，観察された塩基配列データを用いて，遺伝的多様性を評価する手法について解説する．**図 3.1** に，単数体生物 5 個体から得られた塩基配列の例を示す．サンプル 1 の塩基配列を基準として，変化がある塩基サイトだけを白抜きの文字で示した．このようなサイトを**多型サイト** (polymorphic site)，**変異サイト** (variant site)，または**分離サイト** (segragating site) とよぶ．この例は単数体生物のデータなので，どの変異がどの配列上にあるのかが確実にわかる．しかし，ヒトのような二倍体生物では，一方の相同染色体で A，もう一方の相同染色体で G といったようなヘテロ接合サイトが存在する．このようなサイトが複数あった場合，複数のサイト上にあるどのアレルどうしが同じ染色体上にあるのかという判定は，難しい場合が多い．たとえば，A/G というヘテロ接合サイトと C/T というヘテロ接合サイトが隣り合っている場合には，A-C, A-T, G-C, G-T というすべての組み合わせが考えられる（変異の連鎖については 2.2.8 項参照）．一つの表現方法は，二倍体の 2 本の配列をひとまとめにして表現することである．この場合，A か G は R，C か T は Y という IUPAC 表記（表 1.1）を使って表記することができる．または，実験的手法や統計的手法によって SNP のアレルの組み合わせを決定することもできる．このことをフェージング（もしくはハプ

```
サンプル1   ATAAATAGCAGATAGACGATAGCTGAG
サンプル2   ATCGATAGCAGACAGACCATAGCTGAG
サンプル3   ACAAATAGTAGACAAACGATAGCTGAG
サンプル4   ATAGATAGTAGACAAACCACAGCTGGG
サンプル5   ATAAATAGTAGACAGACCATAGCTGAG
```

■：変異がある塩基サイト

図 3.1　単数体の生物集団から得られたハプロタイプ塩基配列の例

ロタイピング）とよび，得られたアレルの組み合わせから得られる配列のことをハプロタイプ配列とよぶ．ハプロタイプ配列を決定，または推定することができれば，二倍体生物の配列も，単数体生物の配列と同様に扱うことが可能になる．

複数の塩基配列間にどのような多様性があるかを測る指標の一つとして，塩基多様度 π があることを 2.2.4 項ですでに学んだ．塩基多様度は，サンプル内の二つの配列の組み合わせすべてについて，サイトあたりの違いをとり，平均した値である．N を有効集団サイズ，μ を世代あたりサイトあたりの突然変異率とすると，有効集団サイズが一定のライト–フィッシャー集団では，塩基多様度 π について $\pi = 4N\mu = \theta$ という関係式（式 (2.6)）が成り立つ．図 3.1 の例では，配列間には長さ 27 bp の領域に平均 4.4 個の違いがあるので，$\pi = 0.16$ となり，集団変異率 θ の推定値も同じく 0.16 となる．

もう一つの重要な指標として，**分離サイト数** (number of segregating sites) を紹介する．分離サイト数とは，サンプル間で一つでも異なっているサイトの数のことであり，図 3.1 の場合では 9 となる．集団の大きさが一定ですべての変異が中立である場合，長さ L bp からなる n 本の配列から得られた分離サイト数 S は，次のようになる（式 (2.16)）[71].

$$S = 4a_n N\mu L, \quad a_n = \sum_{i=1}^{n-1} \frac{1}{i} \tag{3.1}$$

a_n は配列の数 n が増えると単調に増加するので，式 (3.1) から，調べる配列が増えれば増えるほど S は大きくなることがわかる．式 (3.1) を変形すると，観察された S の値から，次のように集団変異率 θ_{W} を推定することができる．

$$\theta_{\mathrm{W}} = 4N\mu = \frac{S}{a_n L} \tag{3.2}$$

ここでは，θ_{W} はサイトあたりの集団変異率として定義されていることに注意する．図 3.1 の例では $S = 9$, $L = 27$, $n = 5$ であるから，$\theta_{\mathrm{W}} = 0.16$ となる．θ_{W} は**ワターソンの** θ (Watterson's θ) ともよばれる[71]．μ の推定値はさまざまな方法で得られており，1.6.1 項で述べたように，ヒトではおよそ 1 世代あたり $1 \times 10^{-8} \sim 2 \times 10^{-8}$ 程度であるとされている．したがって，分離サイト数を観察し，知られている突然変異率 (μ) を上式に当てはめると，有効集団サイズ N の値が得られる．

θ_{W} および π による N の推定では，集団の大きさが一定であると仮定しているが，この仮定は実際の集団の動態から考えると非現実的である．集団の大きさに変動があった場合には，長期的な集団の大きさはその調和平均（逆数の平均の逆数）に等しくな

ることが知られている．したがって，これらの多様性の指標から得られる N の値は現時点の N を表しているわけではなく，ある程度長期の集団の大きさが反映されているといえる．調和平均は，速度の平均値のように，より小さい（遅い）値の影響を強く受ける．したがって，集団が極端に小さくなった場合（ビン首効果とよぶ，3.2.2 項参照）にはその影響を強く受け，遺伝的浮動により，集団内の遺伝的多様性が極端に下がることが知られている．

このようにして推定された N は，ヒトではおよそ 10,000 である[72]．この値は，現在生息しているすべてのヒトの人口（70 億以上）より桁違いに小さい．現代の非アフリカヒト集団の祖先は，およそ 5 万～10 万年前に，アフリカから世界中に拡散したと考えられている．推定された有効集団サイズと現人口との大きな違いは，ヒトの集団が数万年の間に急速に拡大した結果によると考えられている．つまり，現代のヒト集団は，突然変異と遺伝的浮動の釣り合い（2.2.4 項参照）がとれていない状態にあると考えられる．

有効集団サイズには生物種ごとにある程度の傾向が見られる．ヒトは，霊長類のなかでは比較的小さい有効集団サイズをもつといわれている[73]．また，一般に産仔数が多く寿命が短い生物ほど，大きな有効集団サイズをもっていることが知られている[74]．たとえば，野生のハツカネズミの有効集団サイズは，およそ 10^5～10^6 程度の値をとる[75]．

3.2.2 サイト頻度スペクトラム

集団変異率 θ から知ることのできる有効集団サイズ N は，長期的な集団の大きさを平均化したものであり，それがどのように変化してきたのかについての情報を得ることは難しい．集団の大きさの時間的変化を知るためのデータの記述方法として，**サイト頻度スペクトラム** (site frequency spectrum, **SFS**) が存在する．SFS の例を図 3.2

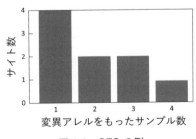

図 3.2 SFS の例

図 3.1 のデータについての SFS．サイトごとに変異アレルをもったサンプル数を数え，変異アレルをもったサンプル数を階級，サイト数を度数としてヒストグラム表示をしている．

に示す.これは,特定のゲノム領域,もしくは全ゲノム領域中において,n個のサンプルされたアレルのうち,いくつのアレルが変異アレルであるかをサイトごとに調べ,ヒストグラムとして表したものである.再び図3.1の例で考えてみよう.ここで,突然変異の方向性を定めるために,サンプル1の配列を,比較的系統関係が離れた**外群**(アウトグループ)配列と仮定しよう[†].サンプル2〜5のすべての配列で変化があるものが1サイト,三つの配列で変化があるものが2サイト,二つの配列で変化のあるものが2サイト,一つの配列だけが違うものが4サイトある.これらをヒストグラムとして表したものが図3.2である.

図3.2に示されるように,SFSは多くの場合左に偏った分布となる.つまり,アレル頻度の低い変異のほうが観察される数が多い.外群となる適当なデータが得られない場合は,i番目の頻度データと$n-i$番目の頻度データを足し合わせた**折りたたみSFS** (folded site frequency spectrum) として表現することもある.この手順は,変異があったサイトにおいて,アレル頻度の少ないもの(マイナーアレル)の数をカウントすることと同義である.

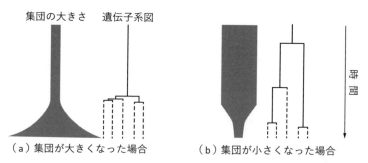

図3.3 集団サイズに変化があったときに見られる遺伝子系図の例

灰色で示されているのが集団の大きさの変化(下が現在),その右に示されているのが遺伝子系図である.(a) 集団が大きくなったときの例を示す.遺伝子が世代をさかのぼったときに共通祖先をもつ確率は,集団が小さいほど高いので,集団が大きくなった場合は,拡大期の開始直前に多くの遺伝子が共通祖先をもつ.その結果,現在のサンプルは足の長い遺伝子系図をとる確率が高くなる.破線で示されている場所で変異が起これば,そういった変異は一つのサンプルだけに現れる頻度の低い変異になる.したがって,集団が大きくなると,アレル頻度の低い変異が増加する.(b) 集団が小さくなったときの例を示す.集団が小さくなると,サンプルが共通祖先をもつ確率は時間をさかのぼるとともに減少していくので,共通祖先をもつまでにかかる時間は,極端に早いか極端に遅いかのどちらかになる.したがって,アレル頻度が低い変異が起こる破線で示された部分は,集団が一定の大きさのときに予想されるよりも短くなる.すなわちアレル頻度の低い変異が少なく,アレル頻度の高い変異が多くなる.

[†] 理想的には,姉妹種(最も近縁な種)の配列を外群とするとよい.

SFS は，集団の大きさの変化と自然選択の両方の影響を受ける．集団が最近になって大きくなった場合を考えてみよう．毎世代集団に入ってくる変異の数は $2N\mu$ 個であるから，集団が大きくなって N が大きくなると，集団中に流入してくる変異が増える．したがって，集団が大きくなった直後はアレル頻度の低い変異が相対的に多くなり，SFS は左に偏る．反対に集団が小さくなると，新しく生まれる変異の数が少なくなり，遺伝的浮動によってアレル頻度の低い変異は急速に集団から失われる．したがって，アレル頻度の高い変異の割合が相対的に増え，SFS は右に偏る．遺伝子系図（2.2.9 項参照）の観点からこの現象を理解するための図を示す（図 3.3）．

図 3.4 に示されているのは，インド洋に浮かぶ孤島，モーリシャス島に生息するカニクイザル (*Macaca fascicularis*) のゲノム解析から得られた折りたたみ SFS である．モーリシャス島にはもともとヒト以外の霊長類が生息していなかったが，16 世紀に船乗りがペットとしてカニクイザルを島に持ち込んだとされている[76]．このように，ごく少数の個体の移住による遺伝的多様性の低下を**創始者効果** (founder effect)，またはより一般的に，一時的な有効集団サイズの減少により遺伝的多様性の減少が起こることを，**ビン首（ボトルネック）効果** (bottleneck effect) とよぶ．図 3.4 に見られるように，ビン首効果の影響下にあるサイト頻度スペクトラムは，集団の大きさが一定のときに予想されるよりも極端に右に偏っており，低頻度の SNP が失われていることがわかる．

SFS の偏りを表す統計量として，**田嶋の D 統計量** (Tajima's D statistics) がしばしば用いられている．D 統計量は，$\pi - \theta_W$ の値を，理論的に予測される標準偏差で割ったものである[77]．すでに述べたとおり，最近起こった集団の大きさの変化は，アレル頻度の低い変異に対して強い影響を与える．θ_W は π よりも低アレル頻度の変異

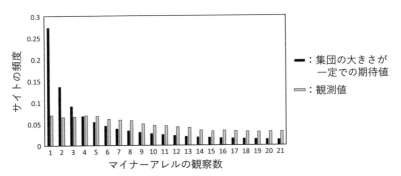

図 3.4　モーリシャス島に住むカニクイザル 21 個体のゲノムレベルでの折りたたみ SFS
櫻井聡一による解析データ．黒いバーは集団の大きさが一定のもとで予測される頻度，灰色のバーは実際に観察された頻度をそれぞれ表す．急激なビン首効果により，集団の大きさが一定の場合に比べて，観察値が大きく右に偏っているのがわかる[76]．

68 3 集団内・種内の配列解析法

から影響を受ける統計量であるので，D 統計量は，集団が大きくなると負の値，集団が小さくなると正の値を示す．また，D 統計量は集団の大きさの変化からだけでなく，自然選択からの影響も受ける（3.4.3 項参照）．

3.3 遺伝構造の推定

3.3.1 集団の分化と遺伝構造

本節では，集団から得られた多数の個体の塩基配列データを用いて，集団がどのように分化しているのか（2.2.7 項参照）について知る方法を紹介する．3.2 節で学んだ方法によって集団における遺伝的多様性を推定すると，小さな分集団における遺伝的多様性は，より高次の集団におけるものよりも少なくなっていると予想される．本節では一歩進んで，分集団の間にどのくらいの遺伝的な違いが起こっているかを定量化する手法について学ぶ．

個体間の近縁度によって作られる，個体がもつ遺伝的特徴の集まりのことを，**遺伝構造** (genetic structure)，または**集団構造** (population structure) とよぶ．もともと一つであった集団が，地理的隔離などにより複数の集団に分化すると，それぞれの集団において，遺伝的浮動などが要因となり，アレル頻度が変化することが予想される．3.3.2 項では，このような集団間において，アレル頻度の違いから遺伝構造を推定するための基本的な統計量について学ぶ．続く 3.3.3 項および 3.3.4 項では，多数の SNPなどの遺伝マーカー（1.6.1 項参照）を用いて，前提条件なしに，データのみから集団の分化の度合いを推定する手法について学ぶ．集団から遺伝子データが得られた場合，まずこれらのような探索的手法を用いて，得られたデータがどのようなものなのか，正しい方法で得られたものなのかについて検討を行うことが重要である．

上記のような前提条件がない解析からさらに進み，過去にどれだけ集団サイズの変動があったのか，または二つの集団がいつ分岐して，集団間にどれだけ移住があったかといった，より詳細な集団の歴史について知りたいと思うことがある．これらの複雑な過去の歴史を推定する統計手法やアルゴリズムは数多く提案されており，その方法や原理も多岐にわたるので，本書では詳しい説明を行わない．興味がある方は総説論文などを参考にするとよいだろう[78]．

3.3.2 集団間の分化度の定量化

いくつかの集団から得られた塩基配列を用いて，集団間でどれくらい遺伝的分化が起こっているかを定量化するための統計量の一つが，F_{ST} である．塩基配列レベルで

の F_{ST} は，次に示すようなハドソン–スラットキン–マディソンの F_{ST} (K_{ST}) がよく用いられている[79].

$$F_{ST} = 1 - \frac{H_w}{H_b} \tag{3.3}$$

ここで，H_w は同じ集団に属するサンプル間での平均的な塩基配列の違いの数，H_b は異なる集団に属するサンプル間での平均的な塩基配列の違いの数である．ほかにも，根井が提案した γ_{ST} という統計量があるが，基本的には F_{ST} と同じような値をとる[80]．F_{ST} の値は集団間の違いとともに大きくなり，最大で 1 となる．逆に，集団間の分化が認められない場合には小さい値をとり，理論上の最小値は 0 となるが，集団ごとのサンプル数が釣り合っていない場合は，計算上負の値をとることもある．

　配列レベルではなく，SNP レベルでの F_{ST} も重要な情報を含むことが多い．この場合，F_{ST} は集団間でのアレル頻度の分散として定義されることが多い．アレル頻度の分散の分布はその平均アレル頻度に左右されるので，平均アレル頻度を $\bar{p}$ とすると，F_{ST} は次のように表される．

$$F_{ST} = \frac{\mathrm{Var}(p)}{\bar{p}(1 - \bar{p})} \tag{3.4}$$

ここで，$\mathrm{Var}(p)$ は集団間における p の分散である．

　実際には，式 (3.4) にサンプル数の偏りの効果を加えた，ウィアーとコッカーハムの方法がよく用いられる[81]．また，ゲノムレベルの SNP 解析においては，より偏りの少ない方法で F_{ST} を計算することが提案されている[82]．

3.3.3　主成分分析による個体遺伝情報の特徴抽出

　F_{ST} を指標として集団の分化度を定量化するには，どのサンプルがどの集団から得られたかの情報が前もって必要となっている．そのような情報が事前にない場合には，得られたデータから集団構造を推定する探索的手法が有効となる．多数の SNP が多数の個体から得られているデータの場合，**主成分分析** (principal component analysis, **PCA**) を用いて個体ごとの特徴を抽出する方法が，探索的手法としてよく用いられている[83,84]．PCA は SNP データだけでなく，さまざまな多変量データについて適用することができる，最も基本的な多変量解析手法の一つである．PCA は，多変量データを新たな直交座標軸系へと変換することによって，データの特徴を抽出する．このとき，最初に選ぶ座標軸を，データの分散が最大になるようにとり，次にその軸に直行する軸をデータの分散が最大になるようにとる，という作業を繰り返す．多数の変

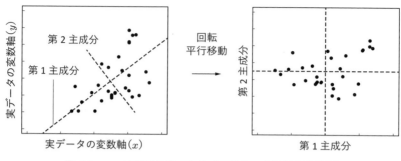

図 3.5 x, y 座標系で表される 2 変数データに対する PCA

各データを点で表す．データの分散が最大になるような第 1 主成分を見つけ，次にそれに直行する第 2 主成分を見つける．一般的に，主成分はデータの重心を通るように設定する．新しい座標系でのデータは，元のデータを平行移動および回転させることによって得られる．新しい座標は，データの座標を表すベクトルに，ある種の行列を掛け合わせる操作によって得ることができる．

数をもったデータに対して用いる方法だが，直感的な理解のために，2 変数のデータに対する主成分分析の例を図 3.5 に示す．

どのようにすれば，分散が最大となる主成分を見つけることができるのだろうか．数学的証明はここでは行わないが，分散を最大化するような軸を見つける問題は，観察データに関する**分散共分散行列** (variance-covariance matrix) の固有値問題を解くことによって解決できる．分散共分散行列とは，行列の i 番目の対角要素に i 番目の変数の分散，i 行 j 列目の要素に i 番目の変数と j 番目の変数の共分散を配置した行列のことである．SNP データの場合，データのラベルは各個体であり，それぞれの変数は SNP の状態となる．データの例を表 3.1 に示す．この例ではそれぞれの SNP について，ホモ接合 SNP を 0 か 2 で，ヘテロ接合 SNP を 1 という数値に変換してデータ化しており，変数の数は 6 個である．実際のゲノムレベルの解析には数十万～数百万個の変数が存在し，個体数よりも SNP 数のほうが圧倒的に大きいので，表 3.1 の行と列を入れ替えて（転置させて）分散共分散行列を計算する．それぞれの個体について分散が計算でき，個体間の共分散も計算できるので，この表から，分散共分散行列を計算することができる[84]．

ここで，表 3.1 の形で観察されたデータを，$n \times p$ 行列 $\mathbf{X}$ で表すことにしよう．デー

表 3.1 PCA 解析に用いられるデータの例

	SNP1	SNP2	SNP3	SNP4	SNP5	SNP6
個体 A	A/A (0)	G/T (1)	C/C (0)	G/G (0)	A/A (0)	C/T (1)
個体 B	A/A (0)	G/G (0)	C/T (1)	G/A (1)	T/T (2)	C/C (0)
個体 C	A/G (1)	T/T (2)	C/T (1)	G/G (0)	T/T (2)	C/C (0)

タの平均値が 0 のとき，分散共分散行列 $\boldsymbol{\Sigma}$ は次のように書ける（$\mathbf{X}^{\mathrm{T}}$ は $\mathbf{X}$ の転置行列）．$\boldsymbol{\Sigma}$ は $n \times n$ の行列となる.

$$\boldsymbol{\Sigma} = \frac{\mathbf{X}\mathbf{X}^{\mathrm{T}}}{p} \tag{3.5}$$

$\boldsymbol{\Sigma}$ の i 番目に大きい固有値を λ_i，それに対応する固有ベクトルを $\boldsymbol{v}_i = (v_{i1}, v_{i2}, \ldots, v_{nn})$ とする．定義上 $\boldsymbol{\Sigma}$ は対称行列なので，$\boldsymbol{v}_i$ はそれぞれ直交する．$\mathbf{A}$ を $\boldsymbol{\Sigma}$ の固有値からなる対角行列，$\mathbf{V}$ を対応する固有ベクトルからなる行列とすると，$\boldsymbol{\Sigma}$ は次のように対角化することができる.

$$\boldsymbol{\Sigma} = \mathbf{V}\mathbf{A}\mathbf{V}^{\mathrm{T}} = \begin{pmatrix} v_{11} & v_{21} & \ldots & v_{n1} \\ v_{12} & v_{22} & & v_{n2} \\ \vdots & & \ddots & \vdots \\ v_{1n} & v_{2n} & \ldots & v_{nn} \end{pmatrix} \begin{pmatrix} \lambda_1 & 0 & \ldots & 0 \\ 0 & \lambda_2 & & 0 \\ \vdots & & \ddots & \vdots \\ 0 & 0 & \ldots & \lambda_n \end{pmatrix} \begin{pmatrix} v_{11} & v_{12} & \ldots & v_{1n} \\ v_{21} & v_{22} & & v_{2n} \\ \vdots & & \ddots & \vdots \\ v_{n1} & v_{n2} & \ldots & v_{nn} \end{pmatrix} \tag{3.6}$$

固有ベクトル $\boldsymbol{v}_i$ は第 i 番目の主成分である．このとき，観測データ $\mathbf{X}$ に対して $\mathbf{V}$ を掛けることにより，新しい座標系へのデータの変換が行われる.

固有値 λ_i は，それぞれの主成分がどれだけ全体の分散を説明しているかを表す尺度として用いられ，第 i 主成分の寄与率は，次の値で表される.

$$\frac{\lambda_i}{\sum_{i=1}^{n} \lambda_i} \tag{3.7}$$

PCA は，寄与率が大きい主成分だけを特徴として取り出すことで，複雑なデータを単純な形で把握することに役立つ．したがって，一般的には寄与率の大きいいくつかの主成分だけを取り出して視覚化することが多い．これまでの研究で，ヒトの例では，第 1，第 2 主成分が，サンプルの地理的な距離に関連した特徴をよく反映していることが示されている[85]．第 2 章で述べたように，遺伝構造が作られる原因の多くは，集団が隔離され，それぞれの集団で遺伝的浮動がはたらくことによる，集団間でのアレル頻度の差によるものである．一般的に，生物はより近くの個体と交配を行うので，近い距離に生息する個体ほど，共通の遺伝的背景をもつことが予想される．このような遺伝構造を，**距離による隔離** (isolation by distance) とよぶ．ヒトの SNP を用いて行われた PCA 解析の例を**図 3.6** に示す．ヒトの場合，近縁な集団を特徴づけるよ

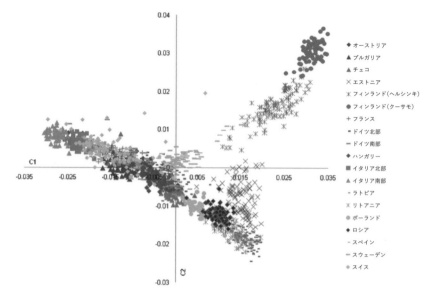

図 3.6　ヨーロッパ人における約 27 万個の SNP を用いた PCA

Nelis らによる解析結果[86]．各点は個体を表す．横軸に第 1 主成分，縦軸に第 2 主成分が示されている．右上に北欧系，中心から右下にかけて東欧系，左上に南欧系の集団が位置している．

うな情報をもつ SNP の数はとても少ない．したがって，一般的に第 1，第 2 主成分であってもその寄与率はたかだか数％であり，1％以下である場合も多い．しかし，十分な数の SNP が解析に用いられていれば，寄与率が低くても十分な情報が得られている可能性があるので，寄与率の絶対的な大きさだけに注目をして解析の妥当性を評価しないほうがよいだろう．

3.3.4　集団遺伝学モデルに従ったクラスタリング

PCA と同様，予備知識なしに集団構造の同定を行う方法として，集団遺伝学モデルを取り入れた，STRUCTURE/ADMIXTURE 解析とよばれる解析がよく行われている．これらの方法は，多数の SNP やマイクロサテライト配列長などの多型データから，サンプルがもつ遺伝構造を決定する方法である．STRUCTURE/ADMIXTURE はそれぞれ，初期に開発されたプログラムの名前を指している[87,88]．この解析の利点は，PCA と同様に，得られたサンプルがどのような集団構造をもっているかあらかじめ知っている必要はなく，任意に与えられた集団数に従って，サンプルを最適な集団へ分割することができる点にある．

ここでは SNP データについて考えてみよう．これらの方法では，SNP のアレル頻

度が，そのサンプルが属する集団によって異なっており，集団内では HW 平衡が保たれていると仮定する．また，各 SNP サイトの間には連鎖はないものと仮定する．k 番目の集団における i 番目の SNP におけるアレル頻度を f_{ki}，ホモ接合体を遺伝子型 0/0 と 1/1，ヘテロ接合体を遺伝子型 0/1 で表すと[†]，あるサイトにおいてそれぞれの遺伝子型が観察される尤度 P は（尤度については補遺 A.2 参照），HW 平衡を仮定するので以下のようになる．

$$P(0/0) = f_{ki}^2$$
$$P(0/1) = 2f_{ki}(1 - f_{ki}) \tag{3.8}$$
$$P(1/1) = (1 - f_{ki})^2$$

　各サイトが独立であると仮定すると，あるサンプルがもつすべての多型サイトに関して，上記の尤度を掛け合わせると，あるサンプルがある集団に属する尤度を求めることができる．したがって，この問題は，集団数が与えられたときの，集団ごと，サイトごとのアレル頻度の分布を推定することによって最適化が可能である．推定すべきパラメータ数が多く計算量が多いため，いくつかの適当な仮定をおいて推定を行う方法が提案されており，さまざまに派生した推定法が提案されている（ソフトウェアについては 3.5 節参照）．解析を行うときには，それぞれのアルゴリズムでどのような最適化が行われているかについて少しは知っておいたほうがよいだろう．

　また，実際の集団は，過去に存在した祖先集団が混合したものであることも多いので，ある個体のゲノムのある部分がそれぞれの祖先集団に属していたと仮定して祖先集団を推定するという考え方が一般的に用いられている．この場合，個体は，さまざまな祖先集団から由来するゲノムを混合してもっていると仮定される．実際の推定例を図 3.7 に示す．

　PCA を含むこれらの方法の多くは，最初にも述べたとおり，SNP 間の連鎖がないことを仮定しているが，多くの場合，近い距離にある SNP は連鎖不平衡（2.2.8 項参照）の状態にある．この問題を解決するために，あらかじめデータセットから，近い距離にある SNP，または連鎖不平衡にある SNP をデータから除いておく必要がある．

[†] どちらのアレルが 0 でどちらのアレルが 1 かは，ここではあまり気にしない．

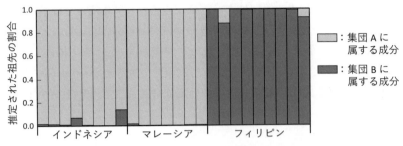

図 3.7　STRUCTURE による集団構造推定の例

約 700 個の SNP を用いて，インドネシア産，マレーシア産，フィリピン産のカニクイザルを集団数 2 で分類した．縦棒それぞれが一つのサンプルを示し，灰色と黒色が二つの集団どちらに属しているか推定した結果を示している．一つの個体に灰色と黒色の両方が現れている場合は，推定の不確かさ，または組換えなどにより，個体のゲノムがモザイク状に混合していることを示している．この例では，三つの地域集団は，インドネシア・マレーシア集団とフィリピン集団とに大きく分かれることが示されている．一方，集団数 3 としても，インドネシア集団とマレーシア集団は分離されなかった[89]．

3.4　自然選択を受けたゲノム領域の推定

3.4.1　自然選択とゲノム

　われわれが生物の進化の研究をする理由はいくつかある．一つは，地球とそこにすむ生物がたどった歴史（自然史）を明らかにすることである．地球の長い歴史のうち，われわれ人類が実際に残してきた記録はほんのわずかなものでしかなく，記録のほとんども不完全である．したがって，有史以前の歴史を知るには，さまざまな方法を用いて過去を推定しなければいけない．もう一つの理由は，なぜそのような歴史をたどったかという原因を探ることである．歴史には偶然の要素が往々にしてからむので，歴史的事象を起こしたはずの見えない力を人間が推定することは難しいかもしれない．しかし，多くの事例を集めることによって，なぜそのような事象が起こったのかを考えることが可能になる．これらの作業は，未来を予測するという人間の行為の助けにもなるだろう．

　これまでに述べたとおり，突然変異の運命を決める力は遺伝的浮動と自然選択である．われわれが知りたいのは，生物種間の違いや集団内の個体の違いを作り出している塩基配列の違いのうち，どれが遺伝的浮動による中立なもので，どれが自然選択によるものであったかということである．本節ではおもに，集団内の変異パターンを調べることにより，ゲノムにどのような自然選択がはたらいていたのかを調べる方法について紹介する．

3.4.2 バックグラウンドセレクション

バックグラウンドセレクション (background selection) は，有害な変異が集団中から取り除かれる過程で起こる現象である．図3.8にその概略を示す．集団のゲノム上には，世代ごとにいつも有害な変異が起こっていると考えられる．有害な変異が起こると，その変異が起こった染色体は集団中から除かれるので，結果として集団内での中立的な多様性が減少する[90]．変異が致死ではない有害変異の場合，変異と近傍の領域との間に組換えが起こると，変異を起こした領域周辺だけが集団から取り除かれる．したがって，バックグラウンドセレクションは有害な変異が起こる場所から物理的に遠くなってくると効果が薄れる．ヒトではエクソン近傍に近づくに従って，集団内での遺伝的多様性が減少していく傾向が見られる[91]．この傾向は，エクソンで起こる有害な変異が周辺の中立な変異を取り除く，バックグラウンドセレクションの効果によって説明できる．

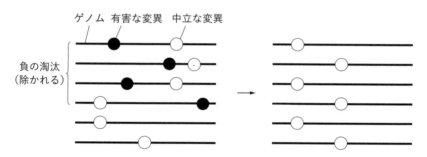

図3.8 バックグラウンドセレクションが起こる原理を表す模式図

線は集団内の各個体がもつゲノム，○は中立な変異，●は有害な変異を表す．有害な変異をもつ染色体が集団中から除かれると，その周辺での遺伝的多様性が下がることが予想されている．

3.4.3 セレクティブスウィープ

1. 正の自然選択がゲノムに与える影響

次に，有利な変異が正の自然選択によって集団に固定すると，周りの配列にどのような影響を与えるかについて考えてみよう．この効果は，**セレクティブスウィープ** (selective sweep)，またはヒッチハイキング効果 (hitchhiking effect) ともよばれる．ヒッチハイキングというたとえは，進化におけるゲーム理論に関する研究でも有名なジョン・メイナード–スミス (John Maynard Smith) が最初に使った[92]．これは，有利な変異が集団に急速に固定すると，周りの領域にあるそのほかの変異も一緒に集団中に広まるために，有利な変異の周辺の遺伝的多様性が減少するという予測からなる（図

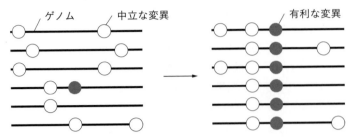

図 3.9　セレクティブスウィープが起こる原理を表す模式図

線は集団内の各個体がもつゲノム．図 3.8 と同様の図だが，この図では，●は有利な変異を表す．集団中で生まれた有利な変異が急速に集団中に広まると，近傍にある中立な変異を含む領域も一緒に広まり，もともとあった遺伝的多様性を減少させる．

3.9)．ただし，遺伝的多様性の減少という予測は上述のバックグラウンドセレクションにおける予測とも似ており，二つを区別するのはそれほど容易ではない[93]．セレクティブスウィープを検出する方法には，大きく，SFS から得られる要約統計量による検定と，ハプロタイプの長さを用いた検定の二つがある．集団内の変異パターンは集団の大きさの変化と自然選択の両方の影響を受ける．したがって，通常はゲノム全体，もしくは多数の遺伝子座位において変異パターンの特徴を抽出する統計量を計算し，そのなかで注目している領域が，ほかの領域と違った統計量をとるかどうかについて検定を行うことが多い．逆にいうと，これらの検定は，ゲノム全体が中立的に進化しているということを大前提として行われている．

2. 要約統計量による検定

自然選択がある変異に対してはたらいた場合，その変異が急速に固定し，周辺領域の遺伝的多様性が一時的に失われる．固定が起こってすぐの段階では，変異が存在しなくなってしまうので，正の自然選択が起こったのか，その領域の突然変異率が極端に低いのかを知ることは難しい．しかし，有利な変異が固定したあと，領域内で新しい突然変異が起こると，その領域中にはアレル頻度の低い変異と高い変異が多く存在するようになる．前述した田嶋の D 統計量は，アレル頻度の低い変異が多いと負になることが予想されるので，自然選択がはたらいた領域では，D 統計量は負の値になることが予想される．

田嶋の D 統計量は，新しく生まれた変異（**派生変異**，derived allele とよぶ）を，もとの集団がもつ変異と区別することなく算出される．つまり，変異の方向性を無視した統計量であるが，**フェイとウーの H 統計量**（Fay and Wu's H statistics）は，派生変異を同定することにより，検定の偽陽性率（7.3.1 項参照）を下げる効果がある[94]．近縁種の塩基配列がわかっている集団では，近縁種の塩基配列を外群にとることによ

り，派生変異を判別することができる．

3. ハプロタイプを用いた検出

ここで再び，変異が集団中に広まる過程を考えてみよう（図 3.9）．変異が有利でも不利でもない場合，すなわち中立の場合であっても，遺伝的浮動により変異が集団中に広まり，固定することがある．しかし，集団中に固定するまでの時間は，変異が有利なときのほうが圧倒的に短いことが予想される．変異が起こったハプロタイプが集団中に急速に広まると，そのハプロタイプは組換えの影響を受けず，その結果として，集団内において比較的長い領域が同じハプロタイプをとると予想される．反対に，変異が中立だった場合は，それが固定するまでに何度も組換えが起こり，ハプロタイプの長さが短くなると予想される．つまり，固定した，もしくはアレル頻度の高い変異を見つけた場合，もしその変異が正の自然選択によりアレル頻度が上昇したものであれば，その変異があるハプロタイプは，ほかのハプロタイプよりも長い距離まで均質性を示す．この原理のもとに提案された統計量が**ハプロタイプホモ接合伸長** (extended haplotype homozygosity, **EHH**) **スコア**とよばれるものであり，注目している変異が存在するハプロタイプのホモ接合度の変化によって表される[95]．ホモ接合度は，1 からヘテロ接合度（2.2.4 項参照）を引いた値である．注目する領域から解析する領域を広げていき，EHH が減少する度合いをほかの領域と比較することにより，自然選択の有無を検定できる．EHH を用いた検定には，ほかにも，注目している変異をもっていないハプロタイプを比較対照群として評価を行う，統合ハプロタイプスコア (integrated haplotype score, iHS) などを用いた検定などに応用されているが，基本的な考え方は同様である[96]．

3.5　ソフトウェアの紹介

集団から得られた DNA 塩基配列から，多型サイト数や塩基多様度などの基本統計量を算出する GUI ソフトウェアとしては，DnaSP がよく用いられており[97]，基本統計量だけでなく，田嶋の D 統計量や，集団間の F_{ST}，連鎖不平衡量などさまざまなものが計算可能である．バージョン 6.0 以降では RAD-seq（8.3.4 項参照）から得られるハイスループットデータにも対応している．また，集団遺伝学解析に用いることのできる R のパッケージも存在する[98]．英語サイトであるがチュートリアルも存在するので[99]，段階を踏んで学習を行うことができる．同様に，Biopython の PopGen モジュールは，GENEPOP[100] というソフトウェアを用いて基礎的な統計量を計算する方法を提供している．

PCA 解析で最もよく使われているソフトウェアは EIGENSOFT で，大量のデータの解析に適している[101]．ほかにも，上記の R パッケージを用いて解析を行うこともできる．

STRUCTURE/ADMIXTURE 解析については，STRUCTURE や ADMIXTURE 以外にも同様の解析を行うことのできるソフトウェアが存在する．frappe[102]，BAPS[103]，InStruct[104] などはその一部で，類似したものが多数存在する．また，TESS[105]，Geneland[106] のようなソフトウェアでは，遺伝的な構造とサンプルの地理的な分布を対比させることができる．そのほか，R の adegenet パッケージは，PCA 解析だけでなく，STRUCTURE と似たようなクラスタリング法も提供している[107]．PCA 解析，STRUCTURE/ADMIXTURE 解析において，連鎖不平衡にある SNP をフィルタリングするには，PLINK[108] が利用できる．

3.4.3 項で紹介した iHS を統計量として用いた解析を行うには，多型データがそれぞれの染色体にフェージング（3.2.1 項参照）されていないといけない．フェージングには，SHAPEIT[109] や Beagle[110] といったソフトウェアが利用できる．ただし，フェージングにはある程度の SNP データが必要となっている．フェージングされたデータを用いて iHS の解析を行うことのできる R パッケージとして，rehh[111] が提供されている．また，iHS 以外にも，ゲノム中で正の自然選択がはたらいた領域を推定する方法もいくつか知られている．SweeD[112] は，セレクティブスウィープがはたらいて SFS が偏った領域を探し出してくるソフトウェアである．OmegaPlus[113] は連鎖不平衡量を指標に同様の領域を探し出してくる．これら二つのソフトウェアは，フェージングされていないデータに対しても利用可能である．

Chapter

4

種間の配列比較法

4.1　種間の配列比較における統計モデルの重要性

　第3章では，種内の遺伝子配列の多様性を解析する手法について学んだが，本章では，より時間的に離れた集団，つまり種間の遺伝子配列比較法について学ぶ．それぞれの生物集団において，毎世代生まれる突然変異の一部分が集団中のすべての個体に広まり，それが種間の遺伝子配列の違いとなる．一般的に，分子進化解析とよばれる解析は，種間の遺伝子配列を比較することによって行われる．

　種間の配列比較は，バイオインフォマティクス研究における最も基本的な解析の一つとなっている．異なった生物種が似たような配列の遺伝子をもっている場合，これらが似たような機能をもつことは一般的によく知られている．しかし，そもそもどうやって二つの遺伝子配列が似ていると判断することができるのだろうか．一致した文字の数，というような単純な方法を用いることは可能であるが，われわれは遺伝子配列がどのように進化していくかについてある程度の知識があるので，よりよい評価モデルを考えることができる．適切な評価モデルを構築することによって，遺伝子配列の類似性について，現実的で定量的な比較が可能となる．

　中立説のもとでは，分子進化速度（時間あたりに集団中に固定する変異の数）が突然変異率と等しくなることは，2.2.4項ですでに解説した．種間の比較では，種内の多様性のような複雑な問題を考えなくてもよいかわりに，配列上の同じサイトに何度も置換が起こることを考慮に入れなければいけない（**図4.1**）．配列の間で違っているサイトを数え上げる方法では，同じサイトに何度も変化が起こった場合でも一度しかカウントしないので，実際の置換の数を過小評価してしまう．このように，同じサイトに複数の置換が起こることを**多重置換** (multiple substitutions) とよぶ．極端な例では，DNAで用いられている塩基は4種類しかないので，完全にランダムな塩基配列を選んできても約25%は一致してしまう計算となる．われわれが知りたいのは，配列

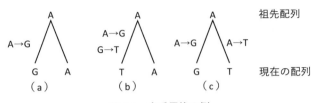

図 4.1 多重置換の例

祖先から分岐した二つの種における，塩基の置換パターンを示した．(a) の例では，置換は一度しか起こっていないので，現在の配列の違いを数えることによって，過去に起こった置換の数を知ることができる．(b) や (c) の例では，2 回以上の置換が起こっているため，単純な比較では過去に起こった置換数を知ることができない．

間の進化距離（2.3.2 項を参照）である．実際に起こった置換の数を推定でき，突然変異率についての知識があれば，2.3.3 項で紹介したように，二つの遺伝子配列がどれくらい昔に分岐したのかを推定することができる．

本章では，多重置換の問題を適切に処理するための統計的手法について学ぶ．手法の基礎となるのは，**マルコフ過程** (Marcov process) に基づいた置換モデルである．マルコフ過程を考えることによって，確率論に基づいて，遺伝子配列の進化を考えることができる．マルコフ過程は，本章以外に，第 7 章で扱う機械学習においても頻繁に登場する理論であるので，次の 4.2 節では，マルコフ過程についての基礎的な知識について学習する．続く 4.3 節では，塩基配列に対するマルコフ過程の適用について学習する．これらの方法を用いることによって，与えられた塩基配列が似ているのか，似ていないのかという客観的な評価が可能になる．また，4.4 節では，アミノ酸配列の進化モデルについて学習する．

4.2 マルコフ過程の基礎知識

塩基・アミノ酸の置換モデルとして，マルコフ過程を基盤としたものが広く用いられている．ここでは，マルコフ過程の基礎について，例を見ながら理解を深めていこう．マルコフ過程では，離散的な**状態** (state) の**遷移** (transition) が表現される．塩基配列の場合，A, T, G, C の四つの塩基がそれぞれの状態である．塩基配列に突然変異が起こり，集団中に固定すると，塩基配列の置換が起こり，状態が入れ替わる．状態とその遷移を図によって示したものを，状態遷移図とよぶ（**図 4.2**）．この場合，次の塩基が何になるかを決める**遷移確率** (transition probability) は，現在の状態によってのみ決まっている．このようなマルコフ過程を一次マルコフ過程とよぶ．同様に，n 段階前の状態をすべて考慮に入れて遷移確率が決まる過程を，n 次マルコフ過程とよぶ．

4.2 マルコフ過程の基礎知識

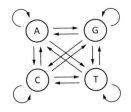

図 4.2 塩基置換における状態遷移図

塩基置換で用いられるトランジッション（プリン塩基どうし，ピリミジン塩基どうしの置換）・トランスバージョン（プリン–ピリミジン塩基間の置換）と，状態の遷移を表す英語である transition とを混同しないように注意しよう．

より単純に，塩基が二つだけの状態をとる場合を考えてみよう．たとえば，プリン塩基を R，ピリミジン塩基を Y で表し，トランスバージョン置換だけを考える．マルコフ過程では，時間は離散的なものとして扱う．たとえば，現在の塩基配列と 1 万年後の塩基配列といったように，1 万年間隔での塩基配列を考える場合（1 万年は分子進化にとっては十分に短い時間である），時間 t と $t+1$ における状態とは，ある年代 t と，$t+10{,}000$ 年後の塩基配列を示すことになる．塩基配列の時間 t における状態を**状態分布** (state distribution) $\mathbf{w}_t = (\pi_{\mathrm{R}t}, \pi_{\mathrm{Y}t})$ で表す．$\pi_{\mathrm{R}t}, \pi_{\mathrm{Y}t}$ は，それぞれ時間 t に塩基が R，Y である確率を表している ($\pi_{\mathrm{R}t} + \pi_{\mathrm{Y}t} = 1$)．単位時間あたりにプリン塩基がピリミジン塩基に置換する確率を $p_{\mathrm{R}\to\mathrm{Y}}$，ピリミジン塩基がプリン塩基に置換する確率を $p_{\mathrm{Y}\to\mathrm{R}}$ とすると，時間 $t+1$ における塩基配列がプリン塩基およびピリミジン塩基である状態 $\mathbf{w}_{t+1}$ は，次の式で表される．

$$\mathbf{w}_{t+1} = \mathbf{w}_t \begin{pmatrix} 1 - p_{\mathrm{R}\to\mathrm{Y}} & p_{\mathrm{R}\to\mathrm{Y}} \\ p_{\mathrm{Y}\to\mathrm{R}} & 1 - p_{\mathrm{Y}\to\mathrm{R}} \end{pmatrix} \tag{4.1}$$

このときの状態遷移図を書くと，**図 4.3** のようになる．

式 (4.1) に現れる 2×2 の行列のことを**遷移確率行列** (transition probability matrix) とよぶ．一般的には，状態 i から状態 j への遷移確率を (i,j) 要素にもつ行列である[†]．

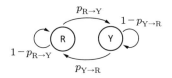

図 4.3 プリン塩基，ピリミジン塩基間の置換を例とした状態遷移図
R と Y はそれぞれの塩基の状態，矢印は状態の遷移を表す．

[†] 遷移確率行列の行の和は 1 とする．

この例では，時間 t における R から Y への遷移確率は $p_{R \to Y}$ で表され，時間 t における状態によってのみ遷移確率が決まる．式 (4.1) から，時間 $t = 0$ における塩基配列の状態を $\mathbf{w}_0$ とすると，$\mathbf{w}_t$ は遷移確率行列 $\mathbf{P}$ を t 回掛け合わせた以下の形で表される．

$$\mathbf{w}_t = \mathbf{w}_0 \mathbf{P}^t \tag{4.2}$$

十分長い時間が経ったあと $(t \to \infty)$ の状態を考えてみよう．時間が十分に経ち，塩基組成が変わらなくなった状態を平衡状態とよぶ．平衡状態の塩基の状態の分布を $\mathbf{w}$ とすると，平衡状態の定義より $\mathbf{w}_t = \mathbf{w}_{t+1}$ であるから，式 (4.1) を変形して，次の式が得られる．

$$\mathbf{w} = \left(\frac{p_{Y \to R}}{p_{R \to Y} + p_{Y \to R}}, \ \frac{p_{R \to Y}}{p_{R \to Y} + p_{Y \to R}} \right) \tag{4.3}$$

これまでの例では状態が二つであるモデルのみを扱ったが，より一般的に，状態が i 個の場合でも同じ議論が適用できる．この場合，遷移確率行列は $i \times i$ の行列となる．塩基配列では $i = 4$，アミノ酸配列では $i = 20$ となる．続く 4.3 節および 4.4 節では，遺伝子の塩基・アミノ酸配列が置換する過程の理論的な枠組みを学習する．

4.3　塩基配列の進化モデル

4.3.1　一般的な塩基置換モデル

塩基配列間の進化距離を推定するいくつかの方法が提案されているが，これらの方法の違いは，これから説明する**塩基置換モデル** (nucleotide substitution model) の違いとして反映されることとなる．ここでは，いくつかのよく使われているモデルについて取り上げる．

これまで説明したマルコフ過程に基づいたモデルから，塩基配列の進化モデルを構築することができる．しかし，マルコフ過程では時間は離散的なものとして扱うので，時間あたりの塩基の置換率というものをどう考えるかが難しい．そこで，塩基置換過程の一般的なモデルを考えてみよう．非常に短い時間あたりの塩基 i から塩基 j への置換速度を r_{ij} とすると，次の**塩基置換速度行列** (nucleotide substitution rate matrix) $\mathbf{R}$ が定義できる．

$$\mathbf{R} = \begin{pmatrix} r_{AA} & r_{AT} & r_{AG} & r_{AC} \\ r_{TA} & r_{TT} & r_{TG} & r_{TC} \\ r_{GA} & r_{GT} & r_{GG} & r_{GC} \\ r_{CA} & r_{CT} & r_{CG} & r_{CC} \end{pmatrix} \tag{4.4}$$

ここで，$i = j$ の場合は，塩基の置換が起こらないということである．一般的な塩基置換速度行列では，行の合計を 0 とする[†]．次に，塩基 i が，時間 t が経過したあとに塩基 j である確率を $p_{ij}(t)$ とし，**塩基遷移確率行列** (nucleotide transition probability matrix) $\mathbf{P}_t$ を次のように定義する．

$$\mathbf{P}_t = \begin{pmatrix} p_{AA}(t) & p_{AT}(t) & p_{AG}(t) & p_{AC}(t) \\ p_{TA}(t) & p_{TT}(t) & p_{TG}(t) & p_{TC}(t) \\ p_{GA}(t) & p_{GT}(t) & p_{GG}(t) & p_{GC}(t) \\ p_{CA}(t) & p_{CT}(t) & p_{CG}(t) & p_{CC}(t) \end{pmatrix} \tag{4.5}$$

$\mathbf{R}$ は短い時間での塩基の変化速度を表すものなので，$\mathbf{P}_t$ は次のように表すことができる．

$$\frac{d\mathbf{P}_t}{dt} = \mathbf{P}_t\mathbf{R} \tag{4.6}$$

ここで，$\mathbf{P}_{t=0} = \mathbf{I}$（$\mathbf{I}$ は単位行列）とする．微分方程式である式 (4.6) を解くと，次の解が得られる．

$$\mathbf{P}_t = e^{\mathbf{R}t} \tag{4.7}$$

$\mathbf{R}$ は常に t との積で表されていることに注意しよう．つまり，時間は常に相対的なものとして定義されている．式 (4.7) を $t = 0$ のまわりでテイラー展開すると，$\mathbf{P}_t$ は次のようになる[114]．

$$\mathbf{P}_t = \mathbf{I} + \mathbf{R}t + \frac{1}{2!}(\mathbf{R}t)^2 + \frac{1}{3!}(\mathbf{R}t)^3 + \frac{1}{4!}(\mathbf{R}t)^4 + \cdots = \sum_{i=1}^{\infty} \frac{(\mathbf{R}t)^i}{i!} \tag{4.8}$$

行列 $\mathbf{R}$ を対角化することができれば，$\mathbf{R} = \mathbf{U}\mathbf{Q}\mathbf{U}^{-1}$ となる行列 $\mathbf{U}$, $\mathbf{Q}$ が得られるので，$\mathbf{R}^i = \mathbf{U}\mathbf{Q}^i\mathbf{U}^{-1}$ が求められる（$\mathbf{U}^{-1}$ は $\mathbf{U}$ の逆行列）．ここで，$\mathbf{Q}$ は j 番目の

[†] 遷移確率行列と速度行列との違いについて注意しよう．

対角成分に行列 $\mathbf{R}$ の j 番目の固有値 λ_j をもつ対角行列であるので，$\mathbf{Q}^i$ は容易に計算でき，$\mathbf{P}_t$ は最終的に次のように書ける．

$$\mathbf{P}_t = \mathbf{U} \begin{pmatrix} e^{\lambda_1 t} & 0 & 0 & 0 \\ 0 & e^{\lambda_2 t} & 0 & 0 \\ 0 & 0 & e^{\lambda_3 t} & 0 \\ 0 & 0 & 0 & e^{\lambda_4 t} \end{pmatrix} \mathbf{U}^{-1} \tag{4.9}$$

式 (4.9) を用いると，対角化可能などのような塩基置換速度行列に対しても，数値計算によって適切な塩基遷移確率行列を求めることができる．しかし，研究の初期には，解析的に解を得ることのできる塩基置換速度行列を仮定した解析手法が提案されてきた．実際，6.5 節で詳しく説明するように，より単純な塩基置換速度行列が，与えられたデータをよりよく説明することができることもある．次節からは，このような一般的な解を扱うのではなく，手法解発の歴史に沿って，より単純なモデルから出発して考えていく．

4.3.2 ジュークス–カンターモデル

ジュークス–カンター (Jukes–Cantor, JC) **モデル**は最も初期に提案されたモデルで，塩基置換速度はすべての塩基間で同じであると仮定する[115]．このモデルについては，前述の $\mathbf{R}$ と $\mathbf{P}_t$ に関する式を解析的に解くことでも解を得ることができるが，もう少し直感的に理解しやすい方法でやってみよう．ジュークス–カンターモデルの塩基置換速度行列 $\mathbf{R}$ は，塩基置換速度を α とすると，次のように書ける．

$$\mathbf{R} = \begin{pmatrix} -3\alpha & \alpha & \alpha & \alpha \\ \alpha & -3\alpha & \alpha & \alpha \\ \alpha & \alpha & -3\alpha & \alpha \\ \alpha & \alpha & \alpha & -3\alpha \end{pmatrix} \tag{4.10}$$

塩基 i が，時間 t が経過したあとに塩基 j である確率を $p_{ij}(t)$ とすると，次の式が成り立つ．

$$p_{ii}(t + \Delta t) = \alpha \Delta t [1 - p_{ii}(t)] + (1 - 3\alpha \Delta t) p_{ii}(t) \tag{4.11}$$

定義より，$p_{ii}(t + \Delta t) = p_{ii}(t) + \dfrac{dp_{ii}}{dt} \Delta t$ となるので，式 (4.11) は次のように変形できる．

$$\frac{dp_{ii}}{dt} = -4\alpha p_{ii} + \alpha \tag{4.12}$$

この微分方程式を解くと，

$$p_{ii}(t) = \frac{3}{4}e^{-4\alpha t} + \frac{1}{4} \tag{4.13}$$

となる．$p_{ii}(t)$ は，時間 t が経過したあとに，任意の塩基 i に置換が起こらない確率である．したがって，時間 t が経過したあとに，塩基 i がほかのどれかに置換している確率を D とすると，

$$D = 1 - p_{ii}(t) = \frac{3}{4} - \frac{3}{4}e^{-4\alpha t} \tag{4.14}$$

となる．D は二つの配列で違っているサイトの数（情報理論分野ではハミング距離ともよぶ）をサイト数で割ったものと捉えることができる．また，二つの配列が共通祖先から分岐して時間 T が経ったとすると，それぞれの配列で置換が起こるので，実際には $2T$ 時間が経っている（2.3.3 項参照）．したがって，$t = 2T$ を代入して，次の式が導かれる．

$$D = \frac{3}{4} - \frac{3}{4}e^{-8\alpha T} \tag{4.15}$$

これまでのモデルでは時間に単位はなかったので，あまり意味はなかった．そこで，二つの配列の間に実際に起こった塩基置換の数 (d) を推定し，それを進化距離（ここではジュークス–カンター距離）と定義する．時間 T の間に起こる塩基置換の数は，単位時間 (Δt) あたりに起こる置換の数が 3α であるから，$d = 2T \times 3\alpha = 6\alpha T$ であるとする．これを式 (4.15) に代入して変形すると，次の式が得られる．

$$d = -\frac{3}{4}\ln\left(1 - \frac{4}{3}D\right) \tag{4.16}$$

実際にわれわれが観察できるのは D の値であるから，それを用いて進化距離（ジュークス–カンター距離）d が推定できる．図 4.4 に D と d の関係を示す．d が増えるに従って D の値も増加していくが，3/4 より大きくなることはない．これは，ランダムに選んだ塩基サイトにおいても 1/4 の確率で塩基が一致してしまうからである．JC モデルにおいては，もし観察データが 1/4 以下の一致率をとったならば，対数の中が負値になり，進化距離を計算できなくなってしまうことに注意しよう．

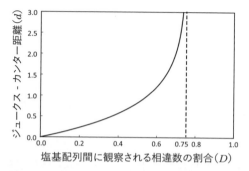

図 4.4　塩基配列間の違いの割合とジュークス−カンター距離との対応図

横軸は観察された塩基配列間の異なった塩基の割合 (D)，縦軸はそこから推定される JC モデルから得られる進化距離 (d). 進化距離が大きくなっても，塩基配列間の違いは理論上 75% が上限となる.

4.3.3　木村の 2 パラメータモデル

1.6.2 項でも述べたとおり，塩基間の突然変異率は（JC モデルで仮定しているように）均一ではない. 一般的には，トランジッションとよばれるプリン塩基どうし，ピリミジン塩基どうしの突然変異が，トランスバージョンとよばれるプリン塩基とピリミジン塩基との間での突然変異よりも起こりやすいことが知られている. この違いを考慮に入れているのが，**木村の 2 パラメータモデル** (Kimura's 2-parameter model) である. トランジッションが起こる速度を α，トランスバージョンが起こる速度を β とすると，塩基置換速度行列 **R** は次のように定義される.

$$\mathbf{R} = \begin{pmatrix} -\alpha-2\beta & \beta & \alpha & \beta \\ \beta & -\alpha-2\beta & \beta & \alpha \\ \alpha & \beta & -\alpha-2\beta & \beta \\ \beta & \alpha & \beta & -\alpha-2\beta \end{pmatrix} \quad (4.17)$$

このモデルを用いた進化距離（木村の距離）も，解析的に得ることができる（式の導出過程については [116] を参照）. トランジッションで異なっているサイトの割合を S，トランスバージョンで異なっているサイトの割合を V とすると，進化距離 d は次のようになる.

$$d = -\frac{1}{2}\ln(1-2S-V) - \frac{1}{4}\ln(1-2V) \quad (4.18)$$

4.3.4 塩基組成の偏りを考慮に入れたモデル

以上の比較的単純なモデルでは，配列間の塩基組成の偏りを考慮に入れていなかった．しかし，われわれが現在観察している塩基配列のそれぞれの塩基の出現頻度が 1/4 であるというのは，少々非現実的である．そこで，塩基の平衡状態における頻度を考え（4.2節参照），塩基 i の平衡状態における頻度を π_i とする．よく用いられているモデルとして，**長谷川・岸野・矢野モデル** (HKY model) というものがある[117]．このモデルは木村の 2 パラメータモデルに塩基組成の偏りを加えたものであり，塩基置換速度行列 $\mathbf{R}$ は次のようになる．

$$
\mathbf{R} = \begin{pmatrix}
A & \beta\pi_T & \alpha\pi_G & \beta\pi_C \\
\beta\pi_A & B & \beta\pi_G & \alpha\pi_C \\
\alpha\pi_A & \beta\pi_T & C & \beta\pi_C \\
\beta\pi_A & \alpha\pi_T & \beta\pi_G & D
\end{pmatrix}
\tag{4.19}
$$

$$
A = -\alpha\pi_G - 2\beta(\pi_T + \pi_C)
$$
$$
B = -\alpha\pi_C - 2\beta(\pi_A + \pi_G)
$$
$$
C = -\alpha\pi_A - 2\beta(\pi_T + \pi_C)
$$
$$
D = -\alpha\pi_T - 2\beta(\pi_A + \pi_G)
$$

HKY モデルでは，塩基の平衡状態における頻度は観察された配列からの推定値を用いる．

HKY モデルを含む，これまで紹介された塩基置換モデルの特徴として，

$$
\pi_i r_{ij} = \pi_j r_{ji}
\tag{4.20}
$$

という関係が成り立つ点が挙げられる．これは，単位時間あたりの塩基 i から j への置換数の期待値が，塩基 j から i への置換数の期待値と釣り合っていることを示している．この性質を**時間的可逆性** (time reversibility) とよぶ．時間的可逆性はとくに現実的であるとはいえないが，数学的取り扱いを楽にするための工夫と考えてよい．逆に，時間的可逆性が担保されないと，配列進化はときにカオス的 (chaotic) にふるまう可能性があり，現実のデータ解析には適さないと思われる．時間的可逆性を保ったうえで最も多くの変数を含む塩基置換モデルは，**一般時間可逆** (general time reversible, **GTR**) **モデル**とよばれ，塩基置換速度行列 $\mathbf{R}$ は次のように表現される．

$$\mathbf{R} = \begin{pmatrix} A & \alpha_{AT}\pi_T & \alpha_{AG}\pi_G & \alpha_{AC}\pi_C \\ \alpha_{TA}\pi_A & B & \alpha_{TG}\pi_G & \alpha_{TC}\pi_C \\ \alpha_{GA}\pi_A & \alpha_{GT}\pi_T & C & \alpha_{GC}\pi_C \\ \alpha_{CA}\pi_A & \alpha_{CT}\pi_T & \alpha_{CG}\pi_G & D \end{pmatrix} \tag{4.21}$$

$$A = -\alpha_{AT}\pi_T - \alpha_{AG}\pi_G - \alpha_{AC}\pi_C$$

$$B = -\alpha_{TA}\pi_A - \alpha_{TG}\pi_G - \alpha_{TC}\pi_C$$

$$C = -\alpha_{GA}\pi_A - \alpha_{GT}\pi_T - \alpha_{GC}\pi_C$$

$$D = -\alpha_{CA}\pi_A - \alpha_{CT}\pi_T - \alpha_{CG}\pi_G$$

GTR モデルは，後述するように，配列進化の確率論的アプローチ（6.3.3 項参照）においてしばしば用いられる．これらの複雑な置換モデルでは，一部の例外を除き，進化距離を式の形で求めるのが困難であるので，数値的に各パラメータを推定し，進化距離を求めることが多い．

4.3.5 サイトによる置換速度の違い

これまでのモデルでは，サイトごとの置換速度は一定と仮定されていたが，領域によって塩基配列の置換速度に差があることがよく知られている[†]．突然変異率がサイトによって違っていることは原因の一つだろう．たとえば，1.6.2 項で触れたように，CpG 配列の C は，変異率がほかに比べてとても高い．程度の差こそあれ，このような置換速度のばらつきが存在する．この問題を解決するためにさまざまな方法が提案されてきたが，よく用いられているのが，サイトごとの置換速度のばらつきを**ガンマ分布** (gamma distribution) を用いて表現するモデルである（ガンマ分布については補遺 A.1.4 参照）[118]．

遷移確率がサイトごとに変化するということは，サイトごとに経過した時間が変化するということと同義である．つまり，遷移確率 $p(t)$ の t が，平均値 t のガンマ分布によって決まると考えてよい．パラメータ λ が与えられたときの条件付き確率を $p(t|\lambda)$ とし，λ が確率密度関数 $F(\lambda)$ に従うとき，遷移確率 $p(t)$ は次のように表される．

$$p(t) = \int_\lambda p(t|\lambda)F(\lambda)d\lambda \tag{4.22}$$

さらに複雑なモデルとして，ある一定の割合のサイトが進化的に不変 (invariant)

[†] 非コード領域であっても，塩基配列の置換速度に差がある場合がある．

であるとし，その割合をもう一つのパラメータで推定する方法もある．このモデルは
Γ＋Iモデルとして比較的よく使われている[119]．そのほかにも，置換速度を二つ以
上のガンマ分布の混合分布として表現する方法など，さまざまな方法が提案されてい
る[120]．

4.3.6 タンパク質コード領域における塩基置換

1. アミノ酸の変異と自然選択

これまでの塩基配列置換モデルにおける議論では，塩基配列の進化様式は中立であ
ると暗に仮定していた．つまり，与えられた塩基置換速度行列は，突然変異の起こりや
すさの違いを反映していると考えられる．ところが，遺伝子をコードする塩基配列に
は，さまざまな自然選択がはたらいていると考えられる．すでに第2章で学んだとお
り，多くの場合，非同義変異は負の自然選択によって集団中から除かれてしまう．ま
た，非同義変異が中立であれば，遺伝的浮動によって集団中に広まることができるし，
有利であれば，正の自然選択によって集団中に早く広まることができる（図2.9）．し
たがって，非同義置換（固定した非同義変異）がどのくらいの速さで種間の配列に起
こっているかを知ることによって，遺伝子にかかる自然選択の度合いを知ることがで
きる．そのためには，サイトあたりの進化速度を知ることが必要である．

2. 同義・非同義サイト

非コード領域においては，「サイトあたりの突然変異率」という文脈において，塩基
サイトの定義は明確であった．たとえば，1,000 bp の塩基配列は，1,000 個の塩基サ
イトをもつ．それでは，コドンを考えた場合の同義・非同義サイト数の定義はどうな
るだろう．理解を助けるために，単純な定義を考えてみよう．まずは JC モデルと同
様に，塩基ごとの置換確率の偏りを考えないモデルを考える．

図 4.5 には，セリンをコードするコドン TCT から 1 塩基の置換で到達するコドンを
示した†．3 か所の塩基がそれぞれ 3 種類の塩基に置換する可能性があるので，合計 9
通りの置換が考えられる．セリンは 6 重縮重コドンであり，9 通りのうち三つは同義
置換，残りの六つは非同義置換である．コドンの塩基サイト数は合計で 3 であるから，
このうち同義サイト数は $3 \times 3/9 = 1$，非同義サイト数は $3 \times 6/9 = 2$ と数えられる．
同様に，6 重縮重コドンのロイシンをコードするコドン CTA では，5/9 が同義変異，
4/9 が非同義変異であるので，同義サイト数は 1.67，非同義サイト数は 1.33 と考える
ことができる．

---

† ここでは，DNA 塩基配列の進化を主に考えているので，RNA ではなく DNA 塩基配列でコドンを考え
ている．

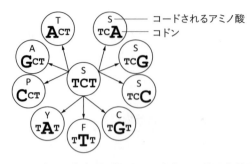

図 4.5 セリンをコードするコドン TCT から，1 回の塩基の置換で変わることのできるすべてのコドン

大きく描かれた文字が，置換したサイトを表す．

二つのコドンを比較する場合を考えよう．4.3.4 項で説明したとおり，多くの塩基置換モデルは時間に対して可逆的である．つまり，二つのコドンを比較する場合に，どちらからどちらへ変化したというようなことは考えなくてもよい．ロイシンをコードするコドン CTA と，プロリンをコードするコドン CCA を比較するとしよう．両者の違いは一つの非同義置換で説明できる．置換の方向は気にしなくてよいので，サイト数は CTA と CCA の平均値をとるのが妥当であろう．CCA の同義サイト数は 1，非同義サイト数は 2 なので，これと CTA のサイト数との平均をとり，同義サイト数は 1.84，非同義サイト数は 1.17 となる．比較するデータごとにサイト数が変わるというのが直感的ではないかもしれないが，サイト数の定義は置換の起こりやすさに依存することを理解しよう．

次に，比較するコドンに二つの違いがある場合について考えてみよう．図 4.6 に，プロリンをコードするコドン CTT と，セリンをコードするコドン AGT との間の置換の例を示す．考えられる最短の経路は，アルギニンをコードするコドン CGT を通る経路と，イソロイシンをコードするコドン ATT を通る経路である．実際にどちらの経路を通って進化したのかはわからないが，この場合は二つの経路を通った確率が等しいと仮定して，起こった変化とサイト数の数え上げを行う．図 4.6 の例では，どちらの経路

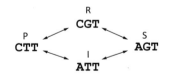

図 4.6 二つの置換を必要とするコドン間の置換経路

プロリンをコードするコドン CTT からセリンをコードするコドン AGT へは，二つの経路が考えられる．

を通っても，二つの非同義置換が起こったこととなる．宮田と安永は，アミノ酸の物理化学的性質の点から，より起こりやすい経路に荷重をかける方法を提案したが[41]，結果として荷重をかけない場合とそれほど結果が変わらないことが示されている[121]．ただし，経路が終止コドンを含む経路は考慮に入れない．コドンの間に三つの違いがある場合，合計六つの経路を考えなければいけないが，基本的な考えは同じである．

このようにして得られた非同義・同義サイト数で観察された置換数を割ったものを，**非同義置換率** (nonsynonymous substitution rate)，**同義置換率** (sysnonymous substitution rate) とよぶ．これらに対して，ジュークス－カンターモデルを用いて多重置換の補正を行い，進化距離を算出する方法が，**根井と五條堀の方法**とよばれるものである[121]．この方法は単純で比較的よい推定値を与えるが，非常に異なった配列を比べる場合には注意が必要である．なぜなら，この方法はどんなに離れた配列であっても，三つの置換が起こった経路によって説明しようとするため，実際の置換がそれより多い中間段階を経て起こる場合には，置換の数を常に過少推定することになるからである．

このほかにも，**リー－パミロ－ビアンキ** (Li–Pamilo–Bianchi) **の方法**とよばれる方法では，木村の2パラメータ法と同様に，トランジッション型とトランスバージョン型の置換を区別して，非同義・同義置換率の推定を行う[122,123]．

3. コドンにおける確率的置換モデル

塩基配列の確率的進化モデルとコドンの進化モデルを組み合わせた方法が提案され，広く用いられている[124]．コドンの確率的置換モデルでは，終止コドンを除いた61個のコドン間において，コドン i からコドン j への置換速度行列 $\mathbf{R}$ と，その要素 r_{ij} を定義する．この巨大な行列においてそれぞれの速度パラメータ r_{ij} を推定することは難しいので，現在得られている配列が平衡状態にあると仮定して，データから観察されるコドン頻度 (π_i) または塩基頻度から置換速度行列を推定する．さらに二つのパラメータ，トランジッション・トランスバージョン比 (κ) と非同義・同義置換比 (ω) を推定すべきパラメータとすると，r_{ij} は次のようになる．

$$
r_{ij} = \begin{cases} 0 & \text{2サイト以上で異なっている} \\ \pi_j & \text{同義トランスバージョン} \\ \kappa\pi_j & \text{同義トランジッション} \\ \omega\pi_j & \text{非同義トランスバージョン} \\ \omega\kappa\pi_j & \text{非同義トランジッション} \end{cases} \tag{4.23}
$$

このモデルでは，短い時間ではコドン間に一つの塩基置換しか起こらないと仮定し

ているので，二つ以上の塩基置換が必要なコドン間での置換確率は0とする．この速度行列 **R** は二つの未知パラメータ (κ, ω) を含むので，観察された塩基配列から最尤推定量を得ることが可能である[125]．また，ここまで説明したモデルでは，ω の値は遺伝子中で一定であると仮定されているが，サイトごと，または系統ごとに ω が異なっているというモデルも考えることができる．ω が一定の値をとらないモデルは，後述するコドンに対する自然選択の検出に用いられている[126]．

4. 非同義置換と同義置換の比

同義置換率に対する非同義置換率の比 (ω) は，遺伝子にはたらく自然選択を表す指標として広く用いられている．同義置換には自然選択がはたらかないと仮定すると，同義置換率はその領域での突然変異率を反映していると考えられる．したがって，ω の値が1より小さければ，非同義置換が負の自然選択によって取り除かれていることを意味し，1より大きければ，その遺伝子で起こった非同義置換は，正の自然選択を受けて急速に集団中に広がったと考えることができる．図4.7 に示したのは，ヒトとカニクイザルとの間の約 4,000 個のオルソログにおいて推定された，同義置換率と非同義置換率をプロットしたものである．図で示されるように，ほとんどの遺伝子は $\omega < 1$ を示す．また，例外的ではあるが $\omega > 1$ をとる遺伝子も知られており，哺乳類間の比較では，免疫にかかわる遺伝子や精細胞で発現している遺伝子などが，正の自然選択を受けて急速に進化している遺伝子の候補として挙げられている[127,128]．

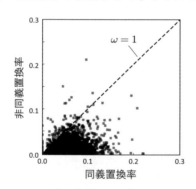

図 4.7　同義置換率と非同義置換率の関係

ヒトとカニクイザルの約 4,000 個の遺伝子のコード領域について，非同義置換率，同義置換率をプロットしたもの．破線は原点を通る傾き1の直線 ($\omega = 1$) である．プロットされた点が破線よりも下に位置すれば，遺伝子の ω (本文参照) は1より小さいことになり，上に位置すれば1より大きいことになる．ほとんどの遺伝子は，負の自然選択がはたらくことにより，$\omega < 1$ を示すことに注意しよう．

4.4　アミノ酸配列の進化モデル

4.4.1　PAM 行列

　たった 4 種類しかない塩基に比べ，アミノ酸は 20 種類もあるので，進化モデルはとても複雑になるが，塩基配列と同様，アミノ酸遷移確率行列を 20×20 の行列として記述することができる．多くの場合，アミノ酸置換モデルは，塩基配列のようにパラメータを推定せず，実際の観察結果から推定された遷移確率行列を用いる．このような経験的な遷移確率行列のうち，最初に提案された行列は **PAM 行列** (Point Accepted Mutation matrix) とよばれるものである[†]．PAM 行列は，類似度の高いタンパク質をデータベースから集め分子系統樹を作成し，起こったアミノ酸置換を集計したものである（分子系統樹作製法については第 6 章で詳しく説明する）．実際に観察されたアミノ酸 i から j への置換をアミノ酸 i の総数で割り，さらにアミノ酸の置換が全体で 1% 起こるように補正したものを，PAM1 行列とよぶ．これはアミノ酸配列が 1% 変化したときに，アミノ酸 i が j に置換する確率を経験的に推定したものである．PAM1 行列を $\mathbf{M}$ とすると，時間的可逆性をもつので，行列のそれぞれの要素について $m_{ij} = m_{ji}$ である．また，行の合計が 1 となるように m_{ii} を決定する．

　PAM1 行列は，アミノ酸配列が 1% 違うような短い時間における遷移確率行列であるが，より長い進化距離，たとえば PAM1 の時間の n 倍の時間に起こる置換の単位は，PAM1 行列を n 回掛け合わせることによって（$\mathbf{M}^n$ を求めることによって），数値的に計算できる[129]．このようにして，PAM100 行列や PAM250 行列が計算される．しかし，多くの場合，1% 刻みではなく，あらゆる正の時間 t においてその遷移確率行列を知りたい．その場合は，置換速度行列をデータから求める必要がある．置換速度行列がわかれば，式 (4.9) を用いて，任意の時間 t について遷移確率が計算可能になる[130]．アミノ酸遷移確率行列は，第 5 章で学ぶ，配列の**アラインメント**を行う際に使用されるスコア行列の作成において重要な役割を占める．

4.4.2　PAM 距離

　PAMn 行列は，n% の置換が起こったときのアミノ酸の置換確率を表している．二つのアミノ酸配列間で異なっているサイトの割合 D と PAMn 行列との関係は，次の式で求められる．

$$D = \sum_i \pi_i (1 - M_{ii}^n) \tag{4.24}$$

[†] Accepted mutation とは，substitution（置換）であることに注意しよう．

π_i は i 番目のアミノ酸の頻度，M_{ij}^n は行列 $\mathbf{M}^n$ の i 行 j 列目の要素を表す．ここで知りたいのは n の値である．あるサイトにおいてアミノ酸 i が j に置換する確率は $\pi_i M_{ij}^n$ であるから，長さ S のアミノ酸配列を考えた場合には，次のような尤度関数 L が定義される（尤度については補遺 A.2 参照）．

$$L = \prod_{k=1}^{S} \pi_{x_k} M_{x_k y_k}^n \tag{4.25}$$

ここで，x_k, y_k は配列 x, y の k 番目のアミノ酸を表す．通常は，次のように対数尤度をとることによって，尤度の桁数が小さくなりすぎることを防ぐ．

$$\ln L = \sum_{k=1}^{S} \ln \left(\pi_{x_k} M_{x_k y_k}^n \right) \tag{4.26}$$

この対数尤度を最大化する n を求めることにより，二つのアミノ酸配列が進化的にどのくらい離れているかを知ることができる．n の値を PAM 距離とよぶ[131, 132]．

4.4.3 その他のアミノ酸配列進化距離

PAM 行列の定義からもわかるとおり，アミノ酸配列どうしの進化モデルは，塩基配列におけるモデルほど洗練されていない．不適切な遷移確率行列の使用が思わぬ推定値の偏りをもたらすことがあるので，進化距離の推定には，そのほかのより単純な方法が用いられることもある．ここでは，そのような進化距離を二つだけ紹介する．

1. p-距離

p-距離は，単純に二つのアミノ酸配列で異なっているサイトの割合をとったものである．多重置換を考慮しない非常に単純な統計量であるが，そもそもアミノ酸は 20 種類あるので，塩基配列のような多重置換が進化距離の推定に大きな影響を与えないと考えることもできる．p-距離は，比較的近縁な種における系統樹作成においては十分役に立ち，置換モデルの誤推定による推定値の偏りも少ないであろう．

2. ポアソン補正距離

ポアソン補正距離 (Poisson-corrected distance) とは，比較的単純な方法で多重置換の影響を補正したモデルである．まず，アミノ酸配列間に起こる置換数がポアソン分布に従うと仮定する（ポアソン分布については補遺 A.1.3 参照）．ここで，われわれが知りたい進化距離は $d = 2\alpha t$ である（α はアミノ酸の置換速度）．ポアソン分布のも

とで，二つのアミノ酸配列にまったく置換が起こらない確率は $e^{-2\alpha t}$ であるから，二つのアミノ酸配列で異なっているサイトの割合を p とすると，$e^{-2\alpha t} = 1 - p$，すなわち $d = -\ln(1 - p)$ が求められる[64]．これを，アミノ酸配列間のポアソン補正距離とよぶ．

4.5　ソフトウェアの紹介

　塩基・アミノ酸配列間の進化距離を算出するプログラムは多数存在する．そのなかでも広く使われているのは MEGA[133] である．GUI が使いやすくできているのに加え，各手法についての詳細が引用文献とともにヘルプに書かれており，信頼性が高い．根井と五條堀の方法，リー–パミロ–ビアンキの方法を含む同義置換・非同義置換率の推定も行うことができる．

　コドンの進化モデルに関して有名なソフトウェアが PAML[134] である．コドンモデルだけでなく，一般的な塩基・アミノ酸配列の進化距離を，確率モデルを用いた方法によって推定することができる．最尤推定量（補遺 A.2.1 参照）を用いた推定は，PHYLIP パッケージ[131] に含まれる dnadist, protdist プログラムを用いても行うことができる．R では，ape パッケージ[135] を用いて塩基配列間の進化距離が計算できる．

Chapter
5
配列のアラインメントと相同性検索法

5.1 アラインメントと相同性検索

第3章，第4章では，それぞれ，種内・種間の遺伝子配列比較法についての紹介を行った．これまでは，遺伝子配列のそれぞれのサイトは直接比較可能なものであると仮定していた．ところが，実際の配列には，突然変異により起こる挿入や欠失が存在する（1.6.1項参照）．二つの遺伝子配列を比較する場合，片方の配列に起こった挿入と，もう一方の配列に起こった欠失は区別できないので，挿入と欠失をあわせて，**インデル** (indel) とよぶ．遺伝子配列を比較する場合には，配列に起こったインデルを正しく推定しなければいけない．遺伝子配列の**アラインメント** (alignment) とは，二つ以上の塩基配列もしくはアミノ酸配列間を整列させ，どこにインデルが起こったかということを推定する問題を意味する．

また，これまでの章では，比較すべき遺伝子配列はすでに与えられ，相同であることが前提となっていた．過去の研究においては，ホモログの配列を実験的手法によって同定し，それらを比較することによって遺伝子配列の比較が行われてきた．現在では，多数の遺伝子配列が公共のデータベースに登録されている[†]．データベース上の遺伝子配列を取り出して利用することができれば，手間のかかる実験を行うことなく，多数の遺伝子配列を比較することが可能となる．データベースから自分がもっている遺伝子配列に相同な配列を探索することを，**相同性検索** (homology search) とよぶ．

アラインメントと相同性検索は独立した手法ではない．相同性検索を行うには，データベース上の配列と手持ちの配列との比較が必要である．そのためには配列を適切にアラインメントし，その類似度を評価しなければいけない．データベースに存在する遺伝子配列の数は膨大なので，相同性検索を行う際は，網羅的な探索で最良のものを見つけてくるのではなく，正確性についてある程度妥協したうえで，十分に高速なア

[†] データベースの活用については，第11章であらためて触れる．

ルゴリズムを用いる必要がある.

5.2 配列のアラインメント

　ここでは，配列のアラインメントについて詳しく考えていこう．2 本の配列を整列させることを**ペアワイズアラインメント** (pairwise alignment)，3 本以上の配列を整列させることを**マルチプルアラインメント** (multiple alignment) とよぶ.

　アラインメントの簡単な例を**図 5.1** に示す．図 5.1(a) の並び方では二つの配列間には 9 個の違いがあることになっているが，より尤もらしく整列をさせると図 5.1(b) のようになる．なお，一般的には，インデルは**ギャップ** (gap) として，シンボル「-」を用いて表す．図 5.1(b) のアラインメントでは 2 か所のインデルだけで配列の違いを説明でき，1 塩基置換はない．9 個の塩基置換と二つのインデルでは，直感的には後者のほうが尤もらしいアラインメントであるように思える．現実のアラインメントを評価する際には，直感ではなく，最適なアラインメントを見つけ出し，定量的に評価するアルゴリズムが必要である.

```
配列 1  ATGTAGCATGCTAGCT          ATGTAGCATGCTAGCT--
        =======*********          =======**=======**
配列 2  ATGTAGCGCTAGCTAA          ATGTAGC--GCTAGCTAA
              (a)                        (b)
```

図 5.1　アラインメントの例

解説は本文参照．二つの配列間で同じところを「=」で，違うところを「*」で表している.

　配列アラインメントには**大域アラインメント** (global alignment) と**局所アラインメント** (local alignment) の 2 種類が存在する．大域アラインメントは与えられた配列のはじめから終わりまでをすべて整列させるのに対して，局所アラインメントでは相同性のない部分を無視して整列を行う．どうして局所アラインメントを行うことが許されるのだろうか．すでに説明したとおり，アラインメントの目的は，相同な配列どうしに起こったインデルを推定することにある．もし配列自体が相同でなければ，アラインメントを行う意味がない．進化の過程では，長い配列が，繰り返されたり，ゲノムのほかの場所から挿入されたりすることがある．また，新しくエクソンが作り出されたり，非コード領域がコード領域に変換されたりする場合もある．さらに，比較する予定のアミノ酸配列が選択的スプライシングを受け，相同ではないエクソンをもっている場合も考えられる．これらの場合には，比較したい配列どうしが真の相同性をもっていないことになる．したがって，配列の類似性が極端に低い領域をアラインメ

ントから除くことは理に適っている.

アラインメントを行うためには,最初にどのようなアラインメントがよいかという評価基準を決めなければいけない.そこで次の項では,アラインメントの評価法について考えてみよう.

5.2.1 スコア行列

アラインメント評価の基準は,配列間の類似度と,挿入されたギャップの数と長さによって決めることができる.配列間の類似度が近ければ高いスコアを与え,そこからギャップの挿入によるペナルティスコア(ギャップペナルティ)を減ずる.与えられたスコアが高いほど,尤もらしいアラインメントである確率が高い.

まずはギャップの評価について説明しよう.インデルは,機構的に2bp以上の長さのものが起こることも多いので,二つの連続したギャップがあった場合には,1bpのインデルが続けて2回起こったよりも,2bpのインデルが1回だけ起こったとするほうがより尤もらしいだろう.この場合,ギャップの長さに対して線形,もしくは非線形のギャップペナルティ関数を与えることによってギャップペナルティを設定することができる.ギャップペナルティは経験的に決められることが多い.現在よく用いられている方法では,ギャップの開始に対して与える**ギャップオープンペナルティ** (gap open penalty; g_o) と,ギャップの伸長に対して与える**ギャップエクステンションペナルティ** (gap extension penalty; g_e) を別々に設定する方法である.長さ L のギャップ伸長に対する g_e を関数 $G(L)$ により表すと,ギャップペナルティ g は,以下の式で表される.

$$g = g_o + g_e$$
$$g_e = G(L)$$
(5.1)

この場合,一般的には $g_o > G(1)$ とし,ギャップの伸長よりも開始に強いペナルティを課す.$G(L) = eL$ とし ($e > 0$),ギャップの長さに比例したペナルティを与える関数を,とくにアフィンギャップスコアとよび,広く使われている[136].ギャップペナルティ関数に与えるパラメータを変えると,得られるアラインメントは異なってくる可能性があることに注意しよう.

次に,サイトが一致するときにどのようなスコアを与えるとよいか考えてみよう.塩基配列の場合は4種類の塩基しかなく,塩基配列の比較は比較的似通った配列間でのみ意味を成すために,二つの塩基が一致すれば1,しなければ0といったような比較的単純なアラインメントスコアを使うことができる.しかし,アミノ酸配列の比較は,

進化距離が離れたホモログ間で行われる場合が多いので、そう簡単にはいかない。進化においては、物理化学的性質が近いアミノ酸どうしで置換が起こりやすいことが予想される。したがって、より起こりやすいタイプの置換に高い得点を与え、より起こりにくいタイプの置換に低い得点を与えなければいけないだろう。PAM 行列を思い出してみよう（4.4.1 項参照）。PAM 行列では、アミノ酸 i から j への遷移確率は $\pi_i m_{ij}$ で与えられた。ここで、アミノ酸配列の置換がランダムであると仮定すると、その遷移確率は $\pi_i \pi_j$ によって与えられる。したがって、その相対的な（ランダムな置換に対しての）遷移確率は、m_{ij}/π_j となる。この値が大きければ、そういった置換はより起こりやすいので、サイトどうしが相同である確率が高い。そこで、この相対置換率の対数（PAM 行列では底は 2）をとり、適当な係数を掛けて**スコア行列** (score matrix) を作成する。**図 5.2** に示すのが、よく用いられている **PAM250 スコア行列**である。

ほかによく用いられるスコア行列として、**BLOSUM スコア行列**がある[137]。BLOSUM スコアは、多くの生物種から、配列の保存性が高く、ギャップが存在しないタン

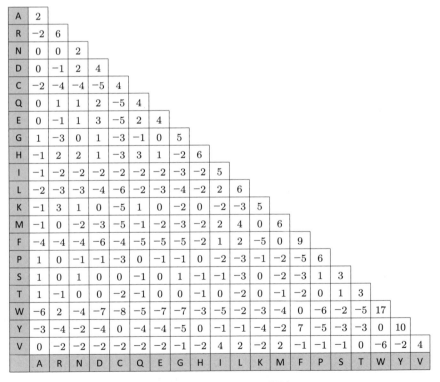

図 5.2　PAM250 スコア行列

対称行列なので、対称成分は省略している。

パク質ドメインのアミノ酸配列を集め比較することによって，どのような置換が起こり やすいかを推定したものである．たとえば，**BLOSUM62 スコア行列**を作成するために は，まず，さまざまな種から集められたタンパク質ドメインのアミノ酸配列について， 62%以上の一致度をもつ配列どうしを一つのクラスタに分類する．つぎに，分類され たクラスタ間を総当たりで比較し，観察されたアミノ酸置換数を期待値で割ったのち， 2 を底とする対数をとって 2 倍する（2 という数字に特別な意味はない）．BLOSUM62 スコア行列は，相同性検索プログラムである BLAST（5.3.2 項参照）において，初期 設定で選択されている基本的な行列である．

　スコア行列において，スコアが正であればそのような置換は起こりやすいので，そ ういったアミノ酸のペアが整列しているアラインメントは，より尤もらしい．反対に 負の値をとるようなアミノ酸間の置換は進化上起こりにくいので，そのようなペアが 整列されているアラインメントが正しいものである確率は低い．アラインメント上の すべてのアミノ酸ペアについてこのスコアを合算し，ギャップペナルティを減じた値 をアラインメントのスコアとする．このような方法により，アラインメントの良し悪 しが判断されている．

5.2.2　アラインメントのアルゴリズム

1.　動的計画法

　動的計画法（dynamic programming）は，最も基本的なアラインメント法である．以 下にそのアルゴリズムを説明する．この方法は**ニードルマン–ヴンシュ**（Needleman– Wunsch）**の方法**とよばれており，大域アラインメントを行うものである[138]．例とし て，アミノ酸配列「FIGHTERS」と「FEWERS」をアラインメントしてみよう．ギャッ プペナルティ g は，ギャップ一つにつき 6 とする．最初のアミノ酸配列の i 番目のア ミノ酸と，2 番目のアミノ酸配列の j 番目のアミノ酸間の PAM250 スコアを要素 s_{ij} としてもつ行列 **S** を，**図 5.3** に示す．

　次に，アラインメントの経路を決定するための行列 **H** を考える．**図 5.4** に示すよう に，最初のアミノ酸配列の i 番目のアミノ酸が $i+1$ 行目に，2 番目のアミノ酸配列の j 番目のアミノ酸が $j+1$ 列目に対応する行列となる．行列 **H** の (i,j) 要素を $h_{i,j}$ とす る．アラインメントの経路は直前の状態から，① 二つのサイトが整列される，② 配列 1 にギャップが挿入される，③ 配列 2 にギャップが挿入される，の 3 種類の経路のど れかをとる．直前の経路までのスコアに，対応するスコアを加え，最大のスコアを与え る経路とそのときのスコアを記録しておく．式 (5.2) に示す三つの式は，上から順番に 経路 ①〜③ にそれぞれ対応している．また，g はギャップペナルティを指している．

	F	**E**	**W**	**E**	**R**	**S**
F	9	−5	0	−5	−4	−3
I	1	−2	−5	−2	−2	−1
G	−5	0	−7	0	−3	1
H	−2	1	−3	1	2	−1
T	−3	0	−5	0	−1	1
E	−5	4	−7	4	−1	0
R	−4	−1	2	−1	6	0
S	−3	0	−2	0	0	2

図 5.3 アラインメントに対応するスコアの例

文字列 FERWERS と FIGHTERS の動的計画法によるペアワイズアラインメントにおける行列 S の各要素．それぞれのアミノ酸置換に対応する PAM250 スコアが示されている．

		F	**E**	**W**	**E**	**R**	**S**
	0	−6	−12	−18	−24	−30	−36
F	−6	9	3	−3	−9	−15	−21
I	−12	3	7	1	−5	−11	−16
G	−18	−3	3	0	1	−5	−10
H	−24	−9	−2	0	1	0	−6
T	−30	−15	−8	−6	0	0	1
E	−36	−21	−11	−12	−2	−1	0
R	−42	−27	−17	−9	−8	4	−1
S	−48	−33	−23	−15	−9	−2	6

図 5.4 計算後の行列 H の各要素

最大スコアを与えた経路を矢印で示している．得られるアラインメントは，右下のスコアから矢印をトレースバックして得られる経路（図中黒色の矢印）となる．

最適な経路を決定するには，$h_{1,1} = 0$ とし，式 (5.2) に従って，左上から順番に $h_{i,j}$ を計算していく．このとき，最大のスコアを与えた経路を記録しておく（図 5.4 の矢印）．たとえば，$h_{2,2}$ は，式 (5.2) において，経路 ① を通ったときは $h_{1,1} + s_{1,1} = 9$，経路 ② を通ったときは $h_{1,2} - g = -12$，経路 ③ を通ったときは $h_{2,2} - g = -12$ となる．経路 ① を通ったときのスコアが最大となるので，最大値 9 と経路 ① に相当する経路 $h_{1,1} \rightarrow h_{2,2}$ が記録される．

$$h_{i,j} = \max \begin{cases} h_{i-1,j-1} + s_{i-1,j-1} \\ h_{i-1,j} - g \\ h_{i,j-1} - g \end{cases} \tag{5.2}$$

最後に，行列 **H** の右下の要素から，そこまでにたどった経路をトレースバックしていくと，アラインメントが得られる（図 5.4）．また，右下のスコアが，最終的なアラインメントのスコアとなる．一つ前からの経路が対角（経路 ①）であれば，その二つのサイトは整列され（同じ列に並ぶこと），垂直（経路 ②）または水平（経路 ③）に移動すれば，ギャップが挿入されることになる．したがって，図 5.4 の例での最適なアラインメントは，次のようになる．

```
FIGHTERS
F-EW-ERS
```

ここまでの例では，ギャップペナルティは一律の値をとるという前提であったが，式 (5.1) に示したように，ギャップオープンペナルティとギャップエクステンションペナルティが異なる場合はどうなるだろうか．この場合は，直前の状態において，① ギャップが入っていない，② 配列 1 にギャップが挿入されている，③ 配列 2 にギャップが挿入されている，の三つの場合を考えてスコアを計算しなければいけない．したがって，記憶しなければいけない情報は 3 倍となるが，同様の方法を用いてアラインメントを行うことができる．

配列のアラインメントは，用いるスコア行列とギャップペナルティ関数のもとで最適化されるのであって，異なるスコア行列とギャップペナルティ関数を用いれば，結果が変わってくることがあるので注意が必要である．一般的に，どのようにアラインメントを行うのがよいかという判断はとても難しい．ギャップを含むサイトは解析に用いるのが難しいため，できるだけギャップが少ないアラインメントが一見すると好ましいかもしれない．しかし，ギャップの数を無理やり少なくしたアラインメントでは，本来相同ではないサイトどうしが整列される可能性が高くなるので，誤った結論を導いてしまうかもしれない．どちらにせよ，パラメータによる結果の違いを意識し，できれば数種のパラメータの組み合わせを試して結果を比較してみるとよいだろう．重要なのは，自分が知りたいこと（研究目的など）が，アラインメントの作成方法によって左右されず，頑健性 (robustness) をもつことを確認することである．アラインメント作成のパラメータを少し変えた結果，自分が検証したい仮説の証明結果が変わってくるようであれば，そのようなアラインメントデータはあまり信用しないほうがよい

ということになる.

2. マルチプルアラインメント

三つ以上の配列を比較したい場合には,マルチプルアラインメントを行わなければいけない.理論的には,ペアワイズアラインメントで用いた動的計画法を3次元以上の場合に拡張することによってマルチプルアラインメントを行うことができるが[139],動的計画法では,配列の数が増えるに従って計算に必要な資源と時間が指数関数的に増えていくので現実的ではない.現在最も広く用いられている方法は,配列の系統関係を利用した**漸進的アラインメント法** (progressive alignment method) である[140].すべての配列間には進化的な系統関係が存在すると考えられるので,進化の情報を利用して効率的にアラインメントを行うことは理にかなっている.

漸進的アラインメント法では,最初にすべての配列の組み合わせについてペアワイズアラインメントを行い,それぞれの間の進化距離を推定することによって,**ガイド樹** (guide tree) とよばれる分子系統樹を作成する(分子系統樹の作成方法については第6章参照).次に,得られたガイド樹に従って,系統関係の近いものから順次ペアワイズアラインメントを行い,新しい配列を付け加えるかたちでアラインメントを進めていく.複数の配列クラスタどうしのアラインメントに用いられるスコアは,それぞれのクラスタのスコアの平均点(または重みづけ平均点)をとることで行う.

以上の漸進的アラインメントのアルゴリズムは ClustalW[141] というアラインメントプログラムに実装されているが,それ以外にも多数のアラインメントプログラムが存在する.また,アラインメントにおけるパラメータを適切に推定する方法として,第7章で紹介する隠れマルコフモデル (HMM) を用いたものが存在する(7.2.4項参照).しかし,これは保存性の高い領域が多数ある場合にのみ適用可能な方法であるので,すべてのデータに適用できるわけではない.

5.3 　相同性検索

これまで解説した配列アラインメント法では,整列すべき配列があらかじめ与えられていた.それでは,アラインメントすべき遺伝子配列はどのように決定されるのだろうか.現在,GenBank[142] や UniProt[143] などの公的データベースには,無数の塩基配列,アミノ酸配列が登録されており,その数は年々増え続けている.そのなかから自分が興味をもつ遺伝子配列に相同な配列を見つけてくる方法が,相同性検索である.相同性の評価は,これまでに紹介したペアワイズアラインメントスコアを用いて行うことができる.

104 | 5 配列のアラインメントと相同性検索法

データベースに入っている配列の数がそれほど大きくなければ、ペアワイズアラインメントで用いた動的計画法によって相同性検索を行うことができる。この場合、自分がもっている**クエリー配列** (query sequence) と、データベースに格納されているデータベース配列とのアラインメントを網羅的[†1]に行い、高いスコアをもつ配列を検索することができる。

ところが、近年のデータベースの爆発的な拡大に伴い、動的計画法のような網羅的な探索は時間がかかりすぎるようになってきている。現在使われている多くの相同性検索法は、ある一定の条件を設定して探索的 (heuristic) に相同な配列を発見してくる方法をとっている。次項から、これらの方法の具体例について解説していこう。

5.3.1 FASTA

FASTA とよばれる[†2]ソフトウェアでは、まず、クエリー配列と正確に一致する長さ k の配列 (k-mer) をもつ配列がデータベース配列から探される[144]。データベース配列に現れる k-mer の出現位置をあらかじめ計算することができるので、高速に探索を行うことができるようになっている。このような短い配列とその出現場所との対応表を**ルックアップテーブル** (lookup table) とよび、多くの場合、**ハッシュテーブル** (hash table) というデータ構造をとることによって高速な検索が可能になっている。k-mer のように、探索の起点となる配列を**シード配列** (seed sequence) とよぶ。FASTA では、このような k-mer をデータベース配列からできるだけ多く発見し、ギャップを許しながら結合することによって最初のスコアを決定する。スコアの高い候補領域はさらに動的計画法によって整列され、最終的なスコアが決定される。ルックアップテーブルに用いられる k-mer の長さは、最終的な検索結果を大きく変えることがある。

FASTA で行われているような相同性検索プロセスはほかの多くのプログラムでも利用されており、大きく二つの段階を経て検索が行われる。ルックアップテーブルを用いて k-mer と一致する候補を検出する段階と、領域を拡張しながらアラインメントを行い、スコアを計算する段階である。k-mer が長くなると、第一段階から第二段階へ渡される候補領域の数が減り計算速度が速くなるが、本来見つかるべき相同な配列を見つけられなくなる可能性も存在する。

ちなみに、FASTA は現在では遺伝子配列を記述する最も基本的なフォーマットとしても知られている。**FASTA フォーマット** (FASTA format) はテキスト形式であり、1

---

†1 網羅的はすべてをしらみつぶしに、探索的は一部の範囲だけを効率的に調べるという意味をもつ。探索的に得られた解は真の解ではない可能性がある。

†2 本来は FAST-A、ファストエーと読むが、現在ではファスタと読むことが多い。

行目に遺伝子名などのインデックス情報を「>」の後に記述し，次の行以降に，塩基配列またはアミノ酸配列を記述する．図 5.5 は，ヒトミトコンドリアにあるシトクロームb遺伝子 (cytochrome b) のアミノ酸配列の FASTA 表記である．配列の途中に改行を入れてもかまわない．また，「>」が配列間の区切りの目印になっているので，複数の配列を連続させて一つのファイルに記述してもよい．当然ではあるが，配列の名前や配列自身に「>」を使用することはできない．

```
>gi|251831119|ref|YP_003024038.1|cytochrome b (mitochondrion) [Homo sapiens]
MTPMRKTNPLMKLINHSFIDLPTPSNISAWWNFGSLLGACLILQITTGLFLAMHYSPDASTAFSSIAHIT
RDVNYGWIIRYLHANGASMFFICLFLHIGRGLYYGSFLYSETWNIGIILLLATMATAFMGYVLPWGQMSF
WGATVITNLLSAIPYIGTDLVQWIWGGYSVDSPTLTRFFTFHFILPFIIAALATLHLLFLHETGSNNPLG
ITSHSDKITFHPYYTIKDALGLLLFLLSLMTLTLFSPDLLGDPDNYTLANPLNTPPHIKPEWYFLFAYTI
LRSVPNKLGGVLALLLSILILAMIPILHMSKQQSMMFRPLSQSLYWLLAADLILTWIGGQPVSYPFTII
GQVASVLYFTTILILMPTISLIENKMLKWA
```

図 5.5　ヒトシトクローム b 遺伝子のアミノ酸 FASTA 配列

配列名に示されている記号は，データベース上のアクセッション番号（11.3 節参照）である．この例では，60 アミノ酸ごとに改行が行われている．

5.3.2　BLAST

BLAST (Basic Local Alignment Search Tool) 検索は，現在最もよく使われている相同性検索プログラムである[145]．BLAST は FASTA と同様，類似度の高い短い配列（FASTA と違い，シード配列は完全一致でなくてもよい）をデータベース配列から探索する．BLAST はこのような領域から，スコアがある閾値に達するまで局所アラインメントの領域を広げていく．BLAST 検索には，以下に示すようにさまざまなバージョンがあり，それぞれクエリー配列と検索配列の種類が異なっている．使用する際には，どのプログラムを使っているのか十分注意すること．

1. blastn

クエリー配列，データベース配列ともに塩基配列である．

2. blastp

クエリー配列，データベース配列ともにアミノ酸配列である．

3. blastx

クエリー配列の塩基配列から翻訳されるアミノ酸配列を網羅的に書き出し，アミノ酸配列データベースから検索する．

4. tblastn

クエリー配列はアミノ酸配列で，塩基配列データベースを翻訳したデータベースか

ら検索する.

5. tblastx

クエリー配列の塩基配列から翻訳されるアミノ酸配列を網羅的に書き出し，塩基配列データベースを翻訳したデータベースから検索する．

相同性検索によって得られた結果は，どのように解釈すればよいのだろうか．図 5.6 に示すように，短い配列であれば，ランダムな文字列であっても，それに似た配列がデータベース上から見つかってくる．したがって，見つかった相同性が，生物学的に意味のある結果なのかどうかを評価しなければいけない．まず重要なのは，アラインメントのスコア (Score) である．BLAST はさまざまなスコア行列をオプションとして用意しているが，初期設定として BLOSUM62 スコア行列（5.2.1 項参照）を用いている．スコアが高ければ，それだけ配列間の類似性が高いということができるが，その解釈には注意が必要である．BLAST 検索で得られるアラインメントは局所アラインメントなので，類似性の低い部分は除かれている．したがって，アラインメントされる領域が長ければ，類似度自体が低くても高いスコアが得られる．また，図 5.6 の例で見られるように，一致度 (Identities) が高いからといって，その検索結果が信用できるとも限らない．

```
ALIGNMENTS
>ref|WP_061381630.1| phosphopantetheinyltransferase [Salmonella enterica]
 dbj|GAS74528.1| 4'_phosphopantetheinyl transferase Npt [Salmonella enterica]
 dbj|GAS76931.1| 4'_phosphopantetheinyl transferase Npt [Salmonella enterica]
Length=217
```

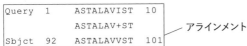

図 5.6　適当に考えたアミノ酸配列「ASTALAVISTA」をクエリーにした blastp による検索結果
　　　　サルモネラ菌 (*Salmonella enterica*) の酵素の一つにヒットする．

それでは，どうやって検索結果が意味のあるものであるかどうかを判定したらよいだろうか．さまざまな方法が考案されているが，そのなかの一つが極値理論を用いて**統計的有意性** (statistical significance) を計算するものである．あるクエリー配列を用いてデータベース検索を行い，得られた最大のスコアを $S_{\max}$ とする．われわれが知りたいのは，観察された $S_{\max}$ が，ランダムな配列をクエリー配列として得られる $S_{\max}$ の分布から有意に外れているかどうかである．このように，ある分布に従って生み出

されたサンプルのうち，ある値以上になったものの個数の分布は**極値分布** (extreme value distribution) とよばれており，(面白いことに) 元の分布によらず，いくつかの決まった形になることが知られている[146]．この分布の性質を利用して，BLAST 検索では，次の式を用いて E value とよばれる値 E を計算している．

$$E = Kmne^{-\lambda S} \tag{5.3}$$

ここで，n と m はそれぞれ，クエリー配列とデータベース配列の長さ，K と λ はあらかじめ計算された定数，S は観察されたスコアである．ここでの E value は確率ではなく，観察値以上のスコアをとる配列の個数の期待値であるので注意しよう．E value が低いほど，そのデータベース配列のクエリー配列に似ているのは偶然ではないと考えることができる．

5.3.3 ゲノム配列に対する相同性検索

さまざまな生物のゲノム配列が決定されるようになると，あるクエリー配列がゲノム配列のどこにあるかを検索する必要が出てくる．BLAST を発展させた MegaBLAST

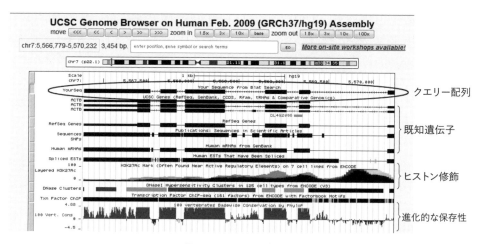

図 5.7 BLAT 検索の例

クエリー配列 (ヒトベータアクチン cDNA 配列) をヒトゲノム上にマッピングした例である．一番上の段の YourSeq というボックス (丸囲み) が，クエリー配列に相同性のある部分である．ヒトの遺伝子配列をヒトゲノムにマッピングしているので，配列はもちろん 100%一致するが，遺伝子はイントロンを含むので，図のように分割されてゲノム上にマップされる．ウェブベースの検索システムでは配列の一致情報だけでなく，周辺のゲノム領域にどのような遺伝子があるのか，ヒストン修飾の度合い (8.5 節参照)，進化的な保存性といったさまざまなアノテーション (注釈，annotation) を得ることができる．

はそのような用途に適していて，比較的配列が似通っている場合には，より高速な検索ができるようなアルゴリズムをもっている[147]．さらにゲノム検索用に特化されたものとして BLAT (BLAST-Like Alignment Tool) がよく用いられている[148]．BLAT は，反復配列を除いたゲノム配列のハッシュテーブルをすべてメモリ上に読み込む．BLAT はゲノムに対する検索に最適化されているので，とても速い検索が可能であるが，配列間の違いが大きい場合や，短い配列のアラインメントは無視される傾向にある．また，cDNA 配列をゲノム配列にマッピング（8.3 節参照）するときに，mRNA 塩基配列中に存在するイントロンを大きなギャップとして認識し，アラインメントを行う．このようなゲノム上での局所アラインメントの結合は，BLASTZ とよばれる BLAST の派生プログラムにも実装されている[149]．BLAT の検索結果をゲノム上に描画したものが，**図 5.7** である．このような表示を行うシステムを，ゲノムブラウザ（11.4 節参照）とよぶ．

5.4　ソフトウェアの紹介

　遺伝子配列のアラインメントを行うソフトウェアは多数存在する．すでに紹介した ClustalW のほかにも，MUSCLE[150]，MAFFT[151]，T-Coffee[152] などが知られている．配列比較でも紹介された MEGA は，ClustalW と MUSCLE を実装している．また，Biopython の Align パッケージは上記の方法すべてに加え，さらに数種のアラインメントプログラムを提供している．

　公開されたデータベースに対して相同性検索が行われる場合，ウェブサーバを介した検索を行うことが多い．ただし，BLAST をはじめとする相同性検索ソフトウェアは，ローカルのハードディスクに存在する配列群をデータベース化して，自分のコンピュータ上で相同性検索を行うことも可能である．ローカル解析用の BLAST プログラムは NCBI ウェブサイトからダウンロードが可能である．現在では，BLAST+という改良版のプログラムのみがサポートされている[153]．

　相同性検索では，数百万〜数十億単位の大量のクエリー配列について検索を行わなければいけないことがある．このような場合には，BLAST 検索などの一般的な相同検索よりも，さらに効率的なアルゴリズムが必要である．これらの特殊な相同性検索法については第 8 章にて紹介する．

Chapter 6 分子系統樹作成法

6.1 系統樹作成の目的

　第2章で学んだように，分子系統樹は配列どうしの祖先関係を表したものである．ダーウィン以前に進化論を唱えた著名な学者に，ジャン＝バティスト・ラマルク (Jean-Baptiste Lamarck) がいる．ラマルクは，獲得形質の遺伝を基礎とした要不要論でも有名だが，彼の進化観は，生物は自然発生し，単純なものから複雑なものへと時間をかけて進化していくというものだった．これに対してダーウィンは，生物の進化を，時間をかけて枝分かれしながら多様化する過程だと考えた．枝分かれしながら進化してきた生物の祖先関係をたどっていくと，最終的には一つの共通祖先にたどり着く．この祖先関係は系統樹という樹の形で表すことができる．エルンスト・ヘッケル (Ernst Haeckel) が描いた系統樹は，生物学を学んでいれば誰でも一度は見たことがあるものだろう（図 6.1）．情報学的観点から見ると，系統樹は木構造とよばれるグラフ構造の一種として定義される．

　分子系統樹を作成する目的の一つは，種の系統関係を知ることである．地球上に存在するすべての生物が，一つの共通祖先から派生してきたという壮大な進化の物語は，研究者だけでなく，多くの人々の興味をひきつけてやまない．生命の歴史をつまびらかにすることは，進化学研究の大きな目標の一つといってもよいだろう．たとえば，Tree of Life Web プロジェクトのウェブサイト[154]には，これまでの研究によって明らかになった生物の系統関係がまとめられている．また，TIMETREE プロジェクトのウェブサイト[155]では，さまざまな生物の分岐年代について調べることができる．

　遺伝子の系統関係は，種の系統関係よりもさらに複雑である．第2章で述べたとおり，ゲノムの中のさまざまな遺伝子どうしにも，遺伝子重複によって生じた進化的な関係が存在する．したがって，異種間の一見似たような遺伝子が，真のオルソログではない場合がある．たとえば，ある疾患の治療法を開発するために，ハツカネズミに薬

6 分子系統樹作成法

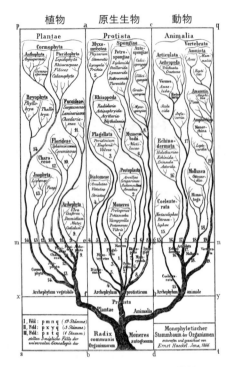

図 6.1 ヘッケルが描いた系統樹

生物の共通祖先が樹の根（最下部）に描かれている．ヘッケルの分類では，生物は植物，原生生物，動物の三つに分けられていた（三界説）．

剤を用いてある遺伝子の発現を抑制してみると，非常に大きな治療効果が得られたとしよう．ところが，ヒトゲノムを見てみると，似たような配列をもった遺伝子が多数存在することがわかった．このような場合，ヒトでの治療法を考えるにあたって，どの遺伝子をターゲットにすればよいのだろうか．このような問題に対しては，遺伝子の系統関係を明らかにすることによって有用な知見を得ることができるだろう．

本章では，遺伝子配列から系統関係を推定する方法について学ぶ．分子系統樹の各要素の名称など基本的な知識についてはすでに 2.3.2 項で解説を行ったが，6.2 節では，さらに掘り下げた学習を行う．続く 6.3 節は，本章の中心となる内容を含んでおり，分子系統樹作成に用いられるいくつかの主要な手法について紹介する．その後の節では，分子系統樹作成にあたっての補足的な知識について学習する．

6.2 系統樹に関する基礎知識

類似性のある遺伝子配列には共通祖先があると考えられるから，祖先をさかのぼっていくと，最終的には必ず一つの祖先配列に行きつく．ここで気を付けてほしいのは，分子系統樹はあくまでも集団を超えた種のレベルによってのみ意味をもつことである．集団内の遺伝子系図は，倍数体の場合，染色体間での組換えがあるために，系図が一意に決まらない．組換えがないような（ヒトのミトコンドリアのような）ゲノム領域であれば，遺伝子系図を一意に決めることができるかもしれないが，一般的に用いられる分子系統樹と同じものであると考えないほうがよい．したがって，分子系統樹は通常，種レベル以上の違いをもつ遺伝子配列を用いて作成される．ところが，一般的に，近縁な2種が，本当に別種なのかどうかの判定は難しいし，細菌のような単数体ゲノムをもつ種では，同種の遺伝子間で組換えが起こる確率が低い．したがって，分子系統樹を作成する場合には，種や集団の定義は後回しにして，便宜的にある程度似た配列をまとめた**操作的分類単位**(operational taxonomic unit, **OTU**)を基本単位として，個々の配列を扱う．

分子系統樹には大きく分けて2種類のタイプがある．**有根系統樹**(rooted tree)と**無根系統樹**(unrooted tree)である（**図6.2**）．進化の法則上，真の分子系統樹には必ず共通祖先を表す根があると考えられるが，一般的に，その共通祖先が分子系統樹上のどこにあるかを正確に推定するのは難しい．したがって，分子系統樹は無根系統樹として推定されることが多い．

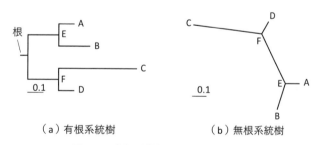

（a）有根系統樹　　　　　　（b）無根系統樹

図6.2　有根系統樹と無根系統樹の例

(a) 有根系統樹，(b) 無根系統樹．それぞれA〜Dの四つのOTUをもっているが，有根系統樹では根が設定されている．左下のスケールは，進化距離を表す．

生物の系統関係を表す一般的な系統樹と，分子系統樹との違いについて見てみよう．一般的な系統樹は現存する生物の系統関係を表すことが多く，図2.15のように，端がそろった形の系統樹として描かれ，枝の長さは共通祖先からの時間を表している．つまり，現生の生物を扱う限り，根から各葉までの枝の長さはすべて等しい．一方，図

6.2 (a) に示した分子系統樹では，根から各葉までの長さがすべて異なっている．分子進化速度が一定ではなく，枝により異なっているという前提のもとに作成された分子系統樹では，枝の長さは分岐時間そのものではなく，進化距離を表している．このような場合，進化距離の尺度を分子系統樹と同時に示すことが必要である（図6.2左下のスケール）．

分子系統樹をコンピュータ上で表す一般的なフォーマットは，Newickフォーマットとよばれるテキスト形式のものである．節をカンマ，階層的構造はカッコで表記し，行の終わりにセミコロンをつける．節の名前はカッコの後につけることで表現できる．たとえば，図6.2 (b) の無根系統樹は次のように表される．

((A,B)E,(C,D)F);

葉や節の名前は必ずしも必要ではない．

また，次の例のように，OTUの名前の後に「:」を加えることにより，枝の長さを表すこともできる．

((A:0.1,B:0.2)E:0.2,(C:0.4,D:0.1)F:0.2);

前述したように，通常は，分子系統樹のどこに根があるのかを決定することが難しい．そこで，解析の対象となるOTUから見て，明らかに最も系統が離れているOTU

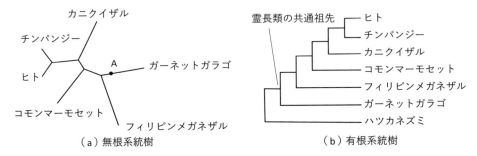

（a）無根系統樹　　　　　　　　　（b）有根系統樹

図6.3　外群を加えることによって無根系統樹を有根系統樹に変換する例

(a) メガネザルが，ヒトなどが属する真猿類と，ガラゴやロリスなどが属する原猿類のどちらにより系統的に近縁なのかは，長い間の疑問だった．ここでは6種の霊長類，ヒト，チンパンジー，カニクイザル，コモンマーモセット (*Callithrix jacchus*)，フィリピンメガネザル (*Tarsius syrichta*)，ガーネットガラゴ (*Otolemur garnettii*) のゲノム配列を用いて作られた無根系統樹を示した．このままでは6種のうち，どの種が最も早くに分岐したのかがわからない．(b) ハツカネズミの遺伝子配列を外群として解析に加えると，(a) のA点から延びる枝に位置したものとする．これをもとに，ハツカネズミを外群として分子系統樹を描きなおすと，メガネザルはガラゴとはクレードを形成せず，真猿類に近縁であることがわかる．この図では，枝の長さは無視している．

6.3 分子系統樹の作成法 **113**

を外群として設定することによって，解析対象群に対する根を決めることができる．た
とえば，霊長類の分子進化解析を行いたいときは，ハツカネズミを外群に加えて解析
を行うことによって，霊長類の共通祖先に対応する根を加えることができる（**図 6.3**）．

6.3 　　分子系統樹の作成法

　分子系統樹の作成は，第 5 章で説明した，マルチプルアラインメントを行うこと
から始まる．マルチプルアラインメントにはいくつかの配列にギャップが含まれたサ
イトが存在するが，通常，そのようなサイトを無視して分子系統樹は作成される．さ
まざまな分子系統樹作成法が提案されているが，**最節約法**（maximum parsimonious
method），**距離行列法** (distance matrix method)，**確率モデル法** (probabilistic tree
construction method) の三つが広く使われている[†]．以下，それぞれの方法について
紹介していく．

6.3.1 　最節約法

　最節約法（**MP 法**）は歴史のある方法であり，形質を用いた系統推定などで広く用
いられてきた．進化上起こった形質の変化が偶然別々な系統で起こることは少ないと
仮定すると，共通に派生した形質を多くもった生物は，それほど多くもっていない生
物よりも，より近い祖先をもつだろうと直感的に考えることができる．たとえば，乳
腺の発達など，哺乳類がもつ特徴的な形質は，それぞれの種で独立に進化したのでは
なくて，哺乳類と爬虫類の共通祖先が分かれてから，一度だけ哺乳類の祖先で獲得さ
れた形質だと考えたほうが自然である．したがって，乳腺という形質を，哺乳類とそ
れ以外の動物とを分類する指標とみなすことができる．分子情報を用いた推定方法が
生まれる以前には，このような方法で生物の系統関係が推定されてきた[156]．

　MP 法は，分子系統樹上で起こった進化の事象数を最小にするような樹形を見つけ
る方法である．この方法は，容易に遺伝子配列に適用することができる．例として，**図
6.4** に示す，四つの OTU の場合を考えてみる．

　OTU が四つの場合の無根系統樹は，図 6.4 に示す三つの樹形しかとらない．OTU
の遺伝子配列（ここでは塩基配列とする）についてマルチプルアラインメントを作成
し，置換のあったサイトを見てみる．あるサイトで，a, b, c, d のもつ塩基がそれぞれ
T, G, T, T だったとしよう．このとき，b に至る系統上で T → G の置換が起こった

[†] 厳密には，最節約法と確率モデル法は，ともに関数の最適化問題であり同じ分類に属するが，本書では別々
のカテゴリーとして扱う．

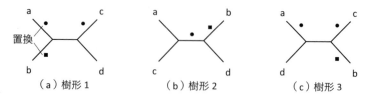

図 6.4　OTU が四つの場合の無根系統樹のパターン

a〜d は,四つの OTU の名前を示している.■と●は,分子系統樹上で起こった置換を示す (本文参照).

と考えられるが,図 6.4 の 3 種類の分子系統樹上に置換を当てはめてみると,どの樹形でも,一度の置換で説明することができる (図 6.4 中■で示された置換).したがって,このようなサイトは系統関係に関して何の情報ももたない.次に,G, T, G, T というパターンをもつサイトを考えてみる.この場合,もともとサイトが G であったか T であったかはわからないが,もともと T であったと仮定すると,図 6.4 の●で示した置換が,それぞれの樹形で最小の置換数を与える.樹形 1 と 3 では 2 個,樹形 2 では 1 個の置換で説明できるので,このような置換は樹形 2 を支持する.このようにして,情報をもつ (informative) サイトについてどの樹形をサポートするかを数え上げ,最も少ない置換数で説明できる樹形を採用する.

　MP 法は,OTU 間に共通した置換があるのは祖先を共有しているからだ,ということを前提としている.もし別々の系統でそれぞれ独立に置換が起これば (ホモプラシー,homoplasy とよばれる),MP 法は間違った樹形を支持する可能性がある.MP 法は量的な進化モデルを作ることが難しい形質には便利な方法ではあるが,遺伝子配列のように量的な進化モデルを構築することが可能なものについては,現在はあまり使われていない.

6.3.2　距離行列法

　距離行列法は,配列間の進化距離に基づいて,類似配列を段階的にまとめ上げていくアルゴリズムで,**階層的クラスタリング** (hierarchical clustering) ともよばれている.この方法は,起こりうるすべての樹形を探索する代わりに,問題を局所的に解いていく探索的手法である.アルゴリズム自体は単純ではあるが,OTU の数が多い場合には計算量を大幅に短縮できるので,強力な方法である.ここでは,配列間の進化距離は第 4 章において説明された方法で推定されているとする.k 個の配列に対して $k \times k$ の距離行列 $\mathbf{D}$ を定義し,配列 i と配列 j との進化距離を要素 d_{ij} とする.定義より $d_{ij} = d_{ji}$ であり,すべての対角成分は 0 である.

1. UPGMA 法

UPGMA 法 (Unweighted Pair Group Method with Arithmetic mean) は，分子進化速度が一定という前提のもとで行われるクラスタリング法である[157]．この前提はあまり現実的ではないので，最近では分子系統樹作成においてはあまり利用されていないが，距離行列法の基本的な原理を理解するのによい方法である．UPGMA 法では，最も距離の近い二つの OTU を結合して一つの OTU にし，新しい OTU と残りの OTU との距離は，結合した二つの OTU と，残りの OTU の距離の平均値となるように操作していく．二つの OTU を結合させた場合，距離を二等分し，枝の長さを決定する．OTU が二つになった段階で，二つの OTU を連結する枝の中点に根を設定する．具体的な計算例を図 6.5 に示す．

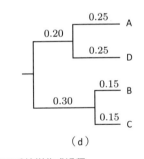

	A	B	C	D
A	0	0.9	0.8	0.5
B	0.9	0	0.3	1.0
C	0.8	0.3	0	0.9
D	0.5	1.0	0.9	0

(a)

	A	BC	D
A	0	0.85	0.5
BC	0.85	0	0.95
D	0.5	0.95	0

(b)

	AD	BC
AD	0	0.9
BC	0.9	0

(c)

(d)

図 6.5 UPGMA 法による分子系統樹作成過程

(a) 仮想的な OTU である A〜D 間の進化距離を表した距離行列．(b) 最も距離の近い B と C を結合し，一つの OTU (BC) とする．残りの点との距離は平均値をとる．(c) A と D を結合させる．(d) 最後に AD と BC を結合し，完成した分子系統樹．枝の長さは，AD と BC の距離 0.9 を二等分し，それぞれから 0.25 と 0.15 を引いて決定する．UPGMA 法は進化速度一定を仮定しているが，実際のデータではその仮定が成り立っていないため，再構築された分子系統樹から OTU 間の距離を計算しても，元のデータとは食い違いが生じていることに注意すること．

2. 近隣結合法

近隣結合法 (neighbor-joining method, **NJ 法**) は，現在でも広く用いられている距離行列法である[158]．NJ 法は，葉の間の距離に加法性 (additivity) が成り立つことを仮定している．加法性が成り立つとは，葉の間の距離が，分子系統樹上での二つの葉間

の経路の長さの合計に等しいということである．図6.2の例では，$d_{AB} = d_{AE} + d_{BE}$ が成り立つとき，加法性があるといえる．ここで，d_{ij} は分子系統樹上での点（節または葉）i と j の間の枝の長さを表す．NJ法のアルゴリズムは，分子系統樹のすべての枝の長さの和が最小となるものを探索する．加法性が成り立てば，進化速度が一定でなくとも，NJ法は，必ず真の分子系統樹を見つけ出すことが知られている．

NJ法は，まず結合すべき二つのOTUを見つけ出す．このとき，単純に距離が最短のペアを選ぶのではなく，ほかのすべての節からの平均距離を引くことによって距離を補正する．補正された値を最小にする二つのOTUを選んで結合すると，分子系統樹全体の枝の長さが最小になることがわかっている[158]．N 個の配列があった場合，点 i, j からほかの点への平均距離 r_i, r_j は，次のように表される．

$$r_i = \frac{1}{N-2} \sum_k d_{ik}, \quad r_j = \frac{1}{N-2} \sum_k d_{jk} \tag{6.1}$$

補正された距離 d_{ij}^* は $d_{ij}^* = d_{ij} - r_i - r_j$ として表され，この値が最短なペアを近隣とする．次に，点 i, j を結合して，新しい節 n を作成する．加法性が成り立つとき，この新しい節 n からほかの点 k までの距離 d_{kn} は，次のように表される．

$$d_{kn} = \frac{1}{2}(d_{ik} + d_{jk} - d_{ij}) \tag{6.2}$$

点 i と j が結合され，新しい節 n ができれば，あとは節 n を新しい葉として扱う．新しい節 n と点 i, j との距離 d_{in}, d_{jn} は，次のように表される．

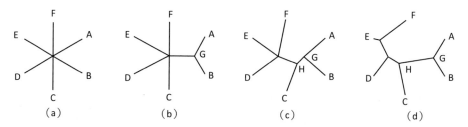

図6.6　NJ法による分子系統樹作製過程

(a) NJ法では，最初にすべてのOTU（A～F）が星状の系統関係をもっている状態を仮定する．(b) 任意に二つのOTUを選び，すべてのペアについて，距離 d_{ij}^*（本文参照）を計算する．d_{ij}^* が最も小さかったペア（ここではAとB）を選び，結合する．(c) AとBを結合した節をGとし，同様の作業を繰り返す．ここでは，Cと節Gを結合させ，節Hが作られている．(d) 最後にEとFを結合し，すべての分岐点が二つに分岐する分子系統樹が得られる．NJ法によって得られる分子系統樹は，すべて無根系統樹である．

$$d_{in} = \frac{1}{2}(d_{ij} + r_i - r_j), \quad d_{jn} = \frac{1}{2}(d_{ij} - r_i + r_j) \qquad (6.3)$$

これらの過程を繰り返すことによって，最終的な分子系統樹が得られる．NJ 法による分子系統樹作製の過程を，**図 6.6** に示す．

6.3.3 確率モデル法

1. 最尤法

最尤法（maximum likelihood，**ML 法**）は，NJ 法と合わせて現在広く用いられている分子系統樹推定方法である（補遺 A.2.1 参照）．ML 法は遺伝子配列の進化モデルを確率過程として明示し，観察された結果を一番よく説明できるパラメータおよび樹形を，最尤推定量として導く．分子系統樹の樹形は一般的な数値パラメータではないが，超次元空間上に分布するパラメータの一つと捉えることができる．与えられた尤度関数に関して，それを最大化するパラメータセットを見つけ出すことによって，最も尤もらしい[†]パラメータを推定することができる．分子系統樹を推定する場合，樹形，枝の長さ，置換モデルのパラメータが推定すべきパラメータセットとなる．

無根系統樹は，枝の長さについて，OTU の数を n とすると，$2n-3$ 個のパラメータをもつ．また，塩基置換モデルに含まれるパラメータ数は使用するモデルによって異なる（塩基置換モデルのパラメータ数については第 4 章参照）．たとえば，ジュークス-カンターモデルの塩基置換行列における α は時間の長さ t に組み込まれているので，追加で推定すべきパラメータはない（4.3.2 項参照）．また，木村の 2 パラメータモデルでは，α, β という二つのパラメータが存在するが（4.3.3 項），通常これらはトランジッション（α）に対するトランスバージョン（β）の比を一つのパラメータ（たとえば κ）として設定することによって，最尤推定を行うことができる．

第 4 章で述べた塩基置換モデルを利用して，塩基 i が時間 t が経過したあとに塩基 j に置換している確率を，塩基遷移確率行列 $\mathbf{P}_t$ で表すことができる（式 (4.8)）．**図 6.7** に示されている無根系統樹についての尤度を考えてみよう．

たとえば，あるサイト k で a, b, c, d の塩基が G, G, T, T だったとする．この系統樹は無根系統樹であるが，便宜的に節 f が祖先であるとする．一般的な塩基・アミノ酸置換確率行列は時間的可逆性をもっているので（式 (4.20)），どこの点が祖先であっても尤度に影響は与えない．節 e, f での塩基は現時点ではわからないので，それぞれ塩基 x, y とし，4 種類すべての場合を数え上げ，確率を足し合わせることによって尤度を計算する．この樹形のサイト k での尤度 L_k は，節 f での塩基 y の割合を π_y，塩

[†] 漢字の違いに注意．

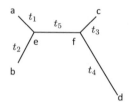

図 6.7 OTU が四つの場合 (a〜d) の無根系統樹

t_1〜t_5 は枝の長さを示す.

基 i から j への時間 t における遷移確率を $p_{ij}(t)$ とすると, 次の式で与えられる.

$$L_k = \sum_y \sum_x \pi_y p_{y\mathrm{T}}(t_3) p_{y\mathrm{T}}(t_4) p_{xy}(t_5) p_{x\mathrm{G}}(t_1) p_{x\mathrm{G}}(t_2) \tag{6.4}$$

この式は, ほかの変数が含まれていない部分, つまり系統樹の葉から部分的に確率を計算していくことにより, 次のように計算量を削減することができる (枝狩り法, pruning algorithm)[159].

$$L_k = \sum_y \pi_y p_{y\mathrm{T}}(t_3) p_{y\mathrm{T}}(t_4) \left[\sum_x p_{xy}(t_5) p_{x\mathrm{G}}(t_1) p_{x\mathrm{G}}(t_2) \right] \tag{6.5}$$

この例では OTU の数が少ないので計算量の減少は顕著ではないが, OTU の数が増えると, 枝狩り法による計算量の節約は重要になる. また, すべてのサイトでの尤度 L を計算するには, それぞれのサイトが独立に進化したと仮定し, サイトごとの尤度を掛け合わせればよい. 一般的に, 尤度はとても小さい値をとるので, 対数をとった対数尤度を足し合わせた, 次の式で評価する.

$$\ln L = \sum_{k=1} (\ln L_k) \tag{6.6}$$

樹形が与えられれば, 数値的に尤度を最大化するパラメータを推定することができるので, 最大尤度が求められる. さまざまな樹形について最大尤度を求め, 尤度を最大にする樹形と枝長の組み合わせを見つけることが, 最尤系統樹の推定過程である. 尤度の最大化は, 数値的な最適化アルゴリズムを用いて行われる.

2. ベイズ法

ベイズ法は, さまざまな分野で広く用いられている統計的手法である (ベイズ法については, 補遺 A.2.2 参照). ベイズ法による分子系統樹推定の基本は ML 法と一緒であり, パラメータが与えられたときに尤度を推定するところまでの手法は同じであ

る．樹形やパラメータの推定には **MCMC** (Markov Chain Monte Carlo) **法**などが用いられる．MCMC 法は，パラメータをランダムに少しずつ変化させ，得られた尤度に従ってパラメータ空間を探索していき，事後確率分布を得る方法である．樹形探索における MCMC 法の使用例を図 6.8 に示す．

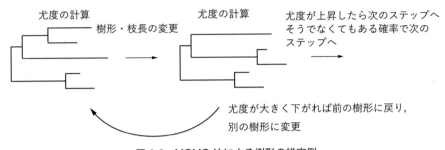

図 6.8　MCMC 法による樹形の推定例

ある樹形から開始し，その樹形のもとで尤度を計算する．その後，樹形や枝長をランダムに少しだけ変更し，再び尤度を計算する．尤度が前のものよりも高い場合は必ず新しい樹形を採用し，低い場合は低い確率で新しい樹形を採用する．そうでない場合は新しい樹形は却下され，前の樹形から再び別の樹形へと変化させる．このようなステップを多数繰り返し，樹形の事後分布を得る[160]．

ベイズ法による推定の出力は，パラメータの**事後確率分布** (posterior probability) である．事後確率分布の最頻値を推定値として採用することが多いが，点推定値を求めること自体は，ベイズ法の主たる目的ではないことに注意しよう．ベイズ法では，樹形 1 の事後確率が 50%，樹形 2 の事後確率が 30%，樹形 3 の事後確率が 10%といったように，樹形ごとの事後確率の形で計算の出力を得ることができる．

現在では，ベイズ法はさまざまな分子系統樹作成ソフトウェアで使用可能であり，幅広く用いられている方法である．ベイズ法の利点は，複雑な問題に対して局所解に陥りにくいことに加え，クレードの分岐年代の推定に力を発揮することである[161]．系統の分岐年代（枝の長さ）を推定するパラメータに関しての事前確率分布を設定することによって，知りたいクレード間の分岐年代の事後確率分布を得ることができる．たとえば，ある二つの系統の分岐年代が，化石の証拠からおおよその範囲（たとえば 1,000 万～1,200 万年の間）になることがわかっていたとしよう．ベイズ法ではその情報を，枝長の事前確率分布として利用することができる．また，分岐年代だけではなく，ほかの推定すべきパラメータの事前確率分布をあらかじめ決めておくなど，ML 法に比べて柔軟な統計モデルの設定ができることもベイズ法の強みである．

6.4 ブートストラップ法

　得られた樹形がどの程度妥当なものであるか（統計的信頼性）を知るためによく用いられている方法が，**ブートストラップ法** (bootstrapping method) である．ブートストラップ法は分子系統樹作成だけでなく，さまざまな統計量の**信頼区間** (confidence interval) を得るために用いられる，強力な**リサンプリング法** (resampling method) である．あるサンプル群から平均値などの統計量を算出することは，われわれが日常的に行っていることであるが，得られた統計量がどれくらいの信頼性をもつかを知ることは重要である．平均値などの単純な統計量の場合は推定値の分布が解析的に得られるが，統計量が複雑な場合はそうはいかない．そのような複雑な統計量の，推定値の**標準誤差** (standard error) や信頼区間を，コンピュータシミュレーションを用いて近似的に計算する方法がブートストラップ法である．

　N 個のサンプルから，ある統計量を計算することを考えよう．平均値でもよいし，たとえば 1 番大きな数字と 2 番目に大きな数字を掛け合わせ，3 番目の数字を足すといったような操作でもよい．ブートストラップ法では，**復元抽出** (resampling with replacement) とよばれる方法で（同じサンプルを取ることを許しながら）N 個のサンプルを観察データからリサンプリングする．繰り返しは十分多く，たとえば 100〜100 万回くらい行う（想定される分布が複雑なほど，繰り返しは多く必要になるだろう．逆に，サンプル数が限られているのに繰り返し数を多くしても，意味のある結果は得られない）．得られた統計量の分布が，観察データにおけるサンプリング時のばらつきを考慮に入れた推定値の分布となり，これを用いて代表値と信頼区間を計算することができる．基本的にはどのような統計量に対しても用いることができる，柔軟な方法である．

　ブートストラップ法を，分子系統樹作成にも応用することができる[162]．分子系統樹作成におけるブートストラップサンプルとは，アラインメントにおけるサイトのことである．復元抽出により，サイトをリサンプリングして疑似アラインメントを作成し（**図 6.9**），得られた疑似アラインメントごとに分子系統樹を作成するという操作を100〜1,000 回程度行う．これらの多数の分子系統樹のなかに，観察データから得られているクレードが何回現れるかを割合または百分率で表したものをブートストラップ値とする．ブートストラップ値は通常，クレードの共通祖先を表す節またはそれより上流の枝の上に表示する．

　ブートストラップ法は繰り返し計算を行うので，ML 法のような比較的計算量が多い手法に適用するのには向いていない．したがって，ローカルブートストラップ確率 (local bootstrap probability, LBP)[163] や RELL (Resampling of Estimated Log-

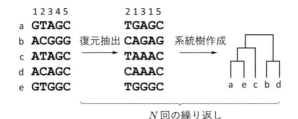

図 6.9　ブートストラップ法による配列アラインメントからの復元抽出

長さ L のアラインメントに関して，L 個のサイトの復元抽出を行い，疑似アラインメントを作成する．作成された疑似アラインメントに対して分子系統樹作成を行うことを多数（N 回）繰り返し，得られる樹形の分布を推定する．

Likelihood) 法などによる近似的な値を用いることもある[164]．これらの方法についての詳細はここでは省略するが，ソフトウェアのマニュアル等を参照し，どのようなブートストラップ値が計算されているかを理解することは重要である．

　また，ベイズ法では，ブートストラップ法を用いずに事後確率分布から直接統計的指標を得ることができる．ベイズ法ではどの樹形がどれだけの事後確率をもっているかを明示的に得ることができるため，代表的な分子系統樹（最も事後確率が高い樹形）を図示し，その上にクラスタごとの事後確率を表示することができる．

6.5　最適なモデルの選択

　MP 法以外の分子系統樹推定法で問題となるのは，距離行列の計算や分子系統樹作成に用いる，塩基置換およびアミノ酸置換モデルの適切さをどう判断するかということである．これまで紹介した塩基置換モデルはすべて，時間的可逆性をもったうえで最もパラメータが多い GTR モデルを単純化させたものであることがわかる．GTR モデルにおける塩基置換をトランジッションとトランスバージョンに分けたものが HKY モデルであり，HKY モデルの塩基組成パラメータを同一組成にしたものが木村の 2 パラメータモデルである．さらにトランジッションとトランスバージョンの区別をなくすと，最も単純な JC モデルとなる．

　どの置換モデルを利用するのがよいかを判断するのには，モデルの尤度と推定パラメータ数から導き出される，**赤池情報量基準** (Akaike's information criteria, **AIC**) が役に立つ[165]．あるモデルにおける最大対数尤度を $\ln L$，推定パラメータの数を k とすると，AIC は以下の式で与えられる．

$$\mathrm{AIC} = -2\ln L + 2k \tag{6.7}$$

尤度が高いほどよいモデルということになるが，モデルがもつパラメータ数が多ければ（モデルがより複雑になれば）尤度は当然上がる．そのために，推定するパラメータの数による補正をかけ，よりよいモデルを選んでいるというのが AIC の直感的な解釈である．AIC が最小のモデルが最良なモデルとされる．AIC を用いたモデル選択の例を，図 6.10 に示す．

さまざまなモデルを試し，そのなかで最良のモデルを AIC により選んでくれる ModelTest[167] のようなソフトウェアが知られている．AIC は ML 法を用いた研究でよく用いられるが，ベイズ法の場合には，BIC (Bayes information criteria) や DIC (deviance information criteria) が用いられることが多い．

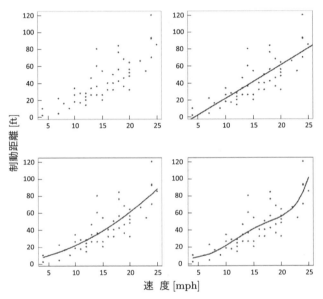

図 6.10　1920 年代のアメリカで測定された，自動車の速度 [mph] と制動距離[†] [ft] との関係[166]

左上の図はデータの散布図．それぞれ，直線（右上），2 次多項式（左下），5 次多項式（右下）による回帰を行った．推定されたパラメータはそれぞれ 2, 3, 6 個となる．モデルへの当てはまりは残差の 2 乗和（点から回帰線までの距離の和）を用いて計算されるので，モデルが含むパラメータ数が増加すると当てはまりはよくなる．実際に，誤差の分布に正規分布（補遺 A.1.4 参照）を仮定し，1 次〜3 次多項式による回帰の尤度を計算すると，それぞれ −206.6, −205.4, −204.9 となり，3 次多項式による回帰の尤度が最も高くなる．しかし，それぞれのモデルについて AIC を計算すると，419.2, 418.8, 419.9 となり，2 次多項式が最良なモデルとなる．自動車の制動距離が速度の 2 乗に比例することは，一般によく知られている．

[†] ブレーキを踏んでから車が静止するまでの距離．

6.6 樹形の探索

最節約法や最尤法は，可能なすべての樹形のなかから，尤もらしい樹形を探し出す方法である．OTU の数が少なければ，起こりうるすべての樹形を評価することによって，どの樹形が一番データに当てはまるかということの評価を行える．ところが，実際の OTU どうしがとりうる樹形の数は，OTU 数が増えると桁違いに大きくなる．N 個の OTU からなる分子系統樹の樹形は，無根系統樹で $(2N - 5)!!$ 通り，有根系統樹で $(2N - 3)!!$ 通りとなることが知られている[†]．これは，$N = 10$ のとき，約 2×10^6 通りの無根系統樹があることになり，$N > 10$ の場合には，そのすべてを網羅的に調べることは不可能に近い．したがって，アルゴリズム的に何らかの工夫をし，樹形の探索スペースを減らす必要がある．現在さまざまな分子系統樹作成プログラムが使われており，それぞれ異なった探索方法を用いていることがあるので，使用しているプログラムでどの方法が採用されているかには注意が必要である．

6.7 ソフトウェアの紹介

分子系統樹作成にはさまざまなソフトウェアが用いられている．第 3 章および第 4 章で紹介した MEGA は，アラインメントから分子系統樹作成まですべてを GUI プログラムでパッケージングしているので，初心者でも使いやすいだろう．MEGA は，距離行列法から ML 法まで多くの方法をカバーしている．また，これもすでに紹介済みの R パッケージ ape も多くの方法をカバーしているので，R に慣れているのであれば使い勝手がよい．また，Biopython には，Phylo モジュールが存在し，ML 法など多くの方法が実装されている．

ML 法による系統推定には，PHYLIP が歴史的によく使われている．ML 法は計算量が多いので，OTU が多い場合はより多くの OTU を効率的に扱うことのできるプログラムを用いたほうがよいだろう．RAxML[168]，PhyML[169]，IQ-TREE[170] は樹形の探索スペースを効率的に絞るやり方で，探索を高速化している．PhyML や IQ-TREE はモデル選択も自動的にやってくれるので，どの置換モデルを使えばよいのかわからない場合には便利だろう．

ベイズ法を用いた分子系統樹作成には，MrBayes[171]，BEAST[172] などがよく用いられている．BEAST はクレードの分岐年代推定にも用いることができる．

[†] 「!!」は一つ飛ばしに階乗の計算を行うことを意味する．たとえば，$7!! = 7 \times 5 \times 3 \times 1 = 105$ となる．

Chapter 7

機械学習による予測法

7.1 生命科学と機械学習

　ヒトゲノムにコードされているタンパク質コード遺伝子は 25,000 個程度といわれているが，遺伝子のエクソンがゲノムの塩基配列に占める割合はおよそ 1.5% と微々たるものである[14]．ゲノムのどの部分がタンパク質をコードする遺伝子であるかは，どのように知ることができるだろうか．生体の組織から抽出した RNA を鋳型として cDNA を合成し，塩基配列を直接決定するような実験的な手法は強力である一方，すべての遺伝子を網羅的に解析することは難しい．たとえば，ある遺伝子が，ある組織でだけで，ある発達段階でだけで特異的に発現していたら，それらを実験的に見つけ出すことは可能であろうか．

　また，タンパク質のアミノ酸配列中の機能的な部位は，どのように知ることができるのだろうか．タンパク質の一部分を欠損させたものを人工的に作り出し，細胞内や生体内での機能の違いを観察することは可能であるが，手間と時間が非常にかかる作業が必要となる．このような問題において，もしゲノムの塩基配列や，タンパク質のアミノ酸配列から直接その役割を推定することができれば，実験の手間を省き，大幅な時間の短縮が可能になるだろう．コンピュータによる遺伝子領域や機能部位の予測は，現在のゲノム科学研究において重要な割合を占めている．

　与えられたデータセットから，人の指示なしに作業を行う手法を**機械学習** (machine learning) とよぶ．機械学習には，あらかじめ答えがわかっていない状態でパラメータや状態を推定する**教師なし学習** (unsupervised learning) と，あらかじめ答えが与えられた状態からパターンを学習し，それを未知のデータの評価に用いる**教師あり学習** (supervised learning) が存在する．教師あり学習は，ある入力と出力の関係が与えられたときに，未知の入力から得られた出力と，真の値との誤差を最小にする問題であると一般的に定義できる．

遺伝子配列の機能部位予測を行うには**隠れマルコフモデル** (hidden Markov model, **HMM**) が適しており，さまざまな用途で用いられている[173]．7.2 節では，HMM の概略とアルゴリズムについて解説し，実際に行われている遺伝子領域予測やタンパク質ドメインの同定などの例を挙げてその利用法を説明する．また，計算技術の発達と観察データの増加により，機械学習はさまざまな科学分野で広く用いられる方法となっている．その重要性を考えて，7.3 節では，機械学習による予測の評価方法についてその概略を説明する．

7.2　隠れマルコフモデル

7.2.1　隠れマルコフモデルの基礎

HMM においてまず理解しなければいけないことは，「何が隠れているか」ということである．HMM では，離散的な状態が，普段はわれわれからは観察できない（隠れている）ものであると定義されている[174]．観察できないものがある一方，観察できるものも存在する．ある状態からある観察結果を得る確率を，**出力確率** (emission probability) とよぶ．確率的に出力が決まるということは，観察結果から状態を直接知ることはできないということである（目の前の人がニコニコと笑っていたからといって，その人が必ずしも友好的であるとは限らない．図 7.1 参照）．配列解析における状態とは，その配列がアミノ酸をコードしていたり，タンパク質の膜貫通領域だったり，

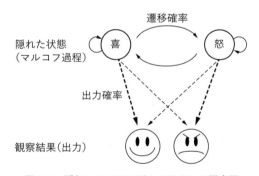

図 7.1　隠れマルコフモデル (HMM) の概念図

この例では，ある人間は怒っているか喜んでいるかの二つの状態をとり，時間ごとに一定確率で状態（気分）が遷移する（実線）．状態は直接観察することができず，ある出力確率（破線）に基づいて得られる観察結果から，その人の内面を判断しなければいけない．この人は，内心喜んでいれば高い確率でほほ笑んでいるが，たまには怒りの表情を示すこともある．得られた観察結果（微笑んでいるか，怒りの表情を浮かべているか）の推移から，正しい内面の遷移を推定することが，HMM を用いる目的である．

機能ドメインを形成していたりすることに相当する．アミノ酸を例に挙げると，リシンはヘリックスを作りやすいアミノ酸であるが，必ずしもヘリックスを作るわけではない．あるアミノ酸が，ヘリックスを構成しているかどうかを「状態」とすると，その状態がリシンという観察結果を伴うかどうかという確率が出力確率である．HMMでは，このように観察できる連続した事象から，隠れた状態を推定する．

マルコフ過程については，すでに第 4 章で概略を説明した．マルコフ過程は時間的に連続した過程において用いられることが多いが，配列解析では遺伝子配列（塩基やアミノ酸の並び方）をマルコフ過程として考える（図 7.2）．配列の進化モデルと同様に，状態 i から j への遷移確率を q_{ij} とし，m 種類の状態間の遷移確率は $m \times m$ の遷移確率行列によって表現する．機械学習が行うことは，与えられた訓練データより遷移確率行列と出力確率を推定し，それを用いて，未知の配列において隠された状態を推測することである．

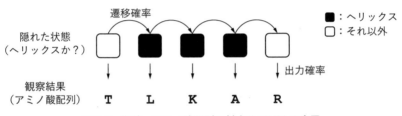

図 7.2　塩基・アミノ酸配列に対する HMM の応用

この例では，アミノ酸配列から，ヘリックスを作る領域の予測が行われている．実際に，あるアミノ酸がヘリックス領域にあるかどうかは隠れた「状態」であると定義され（図の■がヘリックス，□がそれ以外の状態），ある状態からある出力確率によって，観察されるアミノ酸が出力されていると考える．隠れた状態が切り替わる確率がマルコフ過程における遷移確率である．実際のヘリックスは，この例よりも長いアミノ酸配列をもつ．

7.2.2　ビタビ経路

遷移確率行列，出力確率，観察結果（ここでは塩基・アミノ酸配列）が与えられたときに，どのように状態が遷移したのかを表す経路のうち，最も確率が高いものを**ビタビ (Viterbi) 経路**とよび，そのような経路を見つけるアルゴリズムを**ビタビアルゴリズム**とよぶ[175]．H 種類の状態 i が出力（配列）s をもたらす出力確率を $e_i(s)$[†]，状態 i から j への遷移確率を q_{ij}，長さ N の配列における k 番目 ($k \leq N$) のサイトを x_k とする．考えられるすべての経路の数は H^N 通りとなるが，すべての経路を数え上げるのは効率が悪い．ビタビアルゴリズムでは，$k-1$ 番目のサイトの状態から k 番目

[†] 条件付き確率（補遺 A.3 参照）を用いて $P(s|i)$ と表すこともできる．

のサイトの状態へと至る最も確率の高い経路は，k番目のサイトの塩基・アミノ酸と，$k-1$番目での状態によって決まる．k番目のサイトの状態がiだったとして，そこに至るまでの経路をとる確率のうち，最も高いものを$v_i(k)$とする．$k-1$番目のサイトの状態からk番目のサイトの状態に至る確率が最も高い経路は，$k-1$番目のサイトのすべての状態jについて$v_j(k-1)q_{ji}e_i(x_k)$を求め，次の式に示すように，最大のものを選ぶことによって求められる．

$$v_i(k) = \max_j \{v_j(k-1)q_{ji}e_i(x_k)\} \tag{7.1}$$

$k=0$の状態である初期値がわかっていれば，この確率は先頭から順番に計算することができる．すべての状態について最も確率が高い経路とその確率を計算しておき，あとは配列の最後から，最も確率の高い経路をトレースバックしていけばよい（図7.3）．

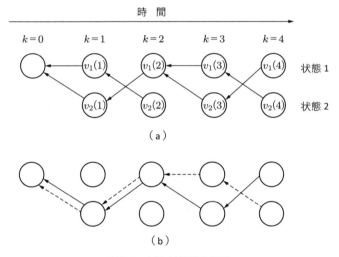

図 7.3 ビタビ経路の概略

二つの状態があり，左から右に時間が遷移しているとする．(a) それぞれの状態で，一つ前のどの状態から遷移したほうが現在の観察結果を得る確率が高いかを計算し，その経路を記録しておく（矢印で示す）．(b) 最も確率が高い最終状態（ここでは$k=4$）から，確率が最大だった経路をトレースバックして経路を決定する．この例では，$v_1(4) > v_2(4)$であれば実線の経路をとり，$v_1(4) < v_2(4)$であれば破線の経路をとる．

ここまでの説明でわかるとおり，ビタビアルゴリズムは第5章で紹介した配列アラインメントにおける動的計画法と非常によく似ている．すべての経路に対する確率を計算せずに，k番目と$k-1$番目の状態だけを考えればよいので，計算量を節約できる．ビタビアルゴリズムを用いた実際の経路の推定例を図7.4に示す．ビタビアルゴリズムで扱う確率は一般的にとても小さいので，対数をとって計算されることが多い．

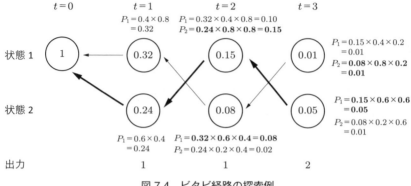

図 7.4 ビタビ経路の探索例

初期値が 1, 遷移確率行列が $\begin{pmatrix} 0.4 & 0.6 \\ 0.8 & 0.2 \end{pmatrix}$, 出力確率が $e_1(1) = 0.8$, $e_2(1) = 0.4$, $e_1(2) = 0.2$, $e_2(2) = 0.6$ である. 2 種類の観察結果がある 2 状態マルコフ過程において, 時間 $t = 1 \sim 3$ の出力が 1, 1, 2 であった場合に, 推定されるビタビ経路が太い矢印で示されている. 丸の中には計算された確率が記されている. また, P_1 と P_2 は, 一つ前の状態がそれぞれ状態 1 または状態 2 である確率を示している. それぞれの計算において, 確率が最も高かった経路を記録しておき (すべての矢印), その後, 一番確率の高かった経路をトレースバックしていく (太い矢印で表された経路).

Column バウム−ウェルチアルゴリズム

答えのわかっている訓練データが与えられていれば, 訓練データから遷移確率と出力確率を計算することができるので, ビタビアルゴリズムを用いて, 観察結果からその状態を推定することができる. それでは, 訓練データがない場合はどのようにするのがよいだろうか. そのためにはまず, 前向きアルゴリズムと後ろ向きアルゴリズムについて学ばなければならない. **前向きアルゴリズム** (forward algorithm) と**後ろ向きアルゴリズム** (backwoard algorithm) では, ビタビアルゴリズムがそこに至る最適な経路だけを考えていたのに対して, すべての経路を考えることによって, あるサイトがある状態である確率が計算される. ビタビアルゴリズムが, $k-1$ 番目のサイトのすべての状態 j について $v_j(k-1)q_{ji}e_i(x_k)$ を求め, 最大のものを選んでいたのに対し, 前向きアルゴリズムでは $v_j(k-1)q_{ji}e_i(x_k)$ をすべての j について足し合わせる. つまり, 次の式によって $v_j(k)$ を逐次的に求める.

$$v_j(k) = e_i(x_k) \sum_j v_j(k-1) q_{ji} \quad (7.2)$$

後ろ向き確率は, 前向き確率と同様の確率を, 今度は後ろ向きから計算する. 後ろ向き確率を計算するには最後の要素の状態がわかっていないといけない. 前向き確率を $f_i(k)$, 後ろ向き確率を $b_i(k)$, 隠れた状態を h_k とすると, 次のように, k 番目のサイトが状態 i である確率を求めることができる.

$$P(h_k = i) = \frac{f_i(k)b_i(k)}{L} \quad (7.3)$$

ここで, L は配列が与えられたときのすべての経路に対する尤度であり, 前向き確率または後ろ向き確率を計算し, 最終状態の確率をすべて足し合わせることによって得ることができる. また, k 番目のサイトが状態 i であり, $k+1$ 番目のサイトが状態 j である確率は, 次のようになる.

$$P(h_k = i, h_{k+1} = j)$$
$$= \frac{f_i(k)q_{ij}e_j(x_{k+1})b_j(k+1)}{L} \quad (7.4)$$

前向きアルゴリズムと後ろ向きアルゴリズムで得られる確率をもとに，**バウムーウェルチ (Baum–Welch) アルゴリズム**を用いた遷移確率と出力確率の推定ができる．バウムーウェルチアルゴリズムは，**EM (expectation-maximization) アルゴリズム**とよばれる方法である．EM アルゴリズムは，観察できない状態と未知のパラメータがあった場合に，両方を逐次的に推定して尤度を最大化するアルゴリズムである[176]．方法自体は単純で，最初にパラメータ初期値に基づいて状態を推定し (expectation)，次はその状態を用いてパラメータを最大化する (maximization)，というステップを繰り返すことにより段階的に尤度関数の最適化を図る．バウムーウェルチアルゴリズムでは，推定すべき状態は HMM における状態であり，パラメータの集合は観察結果 s が与えられたときの遷移確率 q_{ij}，出力確率 $e_i(s)$ である．ここで，状態 i であるサイトが出力 s をとる数の期待値 $n_i(s)$ は，前向き・後ろ向きアルゴリズムを用いて，次のように計算できる．

$$n_i(s) = \sum_{x_k = s} P(h_k = i)$$
$$= \sum_{x_k = s} \frac{f_i(k)b_i(k)}{L} \quad (7.5)$$

同様に，状態 i から状態 j への遷移数の期待値 m_{ij} は次のようになる．

$$m_{ij} = \sum_k P(h_k = i, h_{k+1} = j)$$
$$= \sum_k \frac{f_i(k)q_{ij}e_j(x_{k+1})b_j(k+1)}{L}$$
$$(7.6)$$

この期待値を用いて，q_{ij} と $e_i(s)$ の推定値 $\hat{q}_{ij}$ と $\hat{e}_i(s)$ を以下の式で求める．

$$\hat{q}_{ij} = \frac{m_{ij}}{\sum_{j'} m_{ij'}},$$
$$\hat{e}_i(s) = \frac{n_i(s)}{\sum_{s'} n_i(s')} \quad (7.7)$$

計算された $\hat{q}_{ij}$ と $\hat{e}_i(s)$ とを用いて再び期待値を計算し，このステップを繰り返す．パラメータの更新量が十分少なくなるまで（計算が収束するまで）繰り返すと，遷移確率，出力確率，および状態が推定される．

7.2.3　塩基・アミノ酸配列への HMM の応用

ゲノム配列からコード領域を予測する場合にも，HMM が用いられる[177]．塩基配列を扱う場合，機能的な領域などの付加的な情報が隠れた状態となり，それに対する出力が塩基配列として現れていると考える．

アミノ酸配列からの，α ヘリックスや β シートなどのタンパク質二次構造や，**細胞膜貫通領域 (transmembrane region)** の予測にも HMM は有用である（図 7.2 参照）．それぞれの状態でのアミノ酸の出現頻度をもとに，未知タンパク質の膜貫通領域を予測することができ，その**特異度**や**感度**は 99% 程度と非常に高い[†]（特異度と感度については 7.3.1 項参照）．

[†] これは疎水性アミノ酸が規則的につながって膜貫通領域を形成しており，比較的予測しやすい構造をとっているからだろう．

HMM は，アミノ酸配列に現れるドメイン構造を発見することにも使われる．特殊な構造をもつドメインには，そのドメインに特異的な HMM がデザインされる．ドメインの同定には，次項で述べるプロファイル HMM が広く用いられている．

7.2.4 プロファイル HMM

プロファイル HMM は，アミノ酸プロファイル (amino acid profile) を利用して，アミノ酸配列から進化的に保存されたドメイン構造を同定するために役立つ方法である[178,179]．アミノ酸プロファイルとは，サイトごとにおけるアミノ酸の出現頻度のことを指す．機能的に保存されているだろうタンパク質の領域についてマルチプルアラインメントを作成し，アラインメントにおけるアミノ酸のサイトごとの出現頻度をもとに，保存されたモチーフ配列（特徴的な短い配列）を評価することができる．

プロファイル HMM では，配列がギャップなしで整列したか，それとも挿入や欠失があるか，という状態ごとに遷移確率と出力確率を設定する（図 7.5）．もしこれらのパラメータが既知であるならば，前述したビタビアルゴリズムを用いて，新しい配列に対するアラインメントを行うことができる．通常のマルチプルアラインメントでは，ギャップペナルティなどをあらかじめ設定していないといけないが，HMM を用いることにより，学習データから直接遷移確率が推定できるので，より現実に即したアラインメントが可能である．

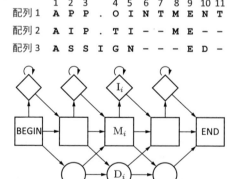

図 7.5　プロファイル HMM の状態遷移図

サイトが基準となる配列に対して整列されたか（マッチしたか），挿入があるか，欠失があるかという状態に対して一致 (M)，挿入 (I)，欠失 (D) の三つの状態が当てはめられる．図中の「.」は挿入，「-」は欠失を表す．この例では，配列 1, 2 からなるアラインメントに，配列 3 (ASSIGNED) を加えている．最適な経路が，BEGIN → M1 → M2 → M3 → I3 → M4 → M5 → D6 → D7 → D8 → M9 → M10 → D11 → END と推定された場合，図のようなアラインメントが得られる．

パラメータが未知，つまり教師なしのアラインメントを行いたい場合には，バウム–ウェルチアルゴリズムが適用できる（p.128 コラム：バウム–ウェルチアルゴリズム 参照）．まず適当なマルチプルアラインメントから出発し，パラメータ（遷移確率，出力確率）を推定した後に，そのパラメータを用いて配列をアラインメントしなおす過程を繰り返す．このようにして集められたタンパク質ドメインに関するデータベースとして，Pfam データベースが存在する[180]．この際，出力確率はアミノ酸プロファイルから推定できるが，頻度 0 のアミノ酸がある場合には，そのようなアミノ酸がサイトに現れた場合の尤度が 0 となってしまい，条件が厳しくなりすぎてしまう．このような場合は，アミノ酸ごとに適当な疑似カウント値（pseudocount）を加えて尤度を計算するとよい[181]．このほかにも，ベイズ法を用いてディリクレ分布（Dirichlet distribution）のような事前確率分布を仮定する方法もある[182]．ディリクレ分布はベータ分布（補遺 A.1.4 参照）を多変量に拡張したものである．ベイズ法を用いることによって，推定結果が学習データ（観察データ）に依存しすぎるという問題を回避することができる．

7.3　そのほかの機械学習方法

ここまで，遺伝子配列解析の分野でよく用いられてきた HMM について，詳しい解説を行ってきた．ところが，一般的な機械学習が扱う範囲は，HMM が扱う範囲よりもずっと広い．とくに，ニューラルネットワークは，歴史的にもさまざまな場面で広く使われており，今後の用途の発展が期待されている手法でもある．残念ながら紙面の都合上，より一般的な機械学習に関する解説は，ほかの教科書等に譲ることにする．ここでは簡単に，機械学習によって得られた予測性能の評価法についてのみ簡単に触れることにする．

7.3.1　予測性能評価の指標

ここでは，生物統計学で一般的に用いられる検定の概念を紹介し，機械学習においてどのようにして予測の精度を評価することができるかについて考えてみる．真か偽かがあらかじめわかっているサンプルに関して何らかの検定を行ったとしよう．真の状態と検定の結果とによって，表 7.1 のような 2×2 の表が与えられる．

統計検定で一般的に用いられる用語として，**第一種過誤**（type I error）と**第二種過誤**（type II error）がある．第一種過誤は帰無仮説が正しいのにかかわらず棄却してしまう確率 $b/(b+d)$，第二種過誤は帰無仮説が間違っているのに採択してしまう確率 $c/(a+c)$ である．たとえば，有意水準 $\alpha = 0.05$ において検定を行うと，およそ 100

132 | 7 機械学習による予測法

表 7.1 真の状態と検定の結果との関係図

検定		真の状態	
		陽 性	陰 性
検 定	陽性 (test positive)	true positive (a)	false positive (b)
	陰性 (test negative)	false negative (c)	true negative (d)

回に5回は，本当は有意ではないのに，検定が有意になってしまうことを意味する．
このとき，第一種過誤の確率が 0.05 であるという．

生物のゲノムを扱う研究のように，多くの遺伝子やサンプルを扱うときに問題になるのは，多重検定による第一種過誤の増加であろう．たとえば，1,000 個の観測セット（例，遺伝子）に対してそれぞれ $\alpha = 0.05$ で検定を行うと，統計的有意性がまったくないサンプルに対しても，おおよそ 50 回，帰無仮説が棄却されてしまう．このような問題を**多重検定問題** (multiple testing problem) とよぶ．最も単純に多重検定問題を避ける方法として，**ボンフェローニの補正** (Bonferroni correction) が知られている[183]．これは単純に，検定数 n の検定では，α/n を有意水準として使うという方法である．n が大きいほど検定は保守的になる．また，**ホルムの連続ボンフェローニ法** (Holm's sequential Bonferroni correction) では，p 値を昇順にソートし，最初の（p 値が最小の）検定を有意水準 α/n で行い，これが棄却されば場合は次の検定（2 番目に p 値が小さい）を有意水準 $\alpha/(n-1)$ で行うというものである[184]．この方法ではボンフェローニ法よりも採択基準が緩いので，より多くの検定で帰無仮説が棄却される．

また，非常にたくさんの検定を行うことが余儀なくされている場合は，**偽発見率** (false discovery rate, **FDR**) をある水準に保って検定を行う方法がしばしば用いられる．FDR は，検定が陽性だったもののうち，実は間違っているものの割合である（$b/(a+b)$）．第一種過誤とは分母の値が異なっていることに注意しよう．この場合，FDR が 0.05 で検定を行い，有意だったものが 100 個あったとすると，そのうち 5 個は間違っていると解釈する．FDR を計算するには，統計的有意性を表す p 値が一様分布に従うという仮定のもとに補正を行う，**ベンジャミニとホックバーグの方法** (Benjamini and Hochberg's method) がよく用いられている[185]．

また，真の状態が陽性であって，検定結果も陽性であったものの割合（$a/(a+c)$）を**感度** (sensitivity)，真の状態が陰性であって，検定結果も陰性であったものの割合（$d/(b+d)$）を**特異度** (specificity) とよぶ．感度と特異度は機械学習の分野でよく用いられる．感度が高いほど，その判別器は本物を見逃さないということになり，特異度が高いほど，その判別器は間違って偽物を拾ってこないという解釈になる．どちらも高いプログラムが優れていると考えられるが，一般的に感度を上げると特異度が下がるという，トレードオフの関係が存在することが多い．感度と特異度は，表 7.1 か

らもわかるとおり，それぞれ**真陽性率** (true positive rate)，**真陰性率** (true negative rate) ともよばれる．少々紛らわしいが，偽陽性率 (false negative rate) は，1から真陰性率（または特異度）を引いた値として定義される．

これらの値は，機械学習の分野で使われる **ROC 曲線** (Receiver Operating Characteristic) を作成するのにも用いられる（図 7.6）．通常，予測による判定においては何らかの判定スコアが用いられることが多い．たとえば，ある入力に対して 0 から 1 までのスコアが出力され，その値が 0.5 以下であれば陰性と予測し，0.5 より大きければ陽性と予測するような基準を作ることができる．このような判定スコアを昇順にソートし，それぞれの分位点を基準として判定を行った場合の感度と偽陽性率（＝ 1 − 特異度）をそれぞれ縦軸，横軸に対してプロットし，曲線でつなぐ．得られた曲線を ROC 曲線とよび，予測もしくは検定法の評価に用いる．ROC 曲線より下の面積を **AUC** (Area Under the Curve) とよび，この面積が大きいほど予測性能がよいという解釈をする．完璧な予測では感度は常に 1，特異度は常に 0 になるので，AUC = 1 となる．判別がランダムに行われた場合には ROC 曲線は原点を通る 45 度の直線となり，AUC = 0.5 となる．AUC < 0.5 の場合には，予測に逆らったほうが正しい答えを得る確率が高いといえる．

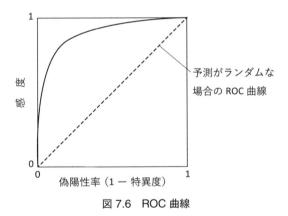

図 7.6　ROC 曲線

ROC 曲線（実線）より下の面積を AUC とよぶ．AUC が 1 に近いほど，よい予測が行われているということになる．

非常に紛らわしいことであるが，感度や特異度などの用語は，研究分野が異なると，異なった名称をもつことがあるので注意しよう．FDR の逆で，検定が陽性であったもののうち，真の状態が陽性であったもの割合 ($a/(a+b)$) を陽性的中率 (positive predictive value) と一般的によぶが，画像認識などの機械学習の分野では陽性的中率のことを適合率 (precision)，感度のことを再現率 (recall) とよんだりする．研究分野

が違うと，異なった指標を用いて予測精度を評価することもあるので，混乱しないように注意しよう．

7.3.2　交差確認

　予測性能の評価では，予測がどれだけ当たっているかを，答えがわかっている訓練データを用いて評価することができる．つまり，答えがわかっている訓練データを用いて学習を行い，答えがわかっている評価用データに対する予測の正解率を知ることが必要である．しかし，訓練データ数を増やしたいときに，答えのわかっているデータの一部を，評価のためだけに用いるのは効率が悪い．このような場合によく用いられているのが **交差確認** (cross validation) である．よく用いられている方法では，まず，データを K 個のほぼ等サイズのグループにランダムに分割する．そのうち，$K-1$ 個のグループのデータを訓練データとして訓練を行い，一つのグループを評価用データとして，予測誤差を計算する．この作業を K 回繰り返すことにより，予測誤差の推定値を得ることができる（K 交差確認，図 7.7）．

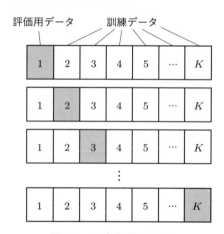

図 7.7　K 交差確認の方法

　K 交差確認では，データを K 個に分割し，訓練データと評価用データを順番に変えながら学習を行い，予測誤差の計算を K 回行う．

7.4　ソフトウェアの紹介

　機械学習によって得られたパラメータを用いて予測を行うためのソフトウェアおよびウェブサーバは多数存在する．たとえば，TMHMM サーバ[186] では HMM を用いてタンパク質の膜貫通領域を予測することができる．また，SignalP サーバ[187] や

TargetP サーバ[188] では，ニューラルネットワークを用いてタンパク質のシグナル
ペプチド領域を予測し[189]，タンパク質が細胞のどこに局在するかを知ることができ
る[190]．HMMER[191] は，アミノ酸プロファイルをもとに HMM による相同性検索
を行うソフトウェアで，ウェブ上での検索によって，保存されたドメインなどを見つけ
ることができる[192]．PredictProtein サーバ[193] では，さまざまなアルゴリズムを組
み合わせて二次構造や結合領域など多くの機能について予測を行うことができる[194]．

Chapter

8

遺伝子配列決定法とアセンブル法

8.1　DNA 塩基配列決定の歴史と概要

　これまでの章では，解析したい遺伝子配列は，すでに何らかの方法で決定済みであり，われわれはすでにその情報を知っているということが前提となっていた．本章では，これらの DNA 塩基配列の決定法，および得られた断片的な情報からゲノム配列を再構成する方法を学習する．

　哺乳類ではハツカネズミ，魚類ではニホンメダカやゼブラフィッシュ (*Danio rerio*)，昆虫ではショウジョウバエや線虫，植物ではシロイヌナズナなど，それぞれの進化的な系統を代表し，歴史的によく研究が行われてきた生物を**モデル生物** (model organism)とよぶ．1990 年代から 2000 年代初めにかけて行われてきたゲノム配列決定プロジェクトの多くは，これらモデル生物のゲノム配列をターゲットとし，国際的な巨大プロジェクトにより配列決定を行ってきた[195–199]．

　近年の目覚ましい技術発展により，塩基配列解読のコスト低下とスピード上昇が急速に進んでいる（**図 8.1**）．とくに 2000 年から 2010 年にかけて，これまでの**サンガー法**（Sanger sequencing method，8.2.1 項参照）に代わる，新たな原理を用いた**次世代シークエンサー** (next-generation sequencer, NGS)（8.2.2 項参照）とよばれるシークエンサー（配列決定装置）が普及し，劇的な配列解読スピードの上昇をもたらしている．サンガー法では，一度に解読できる DNA 配列の総量は最大でも数百万 bp のレベルであったが，現在よく使われているイルミナ (Illumina) 社のシークエンサーを用いると，一度の実験で数百億 bp の塩基配列データを決定することができる．このような解析技術の発達に伴って，得られる大量のデータを効率よく解析するための新しい解析手法が開発されてきた．

　しかし，解読技術が発展してきたにもかかわらず，ゲノム配列の決定には多くの困難が伴う．とくに問題なのが，ゲノムサイズの大きな真核生物がもっている反復配列

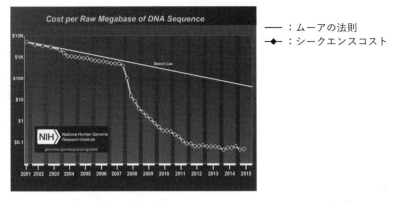

図 8.1　1 Mbp あたりのシークエンスコストを追ったグラフ[200]
18 か月ごとに効率が 2 倍になるというムーアの法則（図中の直線）と比較してみると，2008 年ごろから飛躍的に塩基配列決定のコストダウンが成されたことがわかる．

である（1.5.2 項参照）．

　なぜゲノムには，このように多数の反復配列が存在するのだろうか．トランスポゾンがゲノムの中を移動することによって，挿入先の重要な遺伝子が破壊されてしまえば，宿主が死亡し，トランスポゾンが存在するゲノムという乗り物も消滅してしまう．しかし，そうでない場合は，自分のコピーを多く残すことのできるトランスポゾンほど，ゲノム中で増えていく確率が高くなり，コピー数が多くなる．また，レトロウィルスとよばれる RNA ウィルスが宿主の生殖細胞系列ゲノムに入り込み，そのまま内在化したものをレトロエレメントとよぶが，これも反復配列としてゲノム中に存在する．反復配列は，まさに利己的に増殖することによって進化してきた因子といえよう．しかし，宿主のゲノムが，長い時間をかけて，これらの利己的因子を飼い慣らしてきた例もいくつか知られている．たとえば，有胎盤類の胎盤で発現しているシンシチンという遺伝子は，胎盤の細胞が子宮内膜細胞に融合するときにはたらいている遺伝子であるが，この遺伝子は，レトロエレメントがもつタンパク質に由来することがわかっている[201]．

　現在，ゲノム配列決定は大きく二つの方針によって進められている．一つはモデル生物のように，高精度なゲノム配列がその種においてすでに決定されている場合に用いられる方法で，**リシークエンシング** (resequencing) とよばれている．多くの場合，ゲノム配列がわかっている生物について，集団内の遺伝的多様性やその近縁種のゲノム配列を決定するために用いられる．もう一つの方法は，***de novo* シークエンシング**とよばれる方法で，ゲノム配列が未知である生物のゲノムを一から構築する方法である．この場合，ゲノムの塩基配列すべてをひと続きに解読する実験的手法は未だ存在

138 | 8 遺伝子配列決定法とアセンブル法

しないため，断片的に得らえたゲノム配列をひとつなぎに**アセンブル** (assemble) する必要がある．本章では，これらの操作を行うための原理と手法について詳しく学ぶ．まず 8.2 節において，塩基配列決定の技術について，古典的な方法から振り返る形でその概要を紹介し，得られるデータの特性について学習する．その後 8.3 節と 8.4 節で，リシークエンシングとアセンブルについての数理アルゴリズムについてそれぞれ触れる．また，8.5 節では，塩基配列解読を間接的に用いることによって，ゲノムや遺伝子の機能を知るための手法について簡単に紹介を行う．

8.2 塩基配列決定法

8.2.1 サンガー法（ダイデオキシ法）

サンガー法は長い間，塩基配列決定法のスタンダードとして用いられた方法である [202]．方法の開発者フレデリック・サンガー (Frederick Sanger) は，サンガー法の開発でノーベル化学賞を 1980 年に受賞した†．サンガー法のなかでも，とくに，キャピラリー（毛細管）を用いたダイデオキシ法は，塩基配列決定の自動化とともに用いられ，1990 年代のゲノム配列決定に多大な貢献をした．最初のヒトゲノム解読はダイデオキシ法を用いて行われた [14, 203]．ダイデオキシ法の概略を**図 8.2** に示す．

また，ダイターミネーター法とよばれる方法では，図 8.2 に示したダイデオキシヌクレオチドを，それぞれ異なった波長の光を発する蛍光物質で標識し，キャピラリーの出口付近でレーザー光による励起によって発する蛍光を測定することにより，ある長さの DNA 分子がどの塩基で終わっているかを調べる．キャピラリーを用いたサンガー法では，通常 500〜1,000 bp 程度の長さの塩基配列を決定することができる．

1. クオリティスコア

サンガー法による塩基配列解析の出力は，クロマトグラム（**図 8.3**）とよばれる，各蛍光の強さを縦軸に，泳動時間（DNA 分子の長さ）を横軸にとった波形データとして得ることができる．各蛍光の強さや分子の移動速度にはばらつきがあるので，間違った塩基が同定される場合もある．このエラー率を数値として表現したものが，**Phred 値**とよばれる**クオリティスコア** (quality score) である [204]．Phred 値は，クロマトグラムの波形と実験的に得られたエラー率を対応させることによって，決定された塩基の信頼度を推定した値である．Phred 値 Q は，エラー率 P と次のように対応する．

$$P = 10^{-\frac{Q}{10}} \tag{8.1}$$

---

† サンガーはそれ以前に，タンパク質のアミノ酸配列を決定する方法でもノーベル化学賞を受賞している．

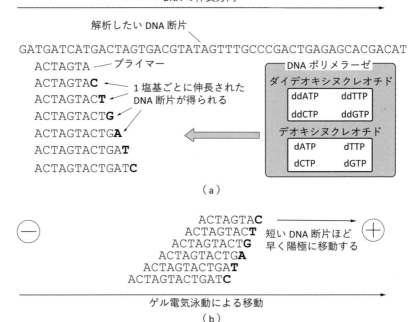

図 8.2 ダイデオキシ法による DNA 配列決定方法の概略

(a) 増幅したい塩基配列上流の逆相補配列をプライマー（DNA 合成の起点となる短い合成ヌクレオチド）として設計し，DNA ポリメラーゼによる DNA 伸長を行う．このとき，通常加えるデオキシヌクレオチド（dATP など）だけでなく，少量のダイデオキシヌクレオチド（ddATP など）を加えておく．デオキシヌクレオチドを取り込んだ DNA 分子の伸長反応はそのまま続いていくが，ダイデオキシヌクレオチドを取り込んだ DNA 分子の伸長反応はそこでストップする．適切な条件下では 1 塩基ごとに伸長反応が止まった DNA 分子が多数合成される．(b) 上の過程で合成された DNA 分子をゲル電気泳動にかける．DNA 分子は陽極へと移動するが，分子量の小さいものがより早く進むため，ヌクレオチド 1 分子単位で DNA を分離することができる．また，ダイターミネーター法では，4 種のダイデオキシヌクレオチドをそれぞれ異なった波長の光を発する蛍光物質で標識しておき，キャピラリーを用いた電気泳動を行う．電気泳動の終点付近でレーザー光により蛍光発光させることで，どの種類のダイデオキシヌクレオチドが含まれているかを判定する．

$Q = 30$ はエラー率 0.001，つまり 1,000 bp に 1 回の誤りがあるサイトであると解釈できる．

2. FASTQ フォーマット

5.3.1 項では，遺伝子配列を記述するフォーマットとして FASTA フォーマットを紹介した．FASTA フォーマットを拡張し，各塩基のクオリティ情報を付与したものが **FASTQ フォーマット**である．FASTA フォーマットがインデックス情報と塩基配列の

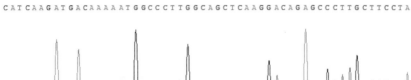

図 8.3 クロマトグラムの例
4 種類の波長の高さがそれぞれの塩基に対応するシグナルの強さを示している．この例では，読まれた塩基の 538〜593 番目までが示されている．

二つの情報で一つの配列を定義したのに対して，FASTQ フォーマットでは，次のように 4 行で一つの配列を記述する．

```
@sequence_id
ATGTAGTTACTAGCT
+
CAT''+(>>>>AGBG
```

1 行目は FASTA フォーマットと同様に配列名を表すが，「>」ではなく「@」で始まる．2 行目が塩基配列，4 行目が塩基ごとのクオリティスコアを示す[†]．2 行目と 4 行目の長さは同じでなければならない．

FASTQ フォーマットにおけるクオリティスコアは，スコアに対応する 10 進数 ASCII コードの文字（表 8.1）を用いて 1 文字で表記されることが多い．ただし，（非常に厄介な混乱のもとにもなっているが）配列決定ソフトウェアなどにより，$Q=0$ に対応するのが，ASCII コードの 33 番目か，64 番目かなどの細かい違いがあるので，実際に解析を行う場合には注意が必要である．

8.2.2 大量並列シークエンサー

大量並列シークエンサー (massively parallel sequencer) は，現在，大規模塩基配列解読方法の主流として用いられている方法であり，NGS，または第 2 世代シークエン

[†] 3 行目の「+」は，単なる区切り文字である．

8.2 塩基配列決定法 | 141

表 8.1 10 進数 ASCII コードと対応する文字の例

ASCII	文字	ASCII	文字	ASCII	文字	ASCII	文字
33	!	42	*	51	3	60	<
34	"	43	+	52	4	61	=
35	#	44	,	53	5	62	>
36	$	45	-	54	6	63	?
37	%	46	.	55	7	64	@
38	&	47	/	56	8	65	A
39	'	48	0	57	9	66	B
40	(	49	1	58	:	67	C
41	)	50	2	59	;	68	D

*69 以降は E, F, G, … と割り当てられる．また，32 番目までは改行やスペースなどの制御文字に割り当てられている．

サーともよばれている．数種の異なった方法が用いられているが，サンガー法との大きな違いは，その並列性である．サンガー法の並列処理は，最大でも一装置あたり一度に 96 キャピラリーを稼働させることがコストパフォーマンス的にも限界であった．イルミナ社の NGS では，スライドグラス上に大量の DNA 断片を貼り付け増幅させたのち，高解像の画像解析によって 1 サイクルあたりの DNA 合成を観察する．DNA 合成を 1 サイクルごとにストップさせ，その時点で付加された標識ヌクレオチドから発せられる蛍光を観察する．数百万から数十億の DNA 断片を同時に観察できるので，サンガー法と比較すると桁違いの並列処理を行うことができる．NGS は，一般的にサンガー法よりもエラー率が高く，一度に読み取れる塩基長も 100〜200 bp 程度と短いが，同じ塩基サイトを何度も繰り返して配列を読むことにより，最終的なエラー率を減らすことができる．NGS によって得られるデータは膨大なので，従来の塩基配列解析技術では処理を行いきれない場合が多い．したがって，NGS データ専用の解析アルゴリズムが色々と考案されている．一般的には，正確性をある程度犠牲にする代わりに，高速化を図る手法がとられている．

8.2.3 1 分子リアルタイムシークエンサー

塩基配列解読技術は日進月歩であり，現在では第 3 世代シークエンサーとなる **1 分子リアルタイムシークエンサー**とよばれるものが開発され，使用されている．さまざまな方法が考案されているが，基本となる原理は，DNA1 分子から発せられるシグナルをリアルタイムで検出し，配列を決定しようというものである．第 2 世代シークエンサーよりも高速で，長い配列を解析できるようになることが期待されている．現在実用化されている第 3 世代シークエンサーでは，Pacific Biosciences 社製のものや Oxford

Nanopore 社のものが広く使われている．数 kbp 以上の長いリード（DNA 断片塩基配列）を解読可能であるが，現段階ではエラー率が比較的高くなっており，ゲノム構造異常検出や，後述する配列アセンブルに用いられることが多い．

8.3　リシークエンシングによる変異検出法

　現在，最もよく行われているゲノム配列解析の利用法の一つが，基準となる**参照ゲノム配列** (reference genome sequence) が既知である生物種における**変異検出** (variant calling) である．とくにヒトゲノムに関しては，質の高い参照配列が存在するので，参照配列と個体から得られたリードとの違いを同定することにより，個体のゲノム配列を効率よく決定できる．この行程を，ゲノム配列のリシークエンシングとよぶ．

　現在多く用いられている方法では，NGS によって得られるリードの長さは 100〜200 bp 程度である．これらの短いリードを，配列の相同性を用いて参照ゲノム配列に貼り付けていく作業を**マッピング** (mapping) とよぶ．基本的な考え方は相同性検索と一緒であるが，NGS が扱うリード数は 1 回の実験あたり 1,000 万個以上となるため，特殊なアルゴリズムを用いた高速化が図られている．

8.3.1　マッピングの高速化

　一般的なリードのマッピング方法は，5.3 節でも触れたハッシュテーブルを用いるものである．あらかじめ，参照ゲノム配列から k-mer の出現位置を探し出しておき，部分的なシード配列がリードに出現しているかどうかを探索する．一致するシード配列が見つかれば，アライメントを伸長し，スコアを計算することができる．ところが，対象となる参照ゲノム配列が大きくなると，シード配列がハッシュテーブルに出現するかどうかを判定するには時間がかかってしまう．また，ある配列から部分配列を探索するには，**接尾辞木** (suffix tree) とよばれるデータ構造がよく用いられてきたが，ヒトゲノムのような大きなサイズのゲノム配列の接尾辞木をメモリ上に展開するのには，よいアルゴリズムを用いても 50 GB ほどのメモリがコンピュータ上に必要で，一般的な PC で計算することは困難である[205]．

　NGS で得られる大量のリードを参照配列にマッピングするために，**バローズ−ホイーラー変換** (Burrows–Wheeler transformation, **BWT**) を用いたシード配列の探索方法が提案され，よく用いられている[206]．BWT はブロックソートともよばれる手順で，もともとはデータを効率よく圧縮する方法として考えられた．BWT は文字列をアルファベット順にソートし，同じ文字が繰り返されるような構造に変換する．変

8.3 リシーケンシングによる変異検出法　143

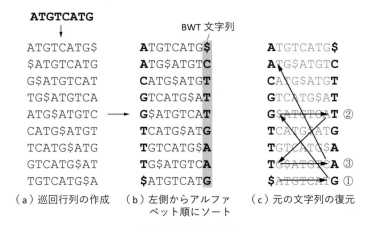

図 8.4　BWT の概略

文字列「ATGTCATG」を例にする．(a) 文字列の最後に$を加え（$はアルファベット順では最も下位とする），開始位置を行ごとに一つずつずらした巡回行列を作成する．(b) 左列の文字を優先的に用いて行をソートする．このとき最右列に現れた文字列（$CTTTGAAG）が BWT 文字列である．BWT 文字列をソートすると，最左列の文字列になることがわかる．(c) 元の文字列の復元方法．最左列の$からスタートし，まずは対応する最右列の文字を見る（この場合は G）．G は最右列では 2 番目に現れる G なので，最左列の 2 番目に現れる G の行へ飛ぶ．再び最右列へ移ると，T がある．これが G の一つ前の文字である．この作業を繰り返すと，元の文字列が復元される．元の文字列に何らかの規則性がある場合，BWT 文字列には同じ文字が繰り返し現れることになり，結果としてデータの圧縮が可能になる．

換された文字列は簡単な操作によって元の文字列に戻すことができるので，効率的なデータの圧縮が可能になっている．BWT の基本操作を図 8.4 に示す．

BWT によって作られた行列は，最左列からアルファベット順にソートされているので，探索する文字列の範囲を順番に狭めていくことができる．したがって，ある文字列にシード配列が含まれているかを効率的に探索することができる（図 8.5）．図の例では完全一致した配列だけを見つけているが，実際のプログラムでは，シード配列が部分的に一致しない場合でも，バックトラック (backtrack) という方法を用いて探索範囲を広げ，一致度の高いシード配列を見つけることができる（8.4.2 項参照）．

8.3.2　sam フォーマット

多くの NGS マッピングソフトウェアは，sam フォーマットとよばれるゲノムリシーケンシング用のフォーマット形式での出力に対応している．sam フォーマットでは，それぞれのリードが参照ゲノムのどこにマッピングされたかの情報が，一つのリードにつき 1 行を使って，オリジナルの配列データと一緒に記録されている．sam フォー

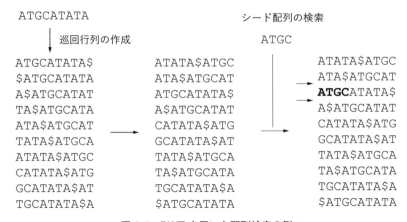

図 8.5　BWT を用いた配列検索の例

BWT 行列では左側からアルファベット順にソートされているので，探索範囲を徐々に狭めていくことにより，文字列の検索が容易に行える．

マットの詳細についてはインターネット上のファイル[207]にて閲覧できる．実際の解析では，sam フォーマットはテキストファイルでサイズが巨大になるため，データ圧縮を行った bam フォーマットや cram フォーマットとよばれる形式を用いることが多い．

8.3.3　ベイズ法による変異検出

　マッピング情報を用いて，ゲノムのどこに変異があるのかを推定することができる．この過程を変異検出とよぶ．変異検出では，SNP，インデルの両方を検出することができる．実験から得られたリードを参照配列上にマッピングすると，図 8.6 に示すように，一つのサイトあたり複数のリードによる情報が得られる．1 サイトあたりのリード数を**カバー率** (coverage) や深度 (depth) とよび，正確な変異検出には高い値が要求される．変異検出のアルゴリズムには，ベイズ法が多く用いられている．ヒトの常染色体の場合，父方母方由来の染色体が存在するので，サイトごとに，ホモ接合であるかヘテロ接合であるかを判定しなければいけない．ヒトのヘテロ接合度はとても低いので，同じサイトに 2 回以上変異が起こらないと仮定すると，サイトごとのサンプルの遺伝子型は，参照アレル（参照ゲノム配列がもっているアレル）と同じホモ接合（0/0 型），参照アレルと変異アレルのヘテロ接合（0/1 型），変異アレルのホモ接合（1/1 型）の 3 種類をとりうる．カバー率が n のサイトにおいて，参照アレルが k 回，変異アレルが $n-k$ 回観察されたとしよう．このサイトが 0/0 型である尤度は，$n-k$ 回の変異アレルの観察がすべてエラーである確率と等しくなる．同様に，サイトが 1/1 型で

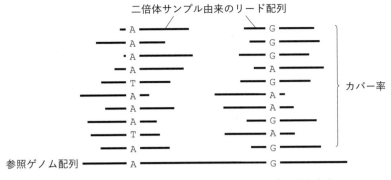

図 8.6　ゲノム配列へのリードのアラインメントを図示したもの

一番下に示されているのが参照ゲノム配列である．左のサイトでは，サンプルからは 8 個の A と 2 個の T が観察される．このとき，サンプルは A のホモ接合であるがエラーで二つの T が観察されている可能性と，サンプルは A と T のヘテロ接合であるが，偶然の結果により偏って観察されている可能性が考えられる．エラー率にもよるが，直感的には前者のほうが正しそうだ．逆に，右のサイトでは 4 個の A と 6 個の G が観察されている．こちらは直感的にはヘテロ接合のほうが正しそうだ．実際には，式 (8.2) を用いてそれぞれの状態の事後確率を計算し，最も事後確率が高い状態を採用する．

ある尤度は，k 回の参照アレルの観察がすべてエラーである確率となる．したがって，もしエラーが独立に起こっていると仮定できるなら，サイトが 0/0 型，0/1 型，および 1/1 型であるときに観察データ D を得る確率（尤度）P は，ベイズの定理を用いて，それぞれ以下のように書ける．

$$
\begin{aligned}
P(D|0/0) &= \binom{n}{k} \prod_{i=1}^{k}(1-E_i) \prod_{i=1}^{n-k} E_i, \\
P(D|0/1) &= \binom{n}{k} \frac{1}{2^n}, \\
P(D|1/1) &= \binom{n}{k} \prod_{i=1}^{k} E_i \prod_{i=1}^{n-k} (1-E_i)
\end{aligned}
\tag{8.2}
$$

ここで，E_i は i 番目のサイトでのエラー率で，通常は Phred 値などにより推定された値を用いる．しかし，リード内におけるエラーは実際には独立ではないので，エラーの相関を考慮に入れた補正を行うことが多い[208]．また，それぞれの遺伝子型の事前確率を次のようにおく．

$$
P(0/0) = P(1/1) = \frac{1-r}{2}, \quad P(0/1) = r
\tag{8.3}
$$

146 | 8 遺伝子配列決定法とアセンブル法

ヒトの場合，あるサイトが参照アレルと異なる確率（塩基多様度またはヘテロ接合度）はおよそ 0.1% であることはすでに述べた．したがって，$r = 0.001$ という値がよく使われている．ヒト以外の生物は，それぞれ異なった塩基多様度をとりうるので，解析を行う種ごとに適切な値を用いなければならない．この事前確率を用いると，ベイズの定理により，観察データ D が与えられたときの遺伝子型 g の事後確率 $P(g|D)$ が求められる．それぞれの遺伝子型の事後確率を計算することによって，最も確率の高い遺伝子型を知ることができる．

8.3.4 特定の領域をターゲットとしたゲノム配列決定

NGS を用いてゲノム塩基配列を決定するには，ある程度のカバー率が必要であることがわかった．しかし，より多くのサンプルについてゲノム配列を決定しなければならない場合，すべての個体について高いカバー率のデータを得ることはコスト上難しいことがある．そのための方法として，ゲノム全体ではなく，特定の領域のみを選んで配列を決定する方法がある．

一つは，ヒトのエクソン領域だけをシークエンスするエキソーム解析などに用いられる，ターゲットキャプチャー法とよばれる方法である[209]．この方法では，解析したい配列が既知の領域に対して，相補的な配列をもつオリゴヌクレオチドを設計し，オリゴヌクレオチドとハイブリダイゼーションをするサンプル DNA の断片を抽出する．ターゲットとなる領域の DNA だけが濃縮されるので，効率的なシークエンスが可能となるが，オリゴヌクレオチドを設計するための初期投資が必要である．ターゲットキャプチャー法では，得られたリードを，通常のリシークエンシングと同様にマッピングしていく作業が必要である．

もう一つは，**RAD-seq** (Restriction-site Associated DNA sequencing) などとよばれる，ゲノム全体からランダムに選ばれた領域を大量に解読する方法である．目的のゲノムが非モデル生物である場合によく用いられる方法で，ゲノム DNA を制限酵素で切断し，切断された断片の端からのみ塩基配列を解析する[70]．似たような方法で，マイクロサテライト配列に挟まれた領域だけを増幅して解析する MIG-seq 法なども存在する[210]．これらの方法で得られたリードは，ゲノム配列が既知の場合はマッピングを行い，未知の場合はリードどうしでアセンブル（8.4 節を参照）を行うことによって変異を検出することができる．また，これらの方法から得られたデータを用いて，集団遺伝学解析や QTL 解析を行うことができる．

8.4 配列のアセンブル

リシークエンシングよりもさらに難しい問題が，短い配列を一つにつなぎ合わせるアセンブルの問題である．どのような DNA シークエンス法であっても，解析できるリードの長さには技術的な限界がある．したがって，完全なゲノム配列を得るには，解読されたリードをつなぎあわせ，もとの配列を復元しなくてはいけない．もし，生物のゲノム配列が比較的ランダムであるならば，もとのゲノムの再構成は比較的簡単であるだろう．たとえば，20 bp の長さの DNA (20-mer) における塩基の組み合わせは 4^{20} 通り ($\sim 10^{12}$) あり，ヒトゲノムと同じサイズのゲノムにおける出現数の期待値はおよそ 0.003 である．したがって，このようなランダムなゲノムでは，ゲノム配列を重なりのある 21-mer に分割し，20 塩基の重なりを見てそれぞれを連結していけば，ほぼ一意にゲノム配列を再構成できる．しかし，すでに述べたように，実際のゲノムには反復配列が多数存在するので，配列の再構成は一筋縄ではいかない．

8.4.1 ハミルトン経路とオイラー経路

アセンブルについてもさまざまな方法が用いられているが，ここでは，現在よく使われている k-mer 法について解説する．遺伝子配列の断片を一つにつなぎ合わせるには，それぞれの断片を比較し，重なるところがあるかどうか探さなければいけない．サンガー法で生み出される配列の量はそれほど多くなく，配列の長さも長かった．ところが，NGS が生み出す配列断片数は途方もなく多いため，網羅的に重なり合った配列を見つけ出すことは不可能に近い．k-mer 法は，全体の配列に現れる，長さ k の塩基配列の回数を数えるところから始まる (図 8.7)．k-mer は，ゲノム中に一度だけ現れるように十分な長さを設定する．k-mer どうしは $k-1$ の長さの重なりをもつ k-mer どうしを**頂点** (vertex) とする**辺** (edge) でつなげられる**グラフ構造** (graph structure) をとる．この場合，k-mer を頂点とするグラフには方向性があるので，**有向グラフ** (directed graph) とよばれる．このようなグラフ構造を推定したあと，最適なアセンブルは，一

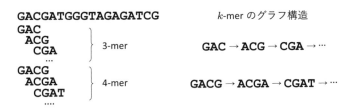

図 8.7 塩基配列の k-mer への変換

塩基配列「GACGATGGGTAGAGATCG」を 3-mer および 4-mer に分解する例．

筆書きの要領ですべての頂点を通る経路（**ハミルトン経路**）を探索することによって得られる[211]．

ところが，ハミルトン経路の探索問題は NP 完全（処理にかかる時間の上限がデータサイズを変数とする多項式で表現できない問題）であり，NGS データのような多数の頂点をもつグラフ構造の解析には適さない．しかし，これに似た問題を解く方法は，オランダの数学者ニコラース・デュブラン (Nicolaas de Bruijn) によってすでに見つけ出されていた．デュブランは，ゲノムアセンブリに類似した問題を解くために，$(k-1)$-mer を頂点に置き，それをつなぐ k-mer を辺に置く有向グラフを考えることによって，この問題を，すべての辺を通る経路を見つけ出す**オイラー経路** (Eulerian trail) の発見の問題に置き換えた．このグラフを**デュブラングラフ** (de Bruijn graph) とよ

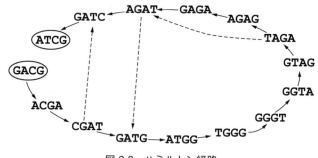

図 8.8 ハミルトン経路

図 8.7 で示した 4-mer についてのハミルトン経路を示している．丸で囲まれた 4-mer は経路の始点と終点を示している．分岐が現れた場合は図中実線の経路を通ることによって，すべての頂点を通る経路となる．

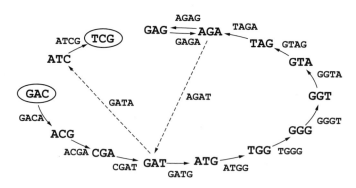

図 8.9 オイラー経路とデュブラングラフ

図 8.7 の配列に対するデュブラングラフ．各頂点に 3-mer，各辺に 4-mer が配置されている．丸で囲まれた 3-mer は経路の始点と終点を示している．分岐点では最初に実線の経路，2 回目に破線の経路を通ると，すべての辺を通ることができる．

ぶ．オイラー経路はハミルトン経路よりも探索が容易であるため（探索時間は k-mer 数に比例），NGS データのアセンブルにはデュブラングラフを用いる方法がよく使われている．ハミルトン経路とオイラー経路の違いを図 8.8，8.9 に示す．

8.4.2 オイラー経路の探索

オイラー経路の探索法として，**フラーリー (Fleury) のアルゴリズム**という方法が知られている．これは，以下の単純なルールに従って，グラフをたどっていく方法である．まず，次の二つの条件に従っていれば，自由に辺をたどってよいこととする．

条件 1：たどった辺を除去し，それにより孤立した点があればそれも除去する．
条件 2：そこを消去することによってグラフが分割されるような辺は，できる限りたどらない．

条件 2 に当てはまるような辺のことを，**橋 (bridge)** とよぶ．ある辺が橋であるかどうかを一つずつチェックすることもできるが，より効率的な方法もある．ここでは，Lowlink 法を用いた橋の探索を紹介する．

Lowlink 法を行うためには，与えられたグラフから，**深さ優先探索木**（depth-first search tree，**DFS 木**）を作成する[212]．深さ優先探索はバックトラックと同義である．DFS 木は，与えられた網目状のグラフを，任意の点を根とする樹状のグラフに変換することによって作られる．任意の辺をたどり，枝としながら探索を進め，行き止まりに突き当たると分岐点に戻って探索を続ける．すべての頂点を探索したのち，まだ経由されていない辺を**後退辺 (back edge)** とする．このとき，頂点ごとに探索した順番を記録しておき，頂点 i の探索順番を O_i とする（図 8.10）．

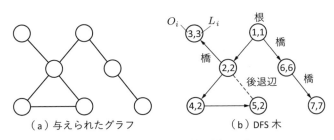

図 8.10　DFS 木の構築と橋の同定

(a) 考えるべきグラフ．(b) 任意の点を根とし，グラフの辺をたどりながら DFS 木を構築する．このとき使われない辺を後退辺とする（破線）．本文中の O_i，L_i の定義に従い，値を埋めていく．節の中の左の数字が O_i，右の数字が L_i を表す．すべての値が決まれば，橋が決定される．L_i を DFS 木の葉の部分から決めていくことにより，計算量を節約することができる．

DFS 木を決定したのち，節 i から葉方向に進んだすべての節（節 i も含む）か，一度だけ後退辺を経由してたどり着くことのできる節のうち，最小の O の値を L_i とする．葉，つまり端にある頂点で後退辺をもたないものは，定義に従うと $O_i = L_i$ となる．すべての節 i について O_i と L_i を計算したのち，節 i から節 j へと向かう辺において，$O_i < L_j$ であれば，その辺が橋となる．後退辺は橋とはなりえない．

実際のリードは多くのエラーを含んでおり，また，ゲノム中には大小さまざまな反復配列がある．したがって，完全なオイラー経路は特定できず，経路中に分岐が残る．実際のアセンブルでは，出現頻度の低い k-mer にあるエラーを修正したり，出現頻度の低い経路を削除したり，行き止まりになっている頂点を削除したりすることによって，グラフを単純化しエラーが少なくなるようにしている．オイラー経路を通ることによってアセンブルされた配列の集合を，**コンティグ** (contig) とよぶ．

8.4.3 コンティグの整列

すでに述べたように，ゲノム上には反復配列が存在するので，得られるコンティグは，多くの場合，それほど長くない断片に分断されている．実際の NGS ゲノム解読では，独立したリードだけでなく，ある程度の長さの DNA 断片の 5′ 末端，3′ 末端からの配列を同時に決定する．比較的短い（< 500 bp）DNA 断片の両端配列はペアエンド (paired-end) 配列，数 kbp 以上の長い DNA 断片の両端配列はメイトペア (mate-pair) 配列とよばれ，それぞれ異なった方法で解読される（**図 8.11**）．ペアエンド配列はゲノム配列に対して内向きに，メイトペア配列は外向きにマッピングされる．

また，近年では，第 2 世代シークエンサーから得られた高カバー率のデータと，第 3 世代シークエンサーから得られた数 kbp 以上の長い配列のデータを組み合わせて行う，ハイブリットアセンブルもよい結果を残している．第 3 世代シークエンサーは長い配列を決定できる一方，データ量の少なさや，エラー率の高さによって，配列自体の信頼性が低い．ハイブリッドアセンブルは両者の弱点を補うような手法として用いられている[213]．

これらのデータを利用してコンティグを結合した配列を，**スキャフォールド** (scaffold) とよぶ．スキャフォールド配列はひと続きの配列であるが，途中に配列未決定領域を含む．ゲノムアセンブルの達成度の指標の一つとして N50（または N90 など）という値がしばしば用いられている．N50 とは，コンティグまたはスキャフォールドを長いものから並べてその長さを足していき，その合計がゲノムサイズ全体の 50% になったときのコンティグ，またはスキャフォールドの長さのことをよぶ．アセンブルがよくつながっていれば，それだけ長いコンティグやスキャフォールドが多くなり，N50 値

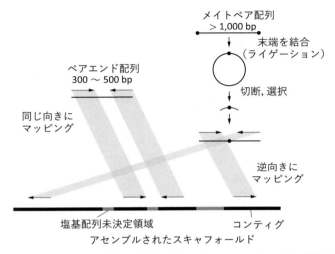

図 8.11　2 種類のライブラリを利用したスキャフォールドアセンブリの例

ペアエンドライブラリでは，300〜500 bp 程度の DNA 断片の両側塩基配列を決定する．得られた配列は，参照ゲノム配列上に元と同じ向きでマッピングされる．メイトペアライブラリでは，ある程度長い DNA 断片の末端を酵素反応により結合し，結合部位に化学修飾を施す．次に環状 DNA をランダムに切断し，化学修飾された断片を選び出す．得られた DNA 断片の塩基配列を両端から決定すると，その配列は参照ゲノム配列上では離れた位置に逆向きにマッピングされる．このような情報を利用して，コンティグをさらにつなぎ合わせていき，スキャフォールドとよばれる，より長いアセンブルを構築していく．

は高くなる．つまり，N50 が高いほど「よくつながった」アセンブルであるといえる．

8.5　配列解読以外への応用

　短い DNA 断片配列を決定する手法は，単に塩基配列を決定するだけではなく，さまざまな生物学研究に応用することができる．第 9 章では，転写産物 (mRNA) を逆転写した cDNA の配列を大量に決定することによって，遺伝子発現の強さを定量化する，RNA-seq という方法について詳しく解説する．

　そのほかにも，DNA 結合性をもつタンパク質が，どの DNA 領域に結合しているかを調べるための **ChIP-seq** (Chromatin ImmunopreciPitation sequencing) 法を用いた解析も盛んに行われている[214]．この方法は，DNA に結合したタンパク質を DNA に固定したのち，それに対する抗体を用いて免疫沈降を行い，タンパク質に結合した状態で沈殿した DNA 断片の配列決定をするものである．得られたリードは，リシークエンシングと同じ要領で，参照ゲノム配列上にマッピングされる．DNA 断片の濃縮がうまくいっていれば，目的となる領域にマッピングされた DNA 断片のピークが見

られるので，DNA に結合する転写因子などの結合領域が推定できることになる．この方法は，すでにゲノム配列が解読された生物か，その近縁種でしか行うことができない．

ChIP-seq は，特異的に修飾されたヒストンだけに反応する抗体を用いることにより，クロマチンの状態を知ることができ，応用範囲の広い方法である．たとえば，ヒストンタンパク H3 の 9 番目のリシンがメチル化されていると近傍の遺伝子の転写は抑制されるが，4 番目のリシンがメチル化されると，転写は活性化される方向にはたらくことが知られている．また，27 番目のリシンがアセチル化されるとクロマチンは開かれた状態になり，転写が活性化される．このような情報を用いることにより，ゲノムのどの領域において転写が活性されているか，抑制されているかを網羅的に調べることができる．

類似した方法に，I 型 DNA 切断酵素 (DNase I) を用いた解析が存在する．クロマチン構造が緩んでいる転写活性の強いゲノム領域は，DNase I による切断を受けやすい構造をとっている．したがって，細胞中の DNA に対して DNase I 処理を行い，切断された DNA 断片の末端配列を解読すると，転写活性の強い領域にリードがマップされる．このような領域を，I 型 DNA 切断酵素超感受性サイト (DNase I hypersensitive site) とよぶ[215]．

また，バイサルファイトシークエンシングという方法では，メチル化されたシトシンは影響を受けず，メチル化されていないシトシンだけがウラシルに変換されるように，亜硫酸水素による処理を行う．ウラシルに変換されたシトシンは，配列解析ではチミンと出力されるので，元の配列と比較することで，シトシンのメチル化状態を，塩基サイトレベルで知ることができる[216]．

8.6　ソフトウェアの紹介

NGS データを解析するためのソフトウェアの多くは，Unix/Linux のシステム上でしか稼働しない．コマンドラインによる作業が中心となるので，これらのデータを扱いたい場合には，多少の慣れが必要だろう．商用ソフトウェアではあるが，CLC Genomics Workbench[217] は，Windows および macOS の GUI を備えており，よく使われている．

多くの場合，シークエンサーから出力されるクロマトグラムや画像データは，そのシークエンサーシステムに付属する専用のソフトウェアによって処理され，FASTA ファイルや FASTQ ファイルとして出力される．よほどのことがない限りはこれら生データを一般ユーザーが直接操作することはないが，得られた配列がきちんとしたデー

タであるかどうかのクオリティチェックは，面倒であっても行ったほうがよいだろう．FASTQ ファイルのクオリティチェックには，FastQC[218] や Kraken[219] などのソフトウェアが用いられている．また，イルミナ社シークエンサーから得られる短いリードには，アダプター配列が混入していることがある．このような配列を除去するソフトウェアとして，cutadapt[220] がある．上記のクオリティチェックソフトウェアにも，アダプター配列除去機能が附属しているものは多数存在する．

NGS から得られたリードのマッピングに用いられるソフトウェアとしては，BWA[206]，Bowtie[221]，SOAP2[222] などが有名である．これらのソフトウェアは，マッピングアルゴリズムに BWT を用いており，少ないメモリで高速なマッピングを行うことができる．生成されたアラインメントファイル (sam/bam/cram ファイル) を扱うソフトウェアとしては，SAMtools[223] が基本的なユーティリティとして用いられており，ファイル形式の変換，領域の抽出，変異の同定などさまざまな用途に用いることができる．アラインメントファイルを編集するには，SAMtools 以外にも，bamtools[224] や BEDTools[225] などさまざまなユーティリティがあるので，インターネット上を検索してみるとよいだろう．

ゲノム配列のアセンブリは，ソフトウェアによって異なったアルゴリズムやパラメータを用いていることが多く，違うソフトウェアを用いると，違う結果を得ることもある．k-mer アセンブラとしては，SOAPdenovo[226]，ABySS[227]，Velvet[228]，Platanus[229] などが用いられている．また，k-mer アセンブラにおいて最適な k の値を推定するソフトウェアとして，KmerGenie[230] がある．サンガー法または第 3 世代シークエンサーによって得られた長い配列のアセンブルには，ハミルトン経路を探索する Celera Assembler や，その後継の Canu[231] を用いることができる．

RAD-seq データの解析には，Stacks[232] や pyRAD[233] などのソフトウェアを用いて，配列のアセンブルと変異検出を行うことができる．得られた変異データは，3.5 節で紹介した集団遺伝学解析ソフトウェアに引き渡すことができる．

Chapter

9

遺伝子発現情報解析法

9.1 遺伝子発現とその重要性

　本章では，**遺伝子発現** (gene expression) の解析法について学習する．遺伝子発現とは，本来遺伝情報が表現型として現れる（発現される）までの過程を意味していたが，現在は，多くの文脈で，遺伝子の転写の意味で用いられていることが多い．生物の表現型とより密接にかかわっているのはタンパク質であり，遺伝子の転写産物 (transcript, 1.7 節参照) である mRNA は，タンパク質のはたらきを調節する層としてはたらいている．ところが，タンパク質は翻訳後にさまざまな化学修飾を受け，そのゲノムレベルでの定量も比較的困難である．その一方，mRNA がほかの核酸とハイブリダイゼーションを行う仕組みを利用して，mRNA を大規模に定量する解析技術が発展してきた．これまでの研究により，細胞内のタンパク質の存在量（発現量）と転写産物の存在量との間には，十分強い相関が見られることが知られている[234]．このような理由により，遺伝子発現の大規模解析は，主に転写産物のレベルで行われることが多い．

　遺伝子にコードされたタンパク質の一次構造は不変であるが，遺伝子がいつ，どこで，どれだけ転写され，タンパク質を生成するかということは，細胞ごと，組織ごと，そして発達段階や時間，環境によって大きく異なっている．ゲノムレベルでの遺伝子の発現様式を，**トランスクリプトーム** (transcriptome) という用語で表す．トランスクリプトームは非常に複雑で高次元な情報を含んでいるが，それでも生物の表現型全体よりはもっている情報が少ない．また，さまざまな技術の発達により，ある程度の定量性が担保されている．トランスクリプトームはゲノム情報と表現型とを橋渡しする情報であり，**内的表現型** (endophenotype) ともよばれる．

　トランスクリプトーム解析とは，ある状態の細胞群（組織）において，どの遺伝子がどれだけ転写されているかについて調べ，サンプル間の比較をゲノムレベルの多数の

遺伝子について行うものである†. mRNA は非常に分解が早く進む分子であるので，その解析にはさまざまな工夫が必要である. 一般的には，細胞や組織を液体窒素で急速凍結し，RNA 分解酵素 (RNase) による RNA の分解を防ぐ. その後，逆転写酵素を用いて，RNA 分子に相補的な cDNA を合成することが多い. cDNA は RNA より溶液中に安定的に存在できるので，その後の定量に適している.

遺伝子発現解析の目的は多岐にわたる. ある条件下での遺伝子発現の変化を観察することにより，その条件に関連する代謝経路の変化を推定することもできる. また，さまざまな組織における遺伝子発現レベルの相関を見ることにより，遺伝子どうしのつながり（遺伝子発現ネットワークについては 9.5 節で解説する）を推定することもできる. また，組織特異的な発現をもつ遺伝子群は，未分化な細胞が組織に分化する際の目印となるだろう. さらに，特定の遺伝子の発現レベルを測定することにより，その細胞および組織が，がん細胞・組織であるかどうかを判定することも可能である.

生物の進化にとっても，遺伝子発現は重要な要素である. ヒトとチンパンジーを例に考えてみよう. これら 2 種の遺伝的な違いは塩基置換レベルではおよそ 3,840 万個 (1.2%) であり（2.2.2 項参照），タンパク質レベルではおよそ 40,000 個のアミノ酸の置換からなる[45]. この 40,000 個の違いだけで，2 種の形態的，生理的な違いをすべて説明できるだろうか. 真に定量的な議論は不可能ではあるが，直感的な答えは NO である. 表現型にかかわるゲノムの変化の多くは，タンパク質の構造自体の違いではなく，遺伝子発現パターンの違いにより作り出されているだろうという仮説が，ヒトとチンパンジーのタンパク質のアミノ酸配列が比較されてすぐに提案された[235]. **図 9.1** に，DNA レベルでの違いが，どのように生物種の表現型の違いに結びつくかについての概念図を示す. DNA レベルでの小さな違いは，遺伝子発現を出発点として，それぞれの細胞が異なった発生段階，環境からの影響を経て，異なった種の表現型の違いへと変化していく.

それでは，どのような遺伝的変異が遺伝子発現の多様性を生み出しているのだろうか. 遺伝的変異と遺伝子発現パターンとの関係は複雑である. まず，環境要因を考えず，同じ組織の同じ細胞における遺伝子発現パターンが，種間または種内でどのように異なっているかを考えてみよう. その原因はゲノムのどこかに存在するはずである. プロモーター配列やエンハンサー配列に起こり，直接遺伝子の発現量を変えるようなゲノム上の変異を，**cis 制御変異** (*cis*-regulatory mutation) とよぶ. この *cis* 制御変異によって起こされた発現の違いは，さらに別の遺伝子の発現を変える可能性がある. たとえば，ある *cis* 制御変異が，ある転写因子 A の遺伝子発現量を上昇させたとしよう.

---

† 近年では，1 細胞あたりの転写産物量を測定することも可能になっている.

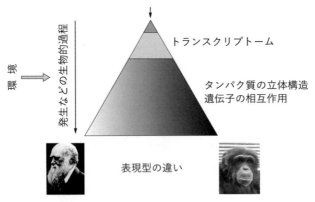

図 9.1 ヒトとチンパンジーの DNA レベルでの差が，どのように表現型の違いを作っていくかについての概念図[236]

その転写因子 A がさらに下流の遺伝子 B の発現を促進する場合，最初の変異は遺伝子 A に対しては cis 制御変異であるが，遺伝子 B に対しては間接的にはたらく．間接的に遺伝子の発現量を変えるような変異を，**trans 制御変異** (*trans*-regulatory mutation) とよぶ[237]（図 9.2）．このように，一つの変異がさまざまな遺伝子の発現に影響を与えるのが，遺伝子発現における遺伝的影響の特徴である．

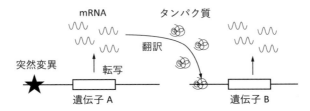

図 9.2 DNA の変異が遺伝子発現に与える影響

ある突然変異が遺伝子 A の転写調節領域に起こり，その遺伝子の発現量が変化した場合，突然変異は遺伝子 A に対して cis 制御変異であると定義される．また，遺伝子 A から翻訳されたタンパク質が，別の遺伝子 B の発現量を調節しているとする．作られるタンパク質の量が変われば，それに従って遺伝子 B の発現量も変化することが考えられる．このとき，最初の突然変異は遺伝子 B に対して trans 制御変異であると定義される．

本章では，トランスクリプトームデータを扱うための手法について学習する．最初に，9.2 節において，解析の技術的な基礎知識について説明し，続く 9.3, 9.4 節において，遺伝子発現量の標準化とサンプル間の比較手法についての統計的な基礎知識を述べる．最後に，9.5 節において，遺伝子発現ネットワークについて簡単に紹介を行う．

9.2 トランスクリプトーム解析技術

9.2.1 DNAマイクロアレイ

　DNAマイクロアレイ (DNA microarray) は，DNA-DNAハイブリダイゼーションの原理を利用した，転写産物の網羅的定量法である[238]．あらかじめ，スライドグラス上に，プローブとよばれる，標的遺伝子の塩基配列に対して相補的なDNA（合成された短いDNA分子もしくはcDNA分子）を高密度に貼り付けておき，そのDNAにサンプル中のmRNAを逆転写したcDNAをハイブリダイゼーションさせる．あらかじめ合成したcDNAを蛍光標識しておけば，蛍光シグナルの強さを観察することによって，サンプル中のmRNAの相対的な量を知ることができる（図9.3）．1種類の標的遺伝子に対して一つのプローブを用いるものや，複数のプローブを用いるもの，プローブのDNAの長さの違いなどさまざまな形式のDNAマイクロアレイが存在する．

　蛍光シグナルの強さから遺伝子の発現量を推定するには，さまざまなアルゴリズムが用いられる．蛍光強度のシグナルノイズやバックグラウンドノイズなどを効果的に除去し，適正なシグナル強度を推定する方法が考案されている[239]．

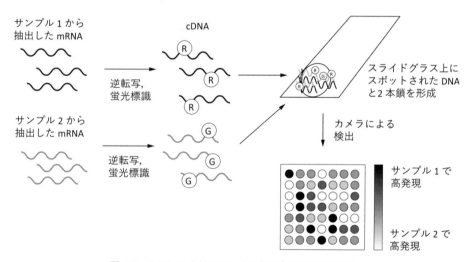

図 9.3　DNAマイクロアレイによる遺伝子発現の定量

2色蛍光を用いたDNAマイクロアレイの概略図．二つのサンプルから，逆転写酵素によりcDNAを合成し，2種類の異なった蛍光色素で標識する．この例では，赤 (R) と緑 (G) の2色が用いられている．あらかじめ，スライドグラス上に各標的遺伝子に対して相補的な配列をもつDNAをスポットとして貼り付けておき，サンプルから得られたcDNAとハイブリダイゼーションさせる．ハイブリダイゼーションをしなかったcDNAを洗い流したのち，カメラを用いて各スポットの蛍光強度を2色それぞれに計測する．赤と緑の蛍光強度の違いが，もともとのサンプルに存在したmRNA分子数の違いを表している[240]．

9.2.2 NGSによるRNA発現量の定量 (RNA-seq)

DNAマイクロアレイに代わって非常によく使われている方法が，NGSによるRNA発現量の定量である．RNA-seqとよばれるこの方法は，断片化したcDNAの塩基配列をNGSにより直接決定し，読まれたリードの数をカウントすることにより遺伝子発現を定量化する[241]．DNAマイクロアレイでは，あらかじめ決められた標的遺伝子のみが解析の対象となるが，RNA-seqでは，転写されたRNA分子すべてが解析の対象となりうるため，より多くの遺伝子を解析することができる．また，ハイブリダイゼーションによる蛍光強度を観察するよりもシグナルノイズやバックグラウンドノイズが少ないことが期待されるので，より弱い遺伝子発現を捉えることができる．

RNA分子の定量は，NGSによって決定されたリードを，8.3節で解説した変異検出法と同様に，参照ゲノム配列にマッピングすることから始まる．このとき気を付けなければいけないのは，真核生物のmRNAは，スプライシングを受けている可能性があるということである．もしcDNA断片がエクソンの境界に位置するならば，そういったリードは離れた領域に分かれてマッピングされることになる．したがって，通常のゲノム変異解析に用いるアルゴリズムとは少し異なった方法を用いなければならない（図9.4）[242]．

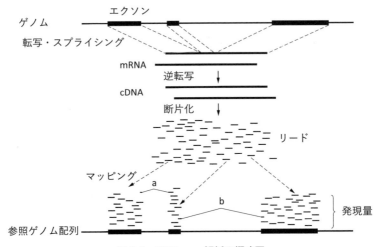

図 9.4　RNA-seq 解析の概略図

ゲノムから転写・スプライシングされたmRNAから逆転写によってcDNAを合成し，断片化する．断片化されたDNAの塩基配列（リード）を決定し，参照ゲノム配列に対してマッピングする．図中aやbのように，複数のエクソンにまたがってマッピングされるリードを，スプリットリードまたはジャンクションリードとよぶ．遺伝子を構成するエクソンにマップされたリードの数が，もともとの遺伝子が転写された量に相当する．

RNA-seq では，遺伝子の相対的な発現量は，エクソン領域に張り付けられたリードの数によって評価できる．転写領域にマッピングされるリードには，領域ごとに偏りがあることに注意しよう．この偏りの多くは，由来した DNA 配列の GC 含量（1.6.2項参照），mRNA の安定性，逆転写効率などの違いによるものだと考えられている．しかし，多くの場合，このような偏りは配列やシークエンサーによって特異的に決まっている．異なるサンプル間で同じようなばらつきが観察されることが確認できれば，このような偏りはサンプル間の比較解析にそれほど大きな影響を与えないと考えることができるだろう．

転写領域にマッピングされる断片の数は総リード数と転写領域の長さに比例するので，総リード数 100 万あたり，転写領域長 1 kbp あたりの値が相対的な遺伝子発現量としてしばしば用いられる．このとき，i 番目のサンプルにおいてマップされたすべてのリード数を G_i，j 番目の遺伝子の長さを L_j，その遺伝子にマップされたリード数を T_{ij} とする．相対的な遺伝子発現量は，FPKM または RPKM (Fragment/Read Per Kb of gene length, per Million reads) とよばれる統計量として，次のようにして計算される．

$$FPKM_{ij} \text{ or } RPKM_{ij} = \frac{T_{ij}}{L_i G_i} \times 10^9 \tag{9.1}$$

FPKM と RPKM の違いは，ペアエンド配列（8.4.3 項参照）の組を一つとして数えるか，Fragment（DNA 断片）の数として捉えるかどうかの違いである．また，FPKM，RPKM とは少し異なった統計量である TPM (Transcript Per Million reads) は，次のように計算される．

$$TPM_{ij} = \frac{T_{ij}}{L_i a_{ij}} \times 10^6, \quad a_{ij} = \sum_{j=1} \frac{T_{ij}}{L_j} \tag{9.2}$$

TPM では，マップされたすべてのリード数ではなく，遺伝子 1 kbp あたりにマップされたリード数をサンプル内で合計した値で割り算をしていることに注意しよう．つまり，TPM の合計や平均値は，サンプル間で等しくなる[243]．

9.3 遺伝子発現の標準化

9.3.1 発現量の標準化

DNA マイクロアレイや RNA-seq によって得られた遺伝子発現量は，サンプル内

における相対的なものであり，細胞内に mRNA が何分子あったかといったような絶対的な定量値ではない．したがって，サンプル間で遺伝子発現量を比較するには，何らかの手法を使って，発現量を比較可能な状態にそろえなければいけない．この過程を**標準化** (normalization) とよぶ．前節で紹介した TPM などの指標は，サンプル間のデータ量（リード数）の違いや，遺伝子の長さの違いを補正した値である．同じ性質をもつサンプル間の比較には，このような単純な標準化が十分有効であると考えられる．しかし，異なった性質をもつサンプル間の比較においては，より手の込んだ標準化が必要になる場合がある．

ハウスキーピング遺伝子 (house-keeping genes) とよばれる遺伝子群は，細胞の基本的な代謝や細胞構築にかかわり，どの細胞でも同じようなレベルで発現していると考えられる．したがって，これらの基準となる遺伝子の発現量をそろえることにより，遺伝子発現をサンプル間で比較することができる．このような方法は，比較的少数の遺伝子について発現を比較する方法においてはよく用いられている．ただし，これらの遺伝子の真の発現量がサンプル間で少しでも異なっていれば，見かけの発現量の分布は大きくずれてしまうことに注意しよう．二つまたはそれ以上の発現データを比較するそのほかの方法として，基準となる 1 点の発現量，もしくは発現量全体の分布の形をそろえる方法もしばしば用いられる．中央値をそろえる**中央値標準化** (median normalization) や，遺伝子を発現量によりソートして，同じ順位の遺伝子の発現量についてサンプル間の平均値をとる**分位点標準化** (quantile normalization) がよく用いられている．

遺伝子発現量の標準化については，これといった正解はないので，用いられる統計手法と，自分が注目している解析の内容についての吟味が必要である．たとえば，分位点標準化は，健常者と疾患患者の比較のように，全体としては非常に遺伝子発現パターンが似ているサンプル間の比較に使用するのは妥当ではあるが，ヒトの脳と肝臓のように，遺伝子発現パターンが大きく異なっているサンプル間の比較に使用するのは好ましくないといえる．これらの標準化手法をパッケージとして提供しているソフトウェアも多数存在するが，その中でどのような統計処理が行われているかについてはある程度の知識をもっておいたほうがよいだろう．

9.3.2 発現量の変換

遺伝子発現量は，多くの遺伝子についての相対的発現量データの集合である．生物学の多くの分野では，観測されたデータが正規分布（補遺 A.1.4 参照）に従うという仮定が用いられる．これはいくつかの理由からなる．どのような測定であれ，その測定に

は誤差が存在する．測定誤差がそれぞれ独立であると仮定すると，誤差の分布は正規分布で近似できることが知られている．これは**中心極限定理** (central limit theorem) とよばれる定理に基づいている．中心極限定理によると，母集団がどのような確率分布をもっていても，確率変数の和の分布は，サンプル数が十分多ければ正規分布で近似できる．古典的な遺伝学や生物統計学においては，正規分布を用いた統計手法が発展し，フィッシャーによる分散分析や，その特殊例として，スチューデントの t 分布による検定などが広く用いられてきた．

しかし，実際の遺伝子発現データを見てみると，発現量は正規分布よりも大きく左に偏っており，**対数変換** (log transformation) すると正規分布に近づくことが知られている．対数変換すると正規分布になる分布のことを，**対数正規分布** (log-normal distribution) とよぶ（補遺 A.1.4 参照）．対数正規分布によって遺伝子発現量が決定されるのは，多くの化学反応系での物質の濃度が，和でなく積の形で決まっているからだと考えられる．ある遺伝子の発現量がその下流の遺伝子の発現量を調整する（または自分自身の発現量を調整する），といった過程で遺伝子発現量が決まってくると，その発現量は和ではなく，積の形で表されることが予想される[244]．対数正規分布に従っていると考えられる分布を，正規分布に変換するような作業を**変数変換** (variable transformation) とよび，対数変換以外にもさまざまな変換が知られている．また，正規分布に従うと思われる観察値から分布の平均値を引き，標準偏差で割ることにより，分布が平均値 0，標準偏差 1 である**標準正規分布** (standard normal distribution) に従うように変換することもしばしば行われる．

対象となる分布がある確率分布に従っているかどうかという判定は，分布を直接目で見ることでも可能であるが（生のデータ分布を目で確認することは，研究を行ううえで非常に重要な作業である），二つの分布の違いを効果的に表現するためによく使われている方法が，**Q-Q プロット** (Quantile-Quantile plot) である．これは比較する二つの分布をそれぞれ値によりソートし，同じ分位点（順位）のデータを 2 次元平面上に散布図として表す方法である．**図 9.5** に例を示すが，もし二つの分布の形状が同じであれば，点の集合は直線上に乗る．さらに，もし二つの分布がまったく同一であれば，点は傾き 45 度の直線上に乗る．対象となるデータが変数変換後に正規分布に近いかどうかは，データの分位点と，正規分布の分位点を比べることによって調べることが可能である．分布の違いを定量的に検定するためには，コルモゴロフ–スミルノフ (Kolmogorov–Smirnov) の検定がよく用いられる．

正規分布を用いた統計処理が用いられるのは，ひとえに生物学での統計手法が正規分布を中心に発展してきたからである．これらの性質について熟知することは重要ではあるが，正規分布以外の分布を仮定する方法や，特殊な分布を仮定しないノンパラ

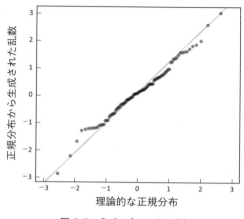

図 9.5　Q-Q プロットの例

一つの点は同じ分位点のデータを表している．横軸に理論的な標準正規分布の値，縦軸に標準正規分布から生成された乱数 100 個の値をとっている．

メトリックな方法も広く用いられてきており，必ずしも行わなければいけない工程ではないことは理解しておく必要がある．

9.4　サンプル間の遺伝子発現量の比較

9.4.1　遺伝子発現比較の表現方法

これまで述べられたとおり，DNA マイクロアレイや RNA-seq による遺伝子発現データは，対数変換することにより，一般的な t 検定や分散分析などの正規性を利用した発現量の比較を行うことができる（次節で述べるように，カウントデータの分布に基づく統計手法やノンパラメトリックな手法によっても，発現量を統計的に比較することが可能である）．**ボルケーノプロット** (volcano plot) は，発現量の差（発現量が何倍違うか）という情報と，統計検定による有意差を同時に示すために用いられている方法である[245]．横軸に発現量比の対数（すでに発現量を対数変換している場合は，それらの値の差），縦軸に統計検定の p 値をとる．通常は $-\log p$ を縦軸にとることにより，検定の有意差が大きいものが図の上部に来るように配置する（図 9.6）．

ほかの表現方法として，**MA プロット**もよく用いられている[246]．MA プロットでは，横軸にサンプル間の平均対数発現量，縦軸にサンプル間の発現量比の対数をプロットする（図 9.7）．MA プロットを用いると，**LOESS**（または LOWESS，局所重みづけ回帰）によるサンプル間発現量の標準化を直観的に理解することができる．LOESS はデータの平滑化に用いられる局所回帰である．データを複数の小区間に分割し，そ

9.4 サンプル間の遺伝子発現量の比較

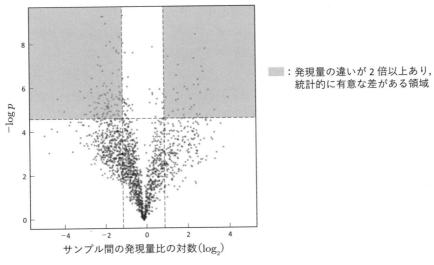

図 9.6 ボルケーノプロットの例

破線は，縦軸については t 検定による $p = 0.01$ に相当し，横軸については発現量の比が 2 倍以上（外側），2 倍以下（内側）となる境界線を示している．灰色の領域にある点が，これらの基準を用いて発現量に大きく違いがあると判定された遺伝子群である．

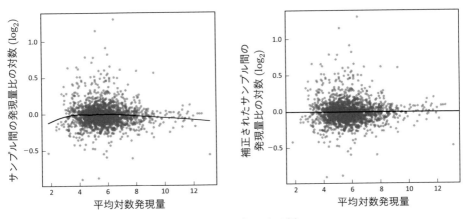

図 9.7 MA プロットの例

左の図の線は LOESS を表す曲線（本文参照）．点は各遺伝子に対応する．LOESS 曲線を直線 ($y = 0$) に合致するようにサンプルの発現量比を補正すると，右の図のようになる．この方法は，二つのサンプルの発現量は全体としてはほぼ同じであるという仮定のもとに補正を行っている．

の区間内で多項式による局所回帰を行う．このとき，中心点から近い点に重みづけをした回帰を行う．ほとんどの遺伝子発現がサンプル間で変化していないと仮定し，サンプル間の発現の局所回帰 (local regression) からの残差を発現量比の対数から引くことにより，発現量比の補正を行うことができる（**図 9.7**）．

遺伝子発現データのような大規模なデータにおいて検定を行う場合には，多重検定の問題を考慮しなければいけない（7.3.1 項参照）．そのため，FDR を一定に保ったうえで発現量の違う遺伝子群を選び出す方法が，ゲノムレベルの研究ではしばしば用いられる．

9.4.2 カウントデータの分布に基づいた統計手法

RNA-seq 解析によって得られるマッピングデータは，DNA マイクロアレイと違い，離散値からなるカウントデータである．観察から得られるデータは，連続値，カウント値，割合などさまざまな形をとるが，それぞれに最もふさわしい解析方法を用いなければいけない．たとえば，われわれがしばしば用いる割合データは一見連続値であるが，実際の観測値はカウント値であり，それらを割ることによって割合を算出している．このような場合は，カウントデータをもとに統計モデルを立てるほうがより現実に即している．たとえば，10 回計測を行って 1 回カウントされたデータと，100 回計測を行って 10 回カウントされたデータは，カウントの割合は等しく 0.1 であるが，その観察結果がもつ統計的意味合いは異なっている．

カウントデータの性質を利用して，発現量解析のモデルを構築することもできる．カウントデータがとる最も単純な分布の一つはポアソン分布である（補遺 A.1.3 参照）．ポアソン分布は，平均値が分散に等しいという重要な性質をもつ．カウントデータの分布が一峰性の場合，分散を平均値で割ることにより，データがポアソン分布に従いそうかどうかを確認することができる．分散/平均値 (dispersion index ともよぶ) が 1 より大きければ**過大分散** (overdispersion)，1 より小さければ**過小分散** (underdispersion) とよぶ．実際のカウントデータでは過大分散となることが多い．これは，ポアソン分布がもつ，「時間あたりに，ある事象が起こる確率が一定」という仮定が満たされていないために起こることが多い．つまり，ある事象が起こる確率[†]が，制御できない技術的な誤差や細かな条件の違いなど，さまざまな要因によってばらつくことが原因であると考えられる．多くの RNA-seq の遺伝子発現カウントデータも過大分散となることが知られている．

[†] ここでは，ある遺伝子から mRNA が転写され，cDNA として合成され，配列が読まれ，元の領域にマッピングされる確率のこと．

9.4 サンプル間の遺伝子発現量の比較 | 165

そこで，ポアソン分布の平均値と分散を表すパラメータ λ の分布が，ガンマ分布に従っていると仮定する．ガンマ分布も広く用いられている確率分布の一つである（補遺 A.1.4 参照）．ポアソン分布のパラメータ λ がガンマ分布に従うとすると，ある時間内に起こる事象の数 k の分布は，λ の変動の効果をひっくるめた周辺確率分布 (marginal probability distribution) として表すことができる．これは，4.3.5 項で紹介した，塩基置換速度におけるサイトごとの置換率の違いをモデル化した場合と同じように扱うことができる（式 (4.22)）．

ポアソン分布のパラメータ λ がガンマ分布に従う場合，k の周辺確率分布は**負の二項分布** (negative binomial distribution) となることが知られている（補遺 A.1.3 参照）．実際の RNA-seq 解析においては，観察されたデータから平均値と分散を求め，それをもとにパラメータを推定するのが一般的である．したがって，負の二項分布を適用するには，実験ごとの分散を推定できるような繰り返し実験が必要である．どのように分散を推定するかに関してはいくつか異なった手法が提案されているが，ここで詳しくは触れない[247,248]．仮定される分布が与えられれば，二つのサンプル間での発現量の差を統計的手法によって検定することができる．実際に解析を行う場合は何らかのソフトウェアを使うことになるので，細かいことを考えなくても解析は行えるが，基本的な方法について理解しておくことが，間違った方法を使わないためにも重要である．

9.4.3　遺伝子発現の階層的クラスタリング

m 個の遺伝子発現量を n 種類の組織またはサンプルから得た場合，得られる発現パターンを $m \times n$ 行列によって表現することができる．この行列の列と行について，それぞれ似たような発現パターンをもった遺伝子および組織を階層的にクラスタリングする手法が幅広く用いられている（**図 9.8**）．発現パターンの違い（距離）を評価す

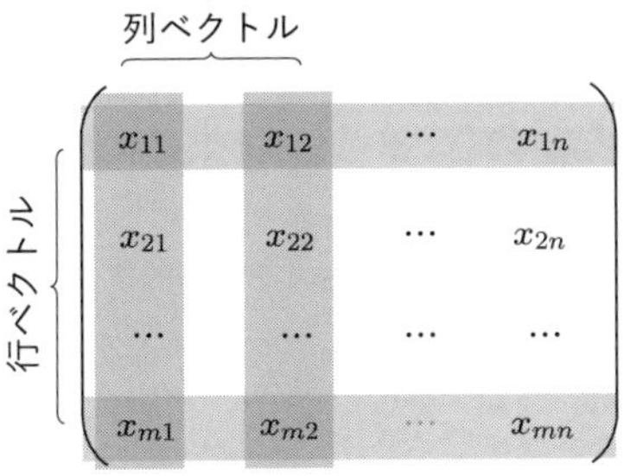

図 9.8　遺伝子発現データのクラスタリング

行と列それぞれのベクトルに対してクラスタリングを行う．

る方法は一つではない．最もよく使われるのは**相関係数** (correlation coefficient) である．相関係数にはパラメトリック（変数に何らかの分布を仮定すること）な**ピアソンの相関係数** (Pearson's correlation coefficient) や，ノンパラトリックな**スピアマンの相関係数** (Spearman's correlation coefficient)，ケンドールの相関係数 (Kendall's correlation coefficient) などが存在する．これらの指標は遺伝子発現の相関によって -1 から 1 の値をとる（0 が無相関を表す）．ほかにも，ユークリッド距離 (Euclidian distance) や相互情報量（mutual information, 補遺 A.3.1 参照）がよく使われる．

距離行列が求まれば，6.3.2 項で紹介した UPGMA 法や NJ 法を用いて階層的クラスタリングを行うことができる．遺伝子発現による階層的クラスタリングの例を図 9.9 に示す．クラスタリングによって，発現パターンが似た遺伝子どうし，発現している遺伝子が似ている組織どうしを可視化することができる．

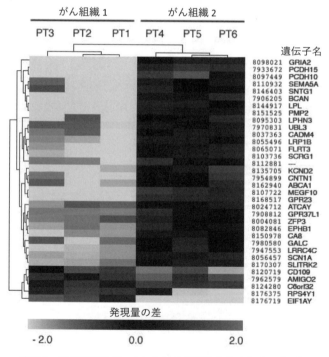

図 9.9　遺伝子発現データにおける階層的クラスタリングの例

サンプルは，異なったタイプのがん組織由来である．発現量は色の濃淡で表されている[249] (CC BY-SA 2.0 Monticone, et al. 2012).

9.5 遺伝子発現ネットワークの解析

9.5.1 遺伝子ネットワーク

ある遺伝子のペアが同じ組織，同じ時間で発現しているのは，二つの遺伝子が（直接相互作用しているのではないにせよ）同じような環境・条件ではたらいているためであると類推できる．このような遺伝子の共発現 (co-expression) 情報をもとに遺伝子どうしの関係を表したグラフを，**遺伝子共発現ネットワーク** (gene co-expression network) とよぶ[250]．似たような遺伝子間相互作用のグラフに**遺伝子制御ネットワーク** (gene regulatory network, GRN) とよばれるものも存在するが，混同しないように注意しよう[251]．遺伝子制御ネットワークは実験により確かめられた，または予測された遺伝子どうしの制御関係を表している．遺伝子共発現ネットワークは方向性をもたないが，遺伝子制御ネットワークは，多くの場合，遺伝子 A が遺伝子 B を正に制御するといったような方向性を情報としてもつ．

遺伝子発現の階層的クラスタリングでは，遺伝子どうしの発現パターンの類似性を距離として表した．すべての遺伝子のペアに対してこれらの統計量を計算すると，結果は n 個の遺伝子について $n \times n$ の正方行列として表現することができる．この値について何らかの閾値を決めることによって，強いつながりをもつ遺伝子間の関係性だけを抽出し，その結果を用いて遺伝子共発現ネットワークを作ることができる（図 9.10）．たとえば，相関係数 0.5 以上をもつつながりを辺としてもち，各々の頂点が遺伝子を表すネットワークを作成する，といったようなことができる．

	S_1	S_2	S_3	S_4	S_5
A	1	0	10	2	0
B	10	0	1	9	2
C	7	2	10	6	8
D	2	1	6	1	0

(a) 遺伝子発現データ

	A	B	C	D
A	1.0	0.2	0.7	1.0
B	0.2	1.0	0.1	0.2
C	0.7	0.1	1.0	0.6
D	1.0	0.2	0.6	1.0

(b) 相関係数表

(c) 遺伝子共発現ネットワーク

図 9.10 遺伝子共発現ネットワークの作成例

(a) 4 個の遺伝子 A〜D について，五つの条件 (S_1〜S_5) で取得した遺伝子発現データ．(b) それぞれの遺伝子の間で，発現パターンの相関係数の絶対値を計算した表．相関係数の絶対値が 1 に近ければ，似たような変動パターンをもつことになる．(c) 相関係数の閾値を 0.5 として作成されたネットワーク図．相関係数は辺に沿って示した．遺伝子 A, C, および D 間のつながりが強く，遺伝子 B は孤立していることがわかる．

9.5.2 ネットワークの特徴とその評価

本項では，ネットワークの特徴を記述する統計量をいくつか紹介する．**クラスタ係**

数 (clustering coefficient) は，ネットワークがどのくらいつながっているかの指標で，頂点 i につながっている頂点 j, k が存在する数のうち，頂点 i, j, k が相互にすべてつながっている組み合わせの割合である．クラスタ係数が高いほど，頂点集団の結合度が高いと考えられる．

中心性 (centrality) とは，ネットワーク中での節の重要性を表す単語である．多くの辺につながった節がネットワークのハブとなり，ネットワークにとって重要であるという直感的な解釈はおおむね間違っていないと思われるが，中心性を定量化するそのほかの尺度が多数提案されている．遺伝子（節）から伸びる結合の数（結合度，connectivity）は**度数中心性** (degree centrality) ともよばれる．**媒介中心性** (betweenness centrality) は別の中心性の尺度で，対象となる頂点以外の任意の二つの頂点間の最短距離が，対象となる頂点を経由する確率を示す．

遺伝子共発現ネットワーク，またはほかの生物学的ネットワークの多くは，**スケールフリー** (scale free) とよばれる特徴をもつ[252]．スケールフリーネットワークは，結合度が**べき乗則** (power law) に従って減少していくネットワークである．スケールフリーなネットワークがもつ特徴は，ノードどうしがランダムにつながっているのではなく，たくさんの結合をもつハブが存在していることである．べき乗分布は，その一部を切り取って拡大しても元の分布とまったく同じ形になることが知られており，これがスケールフリーとよばれる理由になっている（図9.11）．また，同時にクラスタ性，スモールワールド性とよばれる特徴が，さまざまな現実世界のネットワークに見られる．スモールワールド性とは，ネットワーク上の任意の点が，非常に少ないノードを経由してつながれるというネットワーク構造の特徴である（図9.12）．たとえば，

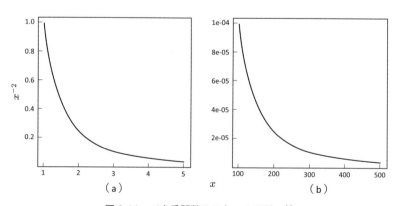

図9.11 べき乗関数のスケールフリー性

関数 $y = x^{-2}$ について，(a) では $1 \leq x \leq 5$ の範囲を，(b) では $100 \leq x \leq 500$ の範囲を示している．

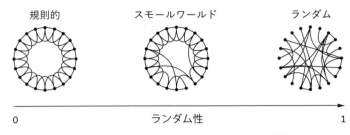

図 9.12　スモールワールドネットワークの例

スモールワールドネットワークでは，ランダムに選ばれた二つの頂点がより少ない数の中間点によってつながっている．この例はワッツ・ストロガッツのモデルと呼ばれる[253]．

世界中の Facebook 上の友人が平均 4〜5 人でつながっているということが報告されている[254]．

遺伝子共発現ネットワークの解析では，結合度と遺伝子配列の保存性には負の相関が見られることが知られている．つまり，ネットワークのハブとなっているような遺伝子は，より強い機能的制約に従って進化してきていると考えられる[255]．

9.6　ソフトウェアの紹介

遺伝子発現データの解析には，歴史的に R などの統計パッケージが使われる場合が多い．R には遺伝子発現データ解析用のさまざまなパッケージが存在する．RNA-seq で得られた短い DNA 断片のマッピングは，TOPHAT2[242] や HISAT[256] などのソフトウェアが用いられている．HISAT2[257] はこれら二つの後継であり，古いものに代わってこちらを使用することが推奨されている．これらのマッピングデータから発現量をカウントするソフトウェアとして，Cufflinks[258]，TIGER[259] などのソフトウェアが用いられ，そこから得られた発現のカウントデータを統計的に処理する R パッケージとして，edgeR[248]，DESeq[247]，limma[260] などを用いることができる（limma は RNA-seq だけでなく，マイクロアレイデータの解析にも適している）．また，R だけを用いてマッピングから発現量のカウントまでを行うには，Rsubread[261] というパッケージを利用することができる．これらの R パッケージは，Bioconductor パッケージをインストールすることにより利用することができる．Bioconductor パッケージはこのほかにも遺伝子発現解析に有用な多数のツールを含んでいる．また，R 上で GUI で RNA-seq 解析を行える RNASeqGUI[262] が存在する．

NGS から得られた RNA 配列は，発現の定量だけではなく，トランスクリプトーム配列のアセンブルにも用いられる．トランスクリプトーム配列には選択的スプライシ

ングという複雑性があるが，ゲノムの非コード領域のように反復配列に富んでいなので，比較的よいアセンブル結果を得ることができる．トランスクリプトーム配列のアセンブルには，Trinity[263] がしばしば用いられている．

Chapter

10

タンパク質解析法

10.1 　タンパク質立体構造解析の重要性

　第1章では，タンパク質の立体構造について簡単に学習した．タンパク質の立体構造に関するバイオインフォマティクス解析の大きな目的の一つは，その3次元立体構造の予測である．タンパク質の立体構造がわかれば，そのはたらきや作用機序を詳しく知ることができる．機械学習による遺伝子機能の予測と同様，手間と時間のかかる実験的手法を行うことなく，タンパク質の立体構造やタンパク質が結合する相手を見つけることができれば，研究開発にかかるコストを大幅に削減できる．このような予測手法は，医薬品の開発分野においてとくに重要な位置を占めている．

　タンパク質の立体構造は，生命の進化を考える場合にも重要な要素となる．タンパク質は高度な機能をもった生体ナノマシンであり，より単純な構造から進化した結果，現在の形として存在している．すでに学んだように，ランダムに生じた突然変異の多くは，タンパク質の立体構造を変え，生物に有害な影響を与える．しかし，これもすでに学んだように，タンパク質のアミノ酸配列は時間とともに変化し，進化の過程で多くのアミノ酸置換が起こっている．ヒトとバクテリアの遺伝子には似たような機能をもったものが存在するが，アミノ酸配列を比較すると，多くのアミノ酸は異なっていることがわかる．逆に考えると，アミノ酸配列が大きく異なっていても，その立体構造を含む機能は高度に保存されうるということである．10.4.4項で述べるように，この原理をもとにタンパク質の立体構造推定が行われている．

　本章では，最初に10.2節において，実験によるタンパク質立体構造決定法について簡単な紹介を行う．次の10.3節では，タンパク質の立体構造を情報としてどのように扱うか，その表現方法について学習する．続く10.4節は本章の内容の中心となるもので，タンパク質一次構造（アミノ酸配列）から，どのようにその立体構造を予測するのかについて触れる．

Column タンパク質の熱安定性とプリオン病

タンパク質の熱安定性は，生物にさまざまな影響を与える．生体内においてもタンパク質がうまく折りたたまれずにミスフォールディングを起こす例が知られている（ミスフォールディングについては 1.10.3 項参照）．ミスフォールディングされたタンパク質は細胞中に凝集し，細胞に対して毒性を示すことがある．**プリオンタンパク質** (PrP) はその一つの例である．プリオンとは感染性のタンパク質の総称であるが，そのなかでもプリオンタンパク質遺伝子 (*PRNP*) は，ヒトのクロイツフェルト＝ヤコブ病 (Creutzfeldt–Jakob disease, CJD) やウシ (*Bos taurus*) のウシ海綿状脳症 (bovine spongiform encephalopathy, BSE) の原因となることが知られている．この病原性タンパク質は正常のタンパク質と異なった立体構造をもっており，細胞外で凝集する性質がある．この凝集が中枢神経系においてアミロイド斑とよばれる組織の変異をもたらし，中枢神経系の正常なはたらきを妨げ，感染個体を死に至らしめる．現在最も有力な仮説では，異常型プリオンは，正常型プリオンの立体構造を，何らかの方法で異常型に変えてしまうとされている[264]．BSE では，変異型タンパク質をもった牛肉をウシの飼料として用いたことが，感染拡大の原因であったとされている．また，ヒトでは，死者を食べる習慣があったパプアニューギニアのクール地域でも，同様の病気（クール病）が知られている．この異常型プリオンタンパク質は熱に対して非常に安定であるため，一度体に取り込まれた異常型プリオンタンパクを除去するのは困難である．ところが，クール病が広まっている地域では，健常者のプリオンタンパク質に，ある特定の変異が見られることがわかった[265, 266]．プリオンタンパク質の 127 番目のアミノ酸がグリシンからバリンに変化すると，このタンパク質は異常型プリオンに対して100% の抵抗性を示すことが，ハツカネズミを用いた実験で証明された．ほかの地域ではこの変異は見つかっていないため，この突然変異は食人の習慣によって有利になり，急速に集団中に広まったと考えられる．この事実は，タンパク質の進化の高い可能性を示しているのだろう．

また，タンパク質のフォールディングにとって重要な要素の一つは環境の温度である．高温で生息する生物，たとえば温泉に生息する好熱菌などには，100℃ 近くの環境で正常にはたらくタンパク質を産生することができるものもいる．ヒトのタンパク質のほとんどは，このような条件下では熱変性によって失活する．高温でタンパク質の立体構造が保存されているということは，好熱菌のタンパク質がそれだけ高い熱安定性をもっているということである．フォールディングは相対的に安定な立体構造を実現する過程であるが，最終的な立体構造の安定性は，タンパク質の種類や環境など，さまざまな要因に影響される．

分子シャペロン (molecular chaperon) とは，ミスフォールディングされたタンパク質が正常な立体構造をとるのを助けるタンパク質である．分子シャペロンのなかには，温度の上昇により発現が誘導されるヒートショックタンパク質が存在する．高温によって誘導されたシャペロンは，温度変化によりミスフォールディングをしたほかのタンパク質の正しいフォールディングを助ける[267]．このようなタンパク質としては，細菌がもつ GroEL（シャペロニン）や，真核生物がもつ Hsp70 が有名である．分子シャペロンは，間違って折りたたまれ，疎水性残基が表面に露出したタンパク質を見つけ出し，構造を修復する手助けをする．このような分子が幅広い生物で見つかることは，タンパク質のフォールディングが，環境の温度変化に強く依存することを示している．

10.2　実験によるタンパク質立体構造決定法

タンパク質の立体構造を決定するのに現在広く用いられているのは，**X 線結晶構造解析** (X-ray crystallography)，**核磁気共鳴** (nuclear magnetic resonance, **NMR**) **法**，**クライオ（低温）電子顕微鏡法** (cryo-electron microscopy) である．本書では，実験的なタンパク質立体構造決定法についてはその概略を述べるのにとどめる．原理などの詳細は，それぞれの専門書を参考にしてほしい．

X 線結晶構造解析は，規則正しく並んだタンパク質の結晶を作製することから始まる．きれいな結晶構造をとらないタンパク質では，この解析法は用いることができない．規則正しいタンパク質の結晶に X 線を照射すると，ブラッグの法則を満たす方向に干渉を起こして，強められた X 線が回折される．得られた回折パターンを解析することにより電子密度を推定し，そこから分子構造を予測する（図 10.1）[268]．

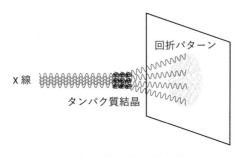

図 10.1　X 線結晶構造解析
細い平行 X 線のビームをタンパク質の結晶に照射すると，その回折パターンから立体構造が推定できる．

NMR 法では，原子核のスピンが静磁場でとる状態に応じて，ある周波数の電磁波と共鳴する現象を利用する．共鳴により放出されるエネルギーを測定することにより，核種と周りの電子の状態を推定し，それを手掛かりに，どの分子がどの分子に近いかなどの情報を得る[269]．NMR 法は，溶液状態のタンパク質の解析や，タンパク質の結合状態の解析に力を発揮する．

クライオ電子顕微鏡法は，サンプルを氷で包み低温に保つことによって，電子によるサンプルの損傷を押さえたうえで，電子顕微鏡による観察を行う方法である[270]．クライオ電子顕微鏡法は近年最も発達した手法であり，2017 年のノーベル化学賞を受賞している．クライオ電子顕微鏡法は，解析度が十分に高く，巨大なタンパク質分子の立体構造も解析できるといった利点をもっている．

174 | 10 タンパク質解析法

10.3　立体構造の表示方法

10.3.1　PDB フォーマット

　タンパク質の立体構造は隣接するアミノ酸どうしの回転角（二面角）と側鎖の回転角との組み合わせによって決定されるが，実質的には，タンパク質を構成する各原子の 3 次元座標として表現することができる．一般的に用いられているフォーマットは**PDB フォーマット**（図 10.2）で，原子の位置以外にも，さまざまな情報がテキスト情報で書き込まれている．タンパク質はその状態により違った立体構造をとりうることに加え，実験による測定の誤差も存在するので，一つのタンパク質に対して複数の構造が登録されている場合も多い．

```
HEADER    OXYGEN TRANSPORT                        10-JUN-83   1HHO
TITLE     STRUCTURE OF HUMAN OXYHAEMOGLOBIN AT 2.1 ANGSTROMS RESOLUTION
COMPND    MOL_ID: 1;
COMPND   2 MOLECULE: HEMOGLOBIN A (OXY) (ALPHA CHAIN);
COMPND   3 CHAIN: A;
COMPND   4 ENGINEERED: YES;
COMPND   5 MOL_ID: 2;
COMPND   6 MOLECULE: HEMOGLOBIN A (OXY) (BETA CHAIN);
COMPND   7 CHAIN: B;
COMPND   8 ENGINEERED: YES
SOURCE    MOL_ID: 1;
SOURCE   2 ORGANISM_SCIENTIFIC: HOMO SAPIENS;
SOURCE   3 ORGANISM_COMMON: HUMAN;
SOURCE   4 ORGANISM_TAXID: 9606;

//
ATOM      1  N   VAL A   1       5.287  16.725   4.830  1.00 77.31           N
ATOM      2  CA  VAL A   1       5.776  17.899   5.595  1.00 70.91           C
ATOM      3  C   VAL A   1       7.198  18.266   5.104  1.00 81.71           C
ATOM      4  O   VAL A   1       7.301  19.067   4.161  1.00 77.16           O
ATOM      5  CB  VAL A   1       5.498  17.697   7.118  1.00 51.33           C
ATOM      6  CG1 VAL A   1       6.457  16.822   7.917  1.00 78.39           C
//
```

図 10.2　ヒト酸化型ヘモグロビンの PDB ファイルの一部

　PDB ファイルには固有の ID が付与されており，各原子の位置が 3 次元座標で示されている（図下段）．

　立体構造を表示するために，多数のソフトウェアを利用することができる（10.5 節参照）．これらのソフトウェアの多くでは，ポリペプチドの骨格だけを表したモデル (backborn) やワイヤーフレーム (wireframe) モデル，原子を球，結合を棒で表すボー

図 10.3 タンパク質立体構造表示の例

図 10.2 で示された PDB ファイルを用いて，その立体構造を RASMOL ソフトウェア[271]で表したもの．左からボール&スティックモデル，リボンモデル，空間充填モデルでの表示形式．

ル&スティック (ball and stick) モデル，ヘリックスなどの二次構造がよくわかるリボン (ribbons) モデル，分子の電子密度を反映した空間充填 (spacefill) モデルなど，目的にあった表示方法が選べる（図 10.3）．

10.3.2 コンタクトマップ

アミノ酸残基間の位置情報を 2 次元平面上に展開する方法の一つとして，**コンタクトマップ** (contact map) が用いられている．さまざまな形式があるが，3 次元空間内での距離が近い残基をプロットすることにより，タンパク質立体構造がもつ特徴を抽出することができる．コンタクトマップ自体を機械学習により予測する方法や，コンタクトマップを学習データとして，タンパク質を分類する方法などがある．コンタク

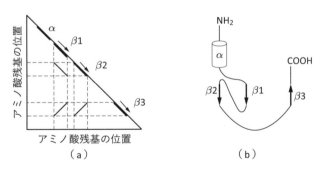

図 10.4 コンタクトマップの模式図

(a) では，ある一定の距離以内にあるアミノ酸残基に対応する位置が太い実線で描かれている（破線は補助線）．らせん状の α ヘリックスは対角線上の位置に，β シートは隣り合う鎖が接する位置が物理的に近く配置されている．(a) からは，タンパク質に一つの α ヘリックスと，三つの β ストランドからなる β シートが存在することがわかり，さらに最初の β ストランド ($\beta1$) が残りの二つに近接していることがわかる．また，$\beta3$ は残りの二つに対して逆並行であることから，(b) のような構造が予測される．

トマップの例を**図 10.4** に示す[272].

10.4　タンパク質立体構造の予測法

10.4.1　タンパク質立体構造の比較

10.2 節で説明したような実験的立体構造決定方法は強力であるが，解析ができるタンパク質は限られているし，費用と速さにおいて多くの制約がある．したがって，可能であるならば，こういった実験を行わずにタンパク質の立体構造を予測したい．アンフィンセンのドグマ（1.10.3 項参照）によれば，タンパク質の一次構造は，それ以降のすべての情報を含んでいる．したがって，理論的には，構造未知のタンパク質一次構造のみから，安定的にとる構造を決定できるだろう．

予測されたタンパク質と，実際のタンパク質間の立体構造の比較は，どのようにして行えばよいだろうか．二つの立体構造で対応する原子がわかっている場合，比較する二つのタンパク質 X, Y の i 番目の原子の位置を，ベクトル $\mathbf{x}_i, \mathbf{y}_i$ でそれぞれ表し，**平均二乗偏差** (root mean square deviation, **RSMD**) をとることによって評価する．

$$\text{RSMD} = \sqrt{\frac{1}{N} \sum_{i=1}^{N} (\mathbf{x}_i - \mathbf{y}_i)^2} \tag{10.1}$$

二つの立体構造の座標軸が等しいとは限らないので，重心をそろえ，片方の座標を回転させることによって，RSMD が最小となるように最適化する．この最適化問題は，片方の座標ベクトル（たとえば，式 (10.1) の $\mathbf{x}_i$）にある直交行列 $\mathbf{U}$ を掛け合わせることによって回転操作を表現し，RSMD を最小化するような $\mathbf{U}$ を見つけることによって行われる[273]．RSMD が小さいほど，二つの立体構造は似ているということになる．通常，RSMD の単位にはオングストローム (Å) を用いる．

10.4.2　*ab initio* (*de novo*) モデリング

ab initio または *de novo* モデリングとよばれる方法では，タンパク質のアミノ酸配列の情報だけから 3 次元構造を作り上げる．生体内や試験管内で行われているフォールディングに似たような過程を，コンピュータ上で再現しようという試みである．以下に紹介する方法は，タンパク質の立体構造の最適化だけではなく，タンパク質と DNA分子との結合など，さまざまな用途に応用することができる．*ab initio* モデリングに用いられる方法として，**分子動力学法** (molecular dynamics, MD) と**分子力学法**

(molecular mechanics, MM) が有名である.

分子動力学法は, 分子間にはたらく力からニュートンの運動方程式に基づいて分子の位置の変化を予測し, 微小時間ごとに分子に作用する力と位置の変化を計算する過程を繰り返す物理シミュレーションである [274]. 初期値に熱力学的振動による原子の速さを入れておき, 数値的に微分を行うことより, 微小時間後の原子の位置を決めることができる.

分子力学法では, 原子間にはたらくさまざまな力 (共有結合, 静電結合, 水素結合, 疎水性結合など) の力場をポテンシャルエネルギーとして表現し, そのポテンシャルエネルギーを最小化するように原子を移動させていく [275]. さらに, 量子力学 (quantum mechanics, QM) 計算を組み合わせることにより, 動的な状態の構造を最適化する QM/MM 法という方法も存在し, 開発者がノーベル化学賞を受賞している [276].

ほかにもさまざまな方法が存在するが, タンパク質のとりうる立体構造は非常に多いために, 膨大な計算量が必要になる. しかし, 分散コンピューティングや探索アルゴリズムの発達などにより, このような必要計算量が多い方法でも, より早くより正確な立体構造予測が可能になってきている.

10.4.3　タンパク質二次構造の予測

α ヘリックスや β シートといったタンパク質の二次構造はアミノ酸配列の規則性によるところが大きいので, *ab initio* モデリングが比較的有用である. しかし, この場合でも, 既知の二次構造をもつタンパク質のアミノ酸配列を用いた機械学習による予測で, 十分高い正解率が得られることがわかっている.

機械学習については第 7 章で説明した HMM やニューラルネットワークなどが有効であるが, ここでは, 歴史的に用いられていた単純な方法として, チョウ–ファスマンの方法を紹介する [277]. この方法では, 実験的に立体構造が決定されたタンパク質における α ヘリックス領域と β シート領域にあるアミノ酸の頻度をもとに, 与えられたアミノ酸配列の二次構造を予測する. それぞれのアミノ酸残基を, 構造をとりやすいもの, とりにくいもの, とらないものに分け, α ヘリックスの場合は 6 アミノ酸残基中 4 アミノ酸, β シートの場合は 5 アミノ酸残基中 3 アミノ酸が「構造をとりやすい」アミノ酸であれば, そこから探索範囲を広げ, 条件を満たす領域を同定するという方法である. この方法は非常に単純であるが, 比較的よい成績を示すことが知られている. このように, タンパク質二次構造の問題は, 比較的取り組みやすい問題であるといえる.

10.4.4 ホモロジーモデリング

タンパク質間のアミノ酸配列の類似性は，配列が共通祖先をもつことに由来することはすでに説明した．同様に，タンパク質の機能が進化的に保存されているならば，そのようなタンパク質どうしは似たような立体構造をとると考えられる．したがって，*ab initio* モデリングのように立体構造をゼロから推定するのではなく，アミノ酸配列が近く，実験的手法により立体構造が解明済みのタンパク質の情報を用いて立体構造を推定することは，必要な探索スペースを大幅に減らすことができるので，非常に効率的である．

現実的な方法としてよく使われているのが，**ホモロジーモデリング** (homology modeling) である．タンパク質の立体構造は，アミノ酸配列よりもずっと進化的に保存されているという事実が，ホモロジーモデリングを可能にしている．負の自然選択はアミノ酸の配列ではなく，機能に対してはたらくものであるから，進化の過程で，アミノ酸配列は大きく変わってしまったが，ほぼ同じ機能をもったタンパク質というものが多数存在していることがわかっている．ホモロジーモデリングでは，目的のタンパク質に一番よく似ていて，立体構造がわかっているタンパク質を鋳型に用いる．アミノ酸配列の一致度が 30%程度あると比較的よい精度で構造予測が行えるといわれているが，一致度が 20%程度しかない場合でも，良好な立体構造予測ができる例も知られている[278]．

ホモロジーモデリングでは，鋳型となる立体構造に，目的となるアミノ酸配列を配列どうしのアラインメントをもとに当てはめていくが，いったんそのような当てはめを行った後に，分子力学法や分子動力学法による細かな修正を加えて最終的な立体構造を決定することもある．初期値として与えられる立体構造がある程度安定な構造に近いと考えらえるため，それ以降の探索作業は比較的少なくて済むと考えられる．ホモロジーモデリングは現在最もよく用いられている方法であり，さまざまなアルゴリズムが存在する．

1. PSI-BLAST

PSI (Position Specific Iterated)**-BLAST** は，比較的離れたアミノ酸配列間の相同性を見つけるために開発されたアルゴリズムであり，5.3 節で紹介した BLAST の発展版である．PSI-BLAST は，サイト特異的なアミノ酸プロファイル（7.2.4 項参照）を相同性の評価に用いる．まずデータベース中に存在する相同アミノ酸をアラインメントし，アミノ酸プロファイルを決定する．次に，それに相同性をもつ配列を探し出しアラインメントを行い，新しいプロファイルを設計する．このような作業を繰り返

すことによって，より類似度の低い配列を見つけ出せるように工夫されている[†][145]．

2. スレッディング法

ホモロジーモデリングでは，配列の類似度が高いタンパク質の立体構造を鋳型として用いたが，そのようなタンパク質が見つからない場合はどうしたらよいだろうか．アミノ酸配列間に検出可能な相同性がなくなってしまっても，共通祖先から派生したタンパク質は共通の構造をもっている可能性が高い．**スレッディング (threading) 法**は，既知の立体構造を鋳型とし，その鋳型に目的のアミノ酸配列を並べることによって立体構造を予測する方法である．すなわち，既知の三次構造と目的の一次構造をアラインメントする要領で立体構造の予測を行う．どのようにこのアラインメントの評価を行うかについてはさまざまな方法がある．ホモロジーモデリングとの違いは，ホモロジーモデリングは基本的に最も相同性の高い構造既知タンパク質の構造を鋳型にするが，スレッディング法では複数の鋳型を用いることができるので，相同な配列が見つからない場合でも，あらゆる既知構造へ当てはめることによって，最もよく当てはまる鋳型を見つけることができる．

3D-1D 法とよばれる方法では，アミノ酸の立体構造上の情報（タンパク質上の位置や二次構造など）におけるそれぞれのアミノ酸の頻度の情報を，立体構造既知のタンパク質とその相同アミノ酸配列より得て，その行列をプロファイルとして用いる[279]．

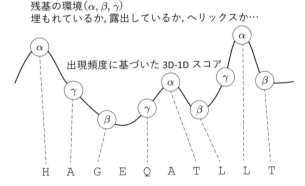

図 10.5　3D-1D 法の概略図

立体構造既知のタンパク質群より，アミノ酸残基の環境（アミノ酸の露出度と，ヘリックスなどの二次構造の組み合わせ）と，相同アミノ酸配列に出現するアミノ酸の出現頻度を調べ，スコア行列を作成しておく．既知立体構造を鋳型とし，それと構造予測を行いたいクエリー配列をアラインメントすることにより，クエリー配列が鋳型構造にどれだけマッチするのかを評価できる．

[†] DELTA-BLAST とよばれる，より感度が高く高速な方法も存在する．

プロファイルは，どのような物理的環境下にどのようなアミノ酸が起こりやすいのか，という情報を定量化している．プロファイルから 3D-1D スコアとよばれるスコア行列が与えられれば，最適なアラインメントは，アミノ酸配列間のアラインメントと同様の動的計画法（5.2.2 項参照）により決定できる（**図 10.5**）．

また，一般的な 3D-1D 法では，スコア行列は静的なものであるが，さらに複雑なモデルとして，アミノ酸間の相互作用を考慮したモデルがある．つまり，アラインメントによって変わるアミノ酸間の物理的距離によってスコアが決定されるようなモデルである．通常このような問題は簡単には解けないため，探索的な最適化が行われる[280]．

10.5 ソフトウェアの紹介

PDB ファイルから立体構造を可視化するソフトウェアは多数存在し，RasMol[271]，PyMOL[281]，VMD[282] などがしばしば用いられている．さまざまなオプションや表現方法があるので，いくつか試してみて自分に合ったものを選ぶとよいだろう．VMD は，PDB ファイルからアミノ酸のコンタクトマップを作成する機能ももっている．

タンパク質立体構造の予測を行うプログラム，とくに，計算量が多い *ab initio* モデリングの多くは，ホストの PC 上ではなく，サーバ上で行われるものが多い．ホモロジーモデリングによる予測プログラムで比較的よく用いられているものに，MODELLER[283] や SWISS-MODEL[284] などがある．SWISS-MODEL では，相同性のあるタンパク質の検索から立体構造，予測の評価までを行うパイプラインが構築されており，簡便に立体構造を予測することができる．タンパク質二次構造等の予測については，機械学習を扱った第 7 章の 7.4 節を参照してほしい．

アミノ酸の変異がヒトの疾患の原因になるかどうかについて予測するプログラムとして，PROVEAN[285]，SIFT[286]，PolyPhen-2 などが用いられている．これらのソフトウェアは進化的な保存性を指標の一つとしている．同様の目的をもつプログラムである MAPP[287] は，アミノ酸の物理化学的性質を用いて予測を行う．また，タンパク質の立体構造がわかっていれば，より直接的に変異による立体構造安定性の変化を予測することができる．FoldX[288] というソフトウェアでは，あらかじめ計算されたポテンシャルエネルギー関数を用いて立体構造の最適化を行い，変異タンパク質との自由エネルギーの差を見ることにより，タンパク質の熱安定性がどれだけ変化するのかを予測することができる．変異を導入することにより，自由エネルギーの差が大きくなればなるほど，変異によってタンパク質の安定性が低くなると考えられる．

Chapter

11

データベースへのアクセスとその利用法

11.1　生命情報データベースの概要

　最後の章となる本章では，生命情報解析を担うリソースとして，さまざまな生命情報データベースについて学習する．世界中でさまざまな研究者がさまざまな種類の実験を行っており，それらの結果を広く共有することは科学の発展にとって重要なことである．現在，ほとんどの学術雑誌において，塩基配列を解読した結果を発表する場合には，配列の公共データベースへの登録が義務付けられている．この規則により，リソースの再利用による研究の効率化が行われたり，発表された研究が行った情報解析の再現性が，ある程度担保されたりすることになっている．

　ゲノム情報は，細胞や個体が決まっていれば不変の情報であり，実験条件などに左右されないものであるので，誰が調べても一緒の結果が出るはずである．したがって，このような情報については研究者間で共有するメリットがとくに大きい．遺伝子発現情報や大規模実験データなどを共有するメリットも大きいが，実験条件などにより，必ずしも公共データが有用ではないことには注意すべきである．たとえば，異なる研究者が登録した遺伝子発現データを比較しても，実験者による観測値の違いが大きく，条件による遺伝子発現の違いを見ていない可能性がある．

　また，データベースの信頼性も，データベースごと，データごとに異なっていることをよく理解しておくべきである．データベースに登録された情報を盲目的に信用することはあってはならず，常に間違いがある可能性を念頭に置いてデータを用いなければならない．多くのフリーソフトウェアと同様，公共データベースの多くは，間違いによって起こる損害について担保しない．データベースからデータを得たときにまずしなければならないことは，そのクオリティのチェックである．多くの場合，データベースには，そのデータがどのように取得されたかについての詳細な記述や，データの取得に関する論文の情報が付随しているので，これらを調べてデータの詳細につ

いて知ることができる.

　生物学に関するデータベースは現在では無数に存在し，その目的も多岐にわたる．そのすべてをここで紹介することは不可能なので，本章では主に，遺伝子配列データベースと，ゲノム配列データベースについて解説を行う．

11.2　データベースの構造

　データベースとは，データの集合と，そこから効率よくデータを検索する**データベース管理システム** (database management system, **DBMS**) から構成される．データベース管理システムは，ユーザーがデータの形を気にすることなくデータを取り出せるように設計されており，データの更新やアクセス権の管理など，さまざまな機能をもっている（図 11.1）．

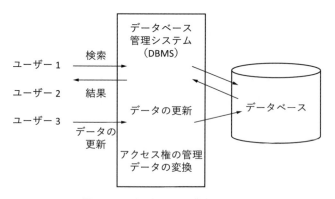

図 11.1　データベース構造の概略図

ユーザーがデータの型などについて詳しく知らなくても，データベースのデータを検索することができるようにするシステムが DBMS である．DBMS は，検索だけでなく，データの更新や同期についての管理も行う．

　データベースを利用するユーザーはデータ構造を気にすることなくアクセスできるが，実際のデータ構造にはさまざまな形がある．よく用いられているのは**リレーショナル型データベース**と**階層型データベース**である（図 11.2）．リレーショナル型のデータベースは，一般的にいう表（テーブル）の形をとっており，あるキー（データを識別するための値）に対応する値が複数存在する．一意に存在するキー（主キー）をユニーク ID とよぶ．階層型のデータベースとしては XML が知られており，一つの値の下に下位のデータがぶら下がっていく．構造としてはリレーショナル型より複雑になるが，より自由なデータ構造をとることが可能である．

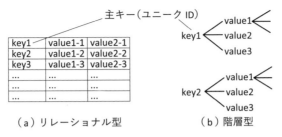

図 11.2　リレーショナル型データベースと階層型データベースの違い

(a) リレーショナル型データベースでは，一つのデータに関連する内容は 1 行で表すことができるが，(b) 階層型データベースでは，より複雑なデータ構造がとられる．

11.3　遺伝子配列データベース

　遺伝子に関する一番大きなデータベースは，**GenBank** とよばれるアメリカ NCBI が運営するデータベースである[289]．そのほかの中核機関として，EBI (European Bioinformatics Institute) が運営する **EMBL** (European Molecular Biology Laboratory)[290]，日本の国立遺伝学研究所が運営する **DDBJ** (DNA Data Bank of Japan) が存在する[291]．これら三つのデータベースは **INSDC** (International Nucleotide Sequence Database Collaboration) とよばれる共同体を形成しており，そのデータは毎日同期されている．したがって，基本的な遺伝子配列は，どのデータベースにあたっても同じものを得ることができる．
　ここでは，そのなかで最もよく使われる GenBank のファイルフォーマットについて説明したい．
　図 11.3 に示されているのは，ヒトヘモグロビン α サブユニット 2 (HBA2) の塩基配列に関する genbank フラットファイル形式のデータである．この配列は，NCBI の nucleotide データベースに登録されている．**アクセッション番号**（① ACCESSION フィールド）は，登録配列に対するユニークな ID である．また，③ ORGANISM フィールドには，対象の生物種が記載されている．④ REFERENCE フィールドには遺伝子の名前，登録者名，発表が行われた論文名などの情報が示されており，⑦ ORIGIN フィールドには遺伝子配列が掲載されている．
　② KEYWORDS フィールドや付属論文のタイトルを読むと，この遺伝子配列は，実験的に単離された cDNA クローンの配列だということがわかる．また，FEATURES フィールドの子フィールドである ⑤ source フィールドを見ると，その cDNA は胸腺 (thymus) から単離されたということがわかる．このように，遺伝子配列の登録は，一つの遺伝子 (HBA2) に対して，それを決定した人がそれぞれ行うために，複数のデー

```
        LOCUS       AK223392                 608 bp    mRNA    linear   PRI 26-JUL-2016
        DEFINITION  Homo sapiens mRNA for alpha 2 globin variant, clone: FCC107C11.
   ①   ACCESSION   AK223392
        VERSION     AK223392.1
   ②   KEYWORDS    FLI_CDNA; oligo capping.
        SOURCE      Homo sapiens (human)
   ③     ORGANISM  Homo sapiens
                    Eukaryota; Metazoa; Chordata; Craniata; Vertebrata; Euteleostomi;
                    Mammalia; Eutheria; Euarchontoglires; Primates; Haplorrhini;
                    Catarrhini; Hominidae; Homo.
   ④   REFERENCE   1
          AUTHORS   Maruyama,K. and Sugano,S.
          TITLE     Oligo-capping: a simple method to replace the cap structure of
                    eukaryotic mRNAs with oligoribonucleotides
          JOURNAL   Gene 138 (1-2), 171-174 (1994)
           PUBMED   8125298
        //
        COMMENT     This work was supported in part by the National Project on Protein
                    Structural and Functional Analysis, Ministry of Education, Culture,
                    Sports, Science and Technology of Japan.
        FEATURES             Location/Qualifiers
   ⑤       source          1..608
                           /organism="Homo sapiens"
                           /mol_type="mRNA"
                           /db_xref="taxon:9606"
                           /clone="FCC107C11"
                           /tissue_type="thymus"
                           /clone_lib="IMS_TMS"
                           /note="cloning vector: pME18SFL3;
                           this clone is also named as hst001000207"
   ⑥       CDS             <44..472
                           /inference="non-experimental evidence, no additional
                           details recorded"
                           /note="Start codon is not identified."
                           /codon_start=1
                           /product="alpha 2 globin variant"
                           /protein_id="BAD97112.1"
                           /translation="MVLSPADKTHVKAAWGKVGAHAGEYGAEALERMFLSFPTTKTYF
                           PHFDLSHGSAQVKGHGKKVADALTNAVAHVDDMPNALSALSDLHAHKLRVDPVNFKLL
                           SHCLLVTLAAHLPAEFTPAVHASLDKFLASVSTVLTSKYR"
   ⑦   ORIGIN
                1 aaaaaaactc ttctggtccc cacagactca gagagaaccc accatggtgc tgtctcctgc
               61 cgacaagacc cacgtcaagg ccgcctgggg taaggtcggc gcgcacgctg gcgagtatgg
              121 tgcggaggcc ctggagagga tgttcctgtc cttccccacc accaagacct acttcccgca
              181 cttcgacctg agccacggct ctgcccaggt taagggccac ggcaagaagg tggccgacgc
              241 gctgaccaac gccgtggcgc acgtggacga catgcccaac gcgctgtccg ccctgagcga
              301 cctgcacgcg cacaagcttc gggtggaccc ggtcaacttc aagctcctaa gccactgcct
              361 gctggtgacc ctggccgccc acctccccgc cgagttcacc cctgcggtgc acgcctccct
              421 ggacaagttc ctggcttctg tgagcaccgt gctgacctcc aaataccgtt aagctggagc
              481 ctcggtggcc atgcttcttg cccttgggc ctccccccag cccctcctcc cttcctgca
              541 cccgtacccc cgtggtcttt gaataaagtc tgagtgggcg gcaaaaaaaa aaaaaaaaaa
              601 aaaaaaa
```

図 11.3　genbank フラットファイルの例

ヒトヘモグロビン α サブユニット 2 (HBA2) をコードする cDNA 塩基配列に関する
genbank フラットファイル形式のデータ．途中の一部を省略している．

タが存在する．同じ遺伝子に複数配列が登録されている場合には，それらの配列に違
いが見られる場合もある．登録された配列間の違いは，実験によるエラーかもしれな
いし，解析に用いた個体が違っているからかもしれない．また，転写開始点などは，同
一組織であっても常に同じサイトが使われているわけではなく，mRNA 分子ごとにば
らつきがあることがよく知られている[32]．

11.3 遺伝子配列データベース | 185

　図 11.3 では，cDNA クローンの全長を解読したものが登録されていることがわかるが，コストの関係により，クローンの末端配列だけを解析する方法がかつては主流であった．このような断片配列を **EST** (Expressed Sequence Tag) 配列とよぶ．サンガー法による通常の塩基配列決定法では，一つのサイトについて 5′ 方向と 3′ 方向の両方から 2 回配列を決定して間違いを修正することが多いが，EST 配列はどちらかの方向からしか決定されていないために，エラー率が高いことに注意すべきである．⑥ CDS フィールドは cDNA 配列中のどこにタンパク質がコードされているか（コード領域）を示している．cDNA はしばしばその 5′ 末端が不完全である場合が多い．この例では頭に「<」がつけられており，これが 5′ 末端が不完全であることを示している．逆に CDS の 3′ が不完全である場合は「>」によって記される．注意しなければいけないのは，多くの塩基配列データのうち，配列中に見られる尤もらしい ORF が CDS とされており，それが本当にタンパク質として翻訳されているかどうかについては確認されていないものが多い．つまり，必ずしも「ORF ＝コード領域」ではないことに注意しよう．

　このように，配列を登録した人の数だけ配列があると，データの登録数だけが増え，色々と都合の悪いことが起こってくる．そこで，ゲノム配列が決定された生物について，転写産物を単位として配列をまとめたものが NCBI の **RefSeq データベース**である[292]．同様のデータは EBI の Ensembl データベースや産業技術総合研究所の H-INV データベース[293]†にも存在する．これらの遺伝子配列は参照ゲノム配列と紐づけられているので，ゲノム上の場所が定まれば，塩基配列も一意に決定される．これらの参照転写産物情報は相互にリンクしあっているものの，各データベースセンターで独自に作成されたものである．RefSeq のデータには，どの cDNA 配列がもとになっているかなど，転写産物の簡単な解説がついているので便利である．アクセッション番号は「NM_」で始まり，RefSeq データベース独自のものである．また，ゲノム配列よりコンピュータによる予測によってのみ同定されている遺伝子には「XM_」で始まるアクセッション番号がついている．後者はより不正確な遺伝子配列を含んでいる可能性が高いので，注意が必要である．

　さらに，遺伝子には，選択スプライシングにより複数の転写産物が存在する場合がある．それらをまとめたものが **Gene データベース**である[294]．Gene データベースではゲノム配列上のただ一つの場所に決まる遺伝子情報が与えられる．一つの Gene データは複数の RefSeq 配列をもちうることに注意しよう．また，Gene データベースは，遺伝子配列だけでなく，ヒトで疾患を起こすような変異の情報や，RNA-seq によ

---

† H-INV データベースは，ヒトの情報を主として扱っている．

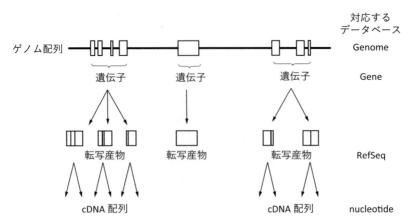

図 11.4　ゲノムから転写産物までの塩基配列の階層性を表した図

それぞれに対応する NCBI のデータベース名を右端に示している．遺伝子とは，ゲノム配列上に存在する転写される領域の総称であり，Gene データベースにおいてユニーク ID をもつ．Gene データベースには，タンパク質をコードしない遺伝子も存在する．遺伝子領域から複数の転写産物 (mRNA) が作られる場合があり，それぞれがユニーク ID とともに RefSeq データベースに登録されている．それぞれの RefSeq データは，nucleotide データベースに登録された実際の cDNA 配列に紐づけられたものから，コンピュータによる予測のみで同定されたものが存在する．

る発現情報など，さまざまな情報と連携されている．これらのデータベース間の階層性を模式的に示したものが，**図 11.4** である．

また，近年では配列解読速度の増加に伴って，アノテーションのされていない配列断片も，多数データベースに登録されている．GenBank の Trace アーカイブでは，サンガーシークエンサーおよび NGS によって解析された DNA の断片配列 (SRA アーカイブ)，およびこれらを用いた 1 次アセンブル配列が登録されている．これらの配列は，生データに近い状態でユーザーがダウンロードを行い，それぞれ再解析を行えるような形で配布されている．

INSDC データベースには，塩基配列と同様タンパク質配列のデータベースも存在する．ただし，多くの場合，アミノ酸配列は cDNA 配列から予想されたものが多く，それが実際に翻訳されているかどうかについては注意しておかなければならない．タンパク質に関するより信頼性の高いデータベースとして UniProtKB[295] に含まれる Swiss-Prot データベースが知られている．また，タンパク質立体構造のデータベースとして PDB データベースが最もよく用いられている[†]．タンパク質に関するデータベースは，このほかにも，タンパク質ドメインやタンパク質ファミリーに関するデー

[†] PDB データベースは，アメリカ RCSB，BMRB，ヨーロッパ PDBe，日本 PDBj などが運営している．

タベースが多数存在する.

11.4　ゲノムブラウザ

11.4.1　ゲノムブラウザについて

　ゲノム配列は単なる塩基配列の情報しかもたないが，ゲノム中のどこがどのような機能をもっているのか（たとえば，エクソンであるかどうか）という情報を付与することをアノテーションとよぶ（5.3.3 項参照）．ゲノム配列，とくに脊椎動物のように大きなゲノムサイズをもつ生物のゲノムは，配列だけでなく多くのアノテーションをもつため，特殊な構造のデータベースにより表現されることがある．このようなデータは，通常，**ゲノムブラウザ** (genome browser) という GUI を用いたシステムによってアクセスが可能となっている．エクソン情報のほかにも，進化的な保存性やヒストンの修飾状態など，さまざまな情報が付加されたデータが統合されている.

　GenBank では，ゲノム配列自体は塩基配列データベースにアクセッション番号と共に登録されているが，ゲノム配列は，配列以外の付加情報がないと情報が有効に使えないことが多い．NCBI では，**GenomeDataViewer** というゲノムアノテーション可視化のインターフェースを提供している [296].

　そのほかによく使われる真核生物ゲノム配列データベースには，**ENSEMBL ゲノムブラウザ**がある [297]．ENSEMBL は，ゲノム配列のアノテーションを，決められた解析パイプラインに従ってほぼ自動的に行う．遺伝子や転写産物には独自のアクセッション番号が振られているが，ほかのデータベースへの対応付けも行われている．Gene データベース，RefSeq データベースと同様，ENSG で始まる遺伝子 ID の下に，ENST で始まる複数の転写産物 ID が紐づけられている．ENSEMBL アノテーションは自動的なパイプラインによるために，データの更新は早いが，人力による精査は行われていない．ほかのデータベースとの連携は，BioMart というシステムを用いて，対応する ID どうしの情報を一度に得ることができる.

　また，ほかによく用いられているゲノム配列データベースとして，**UCSC ゲノムブラウザ** [298] がある．UCSC ゲノムブラウザはさまざまな種類のアノテーションを含んでおり，5.3.3 項で解説した BLAT [148] により，非常に高速にゲノムに対する相同性検索を行うことができる.

　第 5 章で示した**図 5.7** は，UCSC ゲノムブラウザの表示例である．多くのゲノムブラウザは一般的なウェブブラウザ上で表示することができる．100 以上のさまざまな表示項目について表示/非表示のオプションが選べ，表示する場合にも全表示や情報を

11　データベースへのアクセスとその利用法

圧縮した表示などが選べる．このようなデータベースは基本的に人の直感に作用するインターフェースをもっているので，実際にウェブブラウザ上で色々と操作をしてみることが，データベースやゲノムデータの構造について知る近道となるだろう．

11.4.2　アノテーションのフォーマット

ゲノムのアノテーションでよく使われているフォーマットがGTFフォーマット，またはGFFフォーマットである．これらのフォーマットはしばしばアップデートされ，混乱のもととなっているが，基本的な構造はタブ区切りのテキストファイルとなっており，染色体の番号とその位置に対して，ここから遺伝子が始まるとか，リピート配列であるというような情報が記述される．GTF/GFFフォーマットに関しては，ENSEMBLのウェブサイト[299]を参照するとよい．

11.5　データベースの紹介

インターネット上には，ほかにもさまざまな生物に関するデータベースが存在する．日本語で書かれたデータベースやツールの使い方を紹介するサイトとして，ライフサイエンス統合データベースセンターが提供する統合TV[300]がある．データベースの紹介から簡単なチュートリアルまでそろっているので，興味がある方は触れてみるとよいだろう．

ここでは，NCBIによって維持されているデータベースを中心に簡単に紹介する．

1.　GEO

GEO (Gene Expression Omnibus)[301]は，遺伝子発現データベースである．マイクロアレイやRNA-seqによるデータが取得可能である．EMBLではExpression Atlas[302]というデータベースを管理している．

2.　OMIM

OMIM (Online Mendelian Inheritance In Man)[303]は，病気の原因となる遺伝子と変異のベータベースである．人による精査によって管理されているので，比較的信頼性のあるデータを得ることができる．タイトルにあるとおり，主にメンデル性の遺伝疾患を扱う．どの遺伝子のどのアミノ酸に変異があると，どのような疾患として表現型が現れるか，という情報が記載されている．また，遺伝子が発見されるまでの歴史が簡潔にまとめられている．

3. PubMed

PubMed[304] は，医学/生物学に関する文献（科学論文）のデータベースである．MEDLINE というデータベースに収録されたおよそ 2,500 万件の論文のなかから，Mesh タームとよばれる分類キーワードや，著者，タイトルの名前を用いて論文検索を行うことできる．PubMed Central[305] は，アメリカ政府のサポートによって得られた研究結果は，研究発表後に公にしなければいけないというルールに基づいた，科学論文のアーカイブである．科学論文雑誌には，通常の雑誌のように雑誌を購読した者しか見られないタイプと，オープンアクセスといって掲載論文を誰でも無料で見られるタイプがある．また，通常の雑誌であっても，論文によってオープンアクセスの形が選べるものがある[†]．多くの雑誌では，完成版誌面の論文の著作権は出版社が所有するので，著者が無断で公開することはできないが，原稿の文章に関する著作権は著者が所有していると認められている．したがって，PubMed Central では，オープンアクセスではない論文については，元の原稿を再フォーマットした形で，研究費の成果として公表している．

無償で提供されている学術文献データベースとしては，ほかに Google Scholar[306] が広く用いられている．PubMed の検索は著者名，タイトル名，アブストラクトや，キーワードとして登録された単語によって検索が行われるが，Google Scholar では，論文全文を用いた検索が可能である．また，自分の Google アカウントと連動させることにより，自分が書いた論文リストを作成してくれたり，おすすめの論文を通知してくれたりする機能も存在する．それぞれの論文がどの論文に引用されているかの情報も提供しているため便利であるが，検索元となるデータベースが広範囲すぎることもあり，英語以外で書かれた論文，博士論文，学会の紀要など，あまり参考にならない情報も数多く存在するので吟味が必要である．

4. Structure

タンパク質等の立体構造を集めたデータベースとして，Structure[307] がある．化合物などの小さい分子量の立体構造も扱われている．また，Cn3D という立体構造表示ソフトウェアも提供されている．

5. Taxonomy

Toxonomy[308] には，NCBI データベースに分子データが存在する 160,000 種以上の系統データが保管されている．ある種に関するすべての分子データが関連付けられている．

[†] オープンアクセス誌は論文の著者が掲載料を払うことで経済的に成り立っている．

6. dbSNP

dbSNP[309] には，SNP だけでなく，マイクロサテライト配列における小さな挿入，欠失などの変異情報も蓄えられている．変異の集団ごとの頻度や，どのように同定されたかなどの実験条件も示されている．現在ではヒトのデータのみを扱っている．

7. 1000 Genomes Browser

1000 Genomes Browser[310] では，1,000 人ゲノムプロジェクトの結果を見ることができる．SNP などの情報が誰でもアクセスできるようになっている．フェーズ 3 とよばれる研究の最終段階では，地球上の 26 の集団に属する 2,504 人の完全ゲノム配列が解読され，一般に公開されている[68]．

Appendices

補　遺

　ここでは，本文中で説明不足であった確率分布を中心に，数学的な知識の補足を行う．バイオインフォマティクスでは多くの確率分布を用いるので，基本的な分布には慣れ親しんでおいたほうがよいだろう．

A.1　確率分布

A.1.1　離散確率分布と連続確率分布

　確率分布 (probability distribution) は，**離散確率分布** (descrete probability distribution) と**連続確率分布** (continuous probability distribution) とに分けられる．離散確率分布はサイコロを振ったときに 1 が出る確率や，くじを引いたときに当たりが出る確率などが代表的で，直感的に理解しやすいだろう．それに比べて，連続確率分布は**確率密度関数** (probability density function) や**累積分布関数** (cumulative distribution function) によって定義される（数学的な定義はここでは省略する）．実際のデータを扱う場合には，それが連続値なのか離散値なのかについては常に注意を払い，適切な確率分布を選択することが重要である．

A.1.2　確率の期待値と分散

　離散型確率変数 X の期待値は，次のように定義される．

$$E[X] = \sum_{i=1} x_i P(X = x_i) \tag{A.1}$$

分散は，次のように定義される．

$$V[X] = E[X^2] - E[X]^2 \tag{A.2}$$

　連続型確率変数の期待値は，次のように定義される．

$$E[X] = \int_{-\infty}^{\infty} xf(x)dx \tag{A.3}$$

分散は，離散型確率変数と同様に求められる．

A.1.3 離散確率分布

離散確率は，現実の幅広い現象において当てはまる確率のことである．一般的にわれわれが現実世界で「確率」といった言葉を使うときは，こちらを考えている場合が多い．

1. ポアソン分布

ポアソン分布（図 A.1）は，単位時間あたり起こる確率が一定である事象が，ある期間内に起こる回数の分布である．期待値を λ とすると，k 回の事象が起こる確率変数 X の分布 $P(X = k)$ は，次のような関数（確率質量関数）によって表される．

$$P(X = k) = \frac{\lambda^k e^{-\lambda}}{k!} \tag{A.4}$$

ポアソン分布の期待値と分散はともに λ となり，期待値と分散が等しいという性質をもつ．λ が十分大きければ，ポアソン分布は平均値と分散がともに λ の正規分布で近似できる．ポアソン分布の確率分布は，二項分布の確率分布を用いて導出することができる．

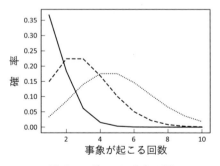

図 A.1 ポアソン分布の例

ポアソン分布から得られる確率を図示したもの．$\lambda = 1$（実線），3（破線），5（点線）の場合を示している．

2. 二項分布

二項分布（図 A.2）は，2 種類のうちどちらかしか起こらない事象（ベルヌーイ試

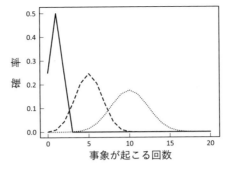

図 A.2　二項分布の例

二項分布から得られる各成功回数の確率を図示したもの．成功確率 $p = 0.5$，試行回数 $n = 2$（実線），10（破線），20（点線）の場合を示している．

行）が起こる回数の分布である．コインを投げて裏表を当てるゲームを想像するとわかりやすい．事象 A が起こる確率を p とすると，n 回の試行で A が k 回起こる確率変数 X の分布 $P(X = k)$ は，次のように表される．

$$P(X = k) = \binom{n}{k} p^k (1-p)^{n-k}, \quad \binom{n}{k} = \frac{n!}{k!(n-k)!} \tag{A.5}$$

$\binom{n}{k}$ は二項係数とよばれ，n 個のうちから k 個を選び出す組み合わせ数を示している．また，二項分布の期待値 $E[X]$ と分散 $V[X]$ は，次のようになる．

$$E[X] = np, \quad V[X] = np(1-p) \tag{A.6}$$

二項分布の場合は，とりうる事象が2種類のみであったが，これを一般化したもの（3種類以上の事象があるもの）を，**多項分布** (multinomial distribution) とよぶ．

二項分布において，n 回の試行で k 回の成功があった場合の p の最尤推定量（補遺 A.2 参照）を求めてみよう．求める推定量 $\hat{p}$ は，尤度を最大にするものであるから，

$$\hat{p} = \arg\max_p \left\{ \binom{n}{k} p^k (1-p)^{n-k} \right\} \tag{A.7}$$

となる†．ここで式 (A.7) の括弧の中の式について対数尤度をとり，p で微分を行うと，括弧の中の対数尤度 L は，以下のようになる．

---

† $\arg\max_p$ は，与えられた関数を最大化する p を指す．

$$L = \ln(n!) - \ln(k!) - \ln((n-k)!) + k\ln(p) + (n-k)\ln(1-p)$$
$$\frac{dL}{dp} = \frac{k}{p} - \frac{n-k}{1-p} \tag{A.8}$$

$dL/dp = 0$ となる条件は,

$$k(1-\hat{p}) - (n-k)\hat{p} = 0$$
$$\hat{p} = \frac{k}{n} \tag{A.9}$$

である.

3. 幾何分布

幾何分布 (geometric distribution)（図 A.3）は，ベルヌーイ試行において，初めて成功を得るまでの試行回数 X の分布である[†]．事象の起こる確率を p とすると，成功するまでに k 回試行を行わなければならない確率 $P(X=k)$ は，次の式で与えられる．

$$P(X = k) = p(1-p)^{k-1} \tag{A.10}$$

幾何分布の期待値 $E[X]$ と分散 $V[X]$ は，次のようになる．

$$E[X] = \frac{1}{p}, \quad V[X] = \frac{1-p}{p^2} \tag{A.11}$$

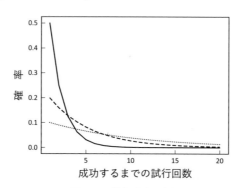

図 A.3　幾何分布の例

横軸に試行回数，縦軸に確率密度関数の値を示す．成功確率 $p = 0.5$（実線），0.2（破線），0.1（点線）の場合を示している．

[†] 失敗回数 $(X-1)$ の分布をとる定義もある.

4. 負の二項分布

確率 p で起こる事象が r 回起こるまでに必要な試行回数 k の分布を負の二項分布 (negative binomial distribution) とよび，次の式で表される．

$$P(X = k) = \begin{pmatrix} k - 1 \\ r - 1 \end{pmatrix} p^r (1 - p)^{k-r} \tag{A.12}$$

負の二項分布の期待値 $E[X]$ と分散 $V[X]$ は，次のようになる．

$$E[X] = \frac{r}{p}, \quad V[X] = \frac{r(1 - p)}{p^2} \tag{A.13}$$

$r = 1$ の場合，負の二項分布と幾何分布は等しくなる．したがって，負の二項分布は，幾何分布を一般化した形であるといえる．

A.1.4 連続確率分布

連続確率分布を考えるにあたって，確率密度関数が，0 から 1 までの**一様分布** (uniform distribution) で表される例を考えてみよう．この場合，確率変数 X は 0 から 1 までのランダムな値をとる．このとき，X の期待値は 0.5 であることは明らかだろう．ここで，$X = 0.1$ となる確率を考えてみよう．X が正確に 0.1 となることは数学的にはありえないので†，その確率は 0 である．この場合，たとえば X が 0.1 から 0.2 の間になる確率といったように定義しなければいけない．X が a から b までの値をとる確率 $P(a \leq X \leq b)$ を考えると，

$$P(a \leq X \leq b) = \int_a^b f(x)dx \tag{A.14}$$

として与えられる $f(x)$ を，X の確率密度関数とよぶ．上の例では，その確率は 0.1 となる．また，確率の定義上，次の式が成り立つ．

$$\int_{-\infty}^{\infty} f(x)dx = 1 \tag{A.15}$$

1. 正規分布

正規分布 (normal distribution) (**図 A.4**(a)) の確率密度関数 $f(x)$ は，次のように

---

† 0.1 は有理数，確率変数 X は実数である．

なる．

$$f(x) = \frac{1}{\sqrt{2\pi\sigma^2}} e^{-\frac{(x-\mu)^2}{2\sigma^2}} \tag{A.16}$$

この正規分布の期待値は μ，分散は σ^2 である．正規分布はガウス分布 (Gaussian distribution) ともよばれる．平均値が μ，分散が σ^2 である正規分布を $N(\mu, \sigma^2)$ と表す．とくに $N(0, 1)$ である正規分布を，標準正規分布とよぶ．ある確率変数 X が正規分布に従うとき，X から μ を引き，σ で割った $(X - \mu)/\sigma$ は，標準正規分布に従う．

2. 対数正規分布

確率変数の対数をとった値が正規分布するような分布を，対数正規分布 (log-normal distribution) とよぶ（図 A.4(b)）．対数正規分布の確率密度関数 $f(x)$ は，次のようになる．

$$f(x) = \frac{1}{\sqrt{2\pi\sigma^2}x} e^{-\frac{(\ln x - \mu)^2}{2\sigma^2}} \tag{A.17}$$

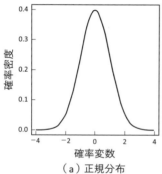
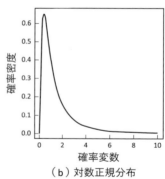

（a）正規分布　　　　　　　　　　（b）対数正規分布

図 A.4　正規分布と対数正規分布の例

(a) 正規分布，(b) 対数正規分布．対数正規分布のもととなる正規分布は平均 0，標準偏差 1 となっている．

3. ガンマ分布

ガンマ分布 (gamma distribution) は一峰性の分布であり，確率密度関数 $f(x)$ は次のようになる．

$$f(x) = \frac{x^{\alpha-1} e^{-\frac{x}{\beta}}}{\Gamma(\alpha)\beta^\alpha} \tag{A.18}$$

ここで，α を形状母数 (shape parameter)，β を尺度母数 (scale parameter) とよぶ[†]．

[†] 定義によっては，β の逆数をパラメータにしているものもあるので注意する．

$\Gamma(x)$ はガンマ関数 (gamma function) とよばれ,$x > 0$ に対して次の式で表される.

$$\Gamma(x) = \int_0^\infty t^{x-1} e^{-t} dt \tag{A.19}$$

とくに x が整数のときは,$\Gamma(x+1) = x!$ である.ガンマ分布の期待値は $\alpha\beta$,分散は $\alpha\beta^2$ である.平均値が大きくなると,分散も大きくなることに注意しよう.とくに $\alpha = 1$ のとき,ガンマ分布の確率密度関数 $f(x)$ は次のように表され,**指数分布** (exponential distribution) となる.

$$f(x) = \lambda e^{-\lambda x} \tag{A.20}$$

指数分布は,ある事象が起こる回数が単位時間あたり λ で一定の場合(ポアソン過程)の,事象が起こるまでの待ち時間の分布となる.ガンマ分布は,ある事象が発生する期待値が単位時間あたり $1/\beta$ であり,それが α 回起こるまでの待ち時間を表している.

指数分布の特徴は無記憶性である.つまり,ある時間まで事象が発生しなかったからといって,そこからの待ち時間の期待値が短くなるわけではない.すでに述べた幾何分布も,無記憶性の確率分布である.サイコロを 20 回振って一度も 1 が出なかったからといって,次にサイコロを投げたときに 1 が出やすくなるわけではない.サイコロを振って 1 が出る確率は,前の事象と関係なく 1/6 である.

また,$\beta = 2$ であり,α が 1.5 や 2.5 のような半整数の場合,ガンマ分布は自由度 2α の χ 二乗分布 (chi-square distribution) となる.χ 二乗分布は,適合度検定など,さまざまな用途で広く用いられている.自由度 k の χ 二乗分布は,それぞれ独立に標準正規分布に従う,k 個の確率変数の 2 乗の和の分布として与えられる.

4. ベータ分布

ベータ分布は,その確率変数 X が 0〜1 までの値をとり,確率密度関数 $f(x)$ が次のように表される確率分布である.

$$f(x) = \frac{x^{\alpha-1}(1-x)^{\beta-1}}{B(\alpha, \beta)} \tag{A.21}$$

ただし,$B(\alpha, \beta)$ は次の式で表されるベータ関数である($\alpha \geq 0, \beta \geq 0$).

$$B(\alpha, \beta) = \int_0^1 t^{\alpha-1}(1-t)^{\beta-1} dt \tag{A.22}$$

ベータ分布の期待値 $E[X]$ と分散 $V[X]$ は，次のとおりである．

$$E[X] = \frac{\alpha}{\alpha + \beta}, \quad V[X] = \frac{\alpha\beta}{(\alpha + \beta)^2(\alpha + \beta + 1)} \tag{A.23}$$

ベルヌーイ試行において n 回の試行で k 回の成功があったとしよう．そのときの事象の起こる確率パラメータを p とすると，p は $\alpha = k$, $\beta = n - k$ で表されるベータ分布に従う．したがって，ベータ分布は，ベイズ推定における二項分布のパラメータ p の事前確率分布として用いられることが多い．

A.2 尤度とベイズ法

A.2.1 尤度

尤度 (likelihood) は，確率質量関数または確率密度関数の値として定義される．パラメータセットを Θ, 観察されたデータを D とすると，尤度 L は次の式で表される．

$$L = P(D|\Theta) \tag{A.24}$$

尤度が最大となるパラメータの値のことを「尤度を最大にするパラメータの推定値」，**最尤推定量** (maximum likelihood estimator) とよぶ．

A.2.2 ベイズ法

ベイズ法 (Bayesian method) は，現在の統計学で幅広く使われている方法である．ベイズ法では尤度と同じように条件付き確率を考えるのだが，尤度とは逆に，データ D が与えられたときのパラメータ Θ がとる確率に注目する．この条件付き確率 $P(D|\Theta)$ は，**ベイズの定理** (Bayes' theorem) により，次の式で与えられる．

$$P(\Theta|D) = \frac{P(D|\Theta)P(\Theta)}{P(D)} \tag{A.25}$$

ここで，$P(\Theta)$ をパラメータの**事前確率分布** (prior probability distribution)，$P(\Theta|D)$ を**事後確率分布** (posterior probability distribution) とよぶ．確率分布の定義から，分布の面積は常に 1 である．したがって，$P(D)$ は計算不可能であることが多いが，あまり気にしなくてもよく，事後確率分布 $P(\Theta|D)$ は次のように書ける．

$$P(\Theta|D) \propto P(D|\Theta)P(\Theta) \tag{A.26}$$

一般的な問題では，われわれが推定したいのはパラメータ自身 (Θ) であるから，事後確率分布を推定できることはとても都合がよい．事前確率分布とは，われわれがあらかじめもっているパラメータに関する情報である．もしまったく事前情報がない場合は，事前確率分布を一様分布とする．ベイズ法がもつパラメータ推定におけるメリットの一つは，パラメータの最尤推定を行うのではなく，パラメータの起こりやすそうな分布全体を捉えることができるということである．簡単に説明した例を図 A.5 に示す．

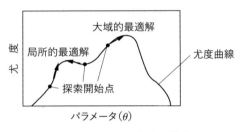

図 A.5　パラメータ探索の模式図

ここでは，簡略のために，パラメータ θ は 1 次元であるとする．最尤推定は，尤度を最大にする方法を尤度曲線の勾配を調べながら探していく．ML 法は，尤度関数の形状が単純な場合には問題なくはたらくが，尤度関数の曲線が複雑な場合には局所的最適解 (local maximum) にはまり込んでしまう可能性がある．ベイズ法では，このような尤度の曲面と事前確率分布の積分をそのまま事後確率の分布と捉えることによって，複雑なパラメータの分布をそのまま出力する．もし，事後確率分布がいくつものピークがあるようなびつな形状をしているとすると，そのようなモデルおよびデータは解析に適さないということになるだろう．ベイズ法では，このような複雑な尤度曲線を，パラメータの事後確率分布として表現できる点において優れている．

A.3　シャノン情報量と条件付き確率

シャノン情報量とよばれる統計量 I は，次の式によって与えられる．

$$I = -\sum_{i=1}^{M} p_i \log p_i \tag{A.27}$$

I は**平均情報量** (average information) ともよばれる．ここで，p_i は互いに排反な i 番目 ($1 \leq i \leq M$) の事象が起こる確率であり，$\sum p_i = 1$ である．対数の底は本質的には何を選んでもよいのだが，情報量は計算機科学の分野で用いられることが多いため，一般的には 2 を底にとる．底が 2 の場合，平均情報量の単位はビット (bit) となる．情報量は熱力学における系の乱雑さを表すエントロピーと関係がある．エントロピーが高いということは，それだけものが乱雑であるということである．つまり，その状態

を記憶しておくために必要な情報量が多いといえる．つまり，何かを知るということは，エントロピーが低下することと同義である．ある離散確率変数 X において，変数 X の平均情報量 $H(X)$ は，次のように与えられる．

$$H(X) = -\sum_{i=1}^{M} p_i \log p_i \tag{A.28}$$

X が連続確率変数の場合，総和でなく積分をとる．

変数 X, Y の組を確率分布からそれぞれ取り出す場合，その分布を X, Y の**同時確率分布**，または結合分布 (joint probability distribution) とよぶ．X と Y が同時確率分布から取り出される変数の場合，それに対する情報量 $H(X,Y)$ を**結合情報量** (joint entropy) とよぶ．X と Y が独立であれば，$H(X,Y) = H(X) + H(Y)$ が成り立つが，そうでなければ $H(X,Y) < H(X) + H(Y)$ となる．独立でないということは，片方の変数の値がもう片方に縛られているということなので，結合情報量は変数が独立な場合に比べて低くなる．この二つの値の差 $I(X;Y)$ を**相互情報量** (mutual information) とよび，次のように表す．

$$I(X;Y) = H(X) + H(Y) - H(X,Y) \tag{A.29}$$

確率変数 X の分布が別の確率変数 Y の値によって決定される場合の X の確率分布を，X の Y に対する**条件付き確率** (conditional probability) とよび，確率分布を $P(X|Y)$ で表す．変数 Y が既知である場合の X に関する情報量 $H(X|Y)$ を**条件付き情報量** (conditional entropy) とよび，以下のように定義する．

$$H(X|Y) = \sum_{y} P(Y = y) H(X|Y = y) \tag{A.30}$$

これは，Y に関する X の情報量の期待値である．

また，相互情報量と条件付き情報量との間には，以下の関係が成り立つ．

$$I(X;Y) = H(Y) - H(X|Y) \tag{A.31}$$

参考文献

[1] *Biopython*. Available from: https://biopython.org/

[2] Bianconi, E., et al., *An estimation of the number of cells in the human body.* Annals of Human Biology, 2013. **40**(6): pp. 463–471.

[3] Gurdon, J.B., T.R. Elsdale, and M. Fischberg, *Sexually mature individuals of Xenopus laevis from the transplantation of single somatic nuclei.* Nature, 1958. **182**: p. 64.

[4] Takahashi, K. and S. Yamanaka, *Induction of pluripotent stem cells from mouse embryonic and adult fibroblast cultures by defined factors.* Cell, 2006. **126**(4): pp. 663–676.

[5] Fisher, R.A., *XV.—the correlation between relatives on the supposition of mendelian inheritance.* Earth and Environmental Science Transactions of the Royal Society of Edinburgh, 1918. **52**(02): pp. 399–433.

[6] Avery, O.T., C.M. MacLeod, and M. McCarty, *Studies on the chemical nature of the substance inducing transformation of pneumococcal types: induction of transformation by a desoxyribonucleic acid fraction isolated from pneumococcus type III.* The Journal of Experimental Medicine, 1944. **79**(2): pp. 137–158.

[7] Watson, J.D. and F.H.C. Crick, *Molecular structure of nucleic acids: a structure for deoxyribose nucleic acid.* Nature, 1953. **171**(4356): pp. 737–738.

[8] Meselson, M. and F.W. Stahl, *The replication of DNA in Escherichia coli.* Proceedings of the National Academy of Sciences, 1958. **44**(7): pp. 671–682.

[9] Sagan, L., *On the origin of mitosing cells.* Journal of Theoretical Biology, 1967. **14**(3): pp. 225–IN6.

[10] Keeling, P.J. and J.D. Palmer, *Horizontal gene transfer in eukaryotic evolution.* Nature Reviews Genetics, 2008. **9**(8): pp. 605–618.

[11] Ohno, S., *Evolution by gene duplication.* 1970, Springer-Verlag.

[12] Session, A.M., et al., *Genome evolution in the allotetraploid frog Xenopus laevis.* Nature, 2016. **538**: p. 336.

[13] La Scola, B., et al., *The virophage as a unique parasite of the giant mimivirus.* Nature, 2008. **455**: pp. 100–104.

[14] Lander, E.S., et al., *Initial sequencing and analysis of the human genome.* Nature, 2001. **409**(6822): pp. 860–921.

[15] Schnable, P.S., et al., *The B73 maize genome: complexity, diversity, and dynamics.* Science, 2009. **326**(5956): pp. 1112–1115.

[16] Gregory, T.R., *Animal Genome Size Database.* 2018; Available from: http://www.genomesize.com/

[17] Rodić, N. and K.H. Burns, *Long interspersed element-1 (LINE-1): passenger or driver in human neoplasms?* PLOS Genetics, 2013. **9**(3): p. e1003402.

[18] Kramerov, D.A. and N.S. Vassetzky, *Origin and evolution of SINEs in eukaryotic genomes.* Heredity, 2011. **107**(6): pp. 487–495.

[19] Schmid, C.W. and P.L. Deininger, *Sequence organization of the human genome.* Cell, 1975. **6**(3): pp. 345–358.

[20] Bailey, J.A., et al., *Recent segmental duplications in the human genome.* Science, 2002. **297**(5583): pp. 1003–1007.

[21] Skaletsky, H., et al., *The male-specific region of the human Y chromosome is a mosaic*

of discrete sequence classes. Nature, 2003. **423**(6942): pp. 825–837.

[22] Kong, A., et al., *A high-resolution recombination map of the human genome.* Nature Genetics, 2002. **31**(3): pp. 241–247.

[23] Stratton, M.R., *Exploring the genomes of cancer cells: progress and promise.* Science, 2011. **331**(6024): pp. 1553–1558.

[24] Wang, J., et al., *Genome measures used for quality control are dependent on gene function and ancestry.* Bioinformatics, 2015. **31**(3): pp. 318–323.

[25] Henderson, I.R. and S.E. Jacobsen, *Epigenetic inheritance in plants.* Nature, 2007. **447**(7143): pp. 418–424.

[26] Jabbari, K. and G. Bernardi, *Cytosine methylation and CpG, TpG (CpA) and TpA frequencies.* Gene, 2004. **333**: pp. 143–149.

[27] Gardiner-Garden, M. and M. Frommer, *CpG Islands in vertebrate genomes.* Journal of Molecular Biology, 1987. **196**(2): pp. 261–282.

[28] Lobry, J.R. and N. Sueoka, *Asymmetric directional mutation pressures in bacteria.* Genome Biology, 2002. **3**(10): pp. 1–14.

[29] Hodgkinson, A. and A. Eyre-Walker, *Variation in the mutation rate across mammalian genomes.* Nature Reviews Genetics, 2011. **12**(11): pp. 756–766.

[30] The ENCODE Project Consortium, *An integrated encyclopedia of DNA elements in the human genome.* Nature, 2012. **489**(7414): pp. 57–74.

[31] Graur, D., et al., *On the immortality of television sets: "function" in the human genome according to the evolution-free gospel of ENCODE.* Genome Biology and Evolution, 2013. **5**(3): pp. 578–590.

[32] Suzuki, Y., et al., *Identification and characterization of the potential promoter regions of 1031 kinds of human genes.* Genome Research, 2001. **11**(5): pp. 677–684.

[33] Burset, M., I.A. Seledtsov, and V.V. Solovyev, *Analysis of canonical and non-canonical splice sites in mammalian genomes.* Nucleic Acids Research, 2000. **28**(21): pp. 4364–4375.

[34] Wu, X. and L.D. Hurst, *Determinants of the usage of splice-associated cis-motifs predict the distribution of human pathogenic SNPs.* Molecular Biology and Evolution, 2016. **33**(2): pp. 518–529.

[35] Sawaya, M.R., et al., *A double S shape provides the structural basis for the extraordinary binding specificity of Dscam isoforms.* Cell, 2008. **134**(6): pp. 1007–1018.

[36] Mathews, D.H., et al., *Expanded sequence dependence of thermodynamic parameters improves prediction of RNA secondary structure.* Journal of Molecular Biology, 1999. **288**(5): pp. 911–940.

[37] Kozak, M., *Point mutations close to the AUG initiator codon affect the efficiency of translation of rat preproinsulin in vivo.* Nature, 1984. **308**(5956): pp. 241–246.

[38] Available from: https://commons.wikimedia.org/wiki/File:KozakConsensus.jpg

[39] *ORF Finder.* Available from: https://www.ncbi.nlm.nih.gov/orffinder/

[40] Grantham, R., *Amino acid difference formula to help explain protein evolution.* Science, 1974. **185**(4154): pp. 862–864.

[41] Miyata, T., S. Miyazawa, and T. Yasunaga, *Two types of amino acid substitutions in protein evolution.* Journal of Molecular Evolution, 1979. **12**(3): pp. 219–236.

[42] Available from:
https://commons.wikimedia.org/wiki/File:Alpha_beta_structure_(full).png

[43] Anfinsen, C.B., *Principles that govern the folding of protein chains.* Science, 1973. **181**(4096): pp. 223–230.

[44] Leopold, P.E., M. Montal, and J.N. Onuchic, *Protein folding funnels: a kinetic approach to the sequence-structure relationship.* Proceedings of the National Academy of Sciences

USA, 1992. **89**(18): pp. 8721–8725.

[45] The Chimpanzee Sequence and Analysis Consortium, *Initial sequence of the chimpanzee genome and comparison with the human genome.* Nature, 2005. **437**(7055): pp. 69–87.

[46] Charlesworth, B., *Fundamental concepts in genetics: effective population size and patterns of molecular evolution and variation.* Nature Reviews Genetics, 2009. **10**(3): pp. 195–205.

[47] 長田直樹, 有害な変異と偶然の効果——中立説とほぼ中立説. 生物の科学・遺伝, 2013. **5**: pp. 322–326.

[48] Kimura, M., *Difusion models in population genetics.* Jounal of Applied Probability, 1964. **1**: pp. 177–232.

[49] Ohta, T., *Slightly deleterious mutant substitutions in evolution.* Nature, 1973. **246**: p. 96–98.

[50] Akashi, H., N. Osada, and T. Ohta, *Weak selection and protein evolution.* Genetics, 2012. **192**(1): pp. 15–31.

[51] Aidoo, M., et al., *Protective effects of the sickle cell gene against malaria morbidity and mortality.* The Lancet, 2002. **359**(9314): pp. 1311–1312.

[52] Linnen, C.R., et al., *On the origin and spread of an adaptive allele in deer mice.* Science, 2009. **325**(5944): pp. 1095–1098.

[53] Wahlund, S., *Zusammensetzung von populationen und korrelationserscheinungen vom standpunkt der vererbungslehre aus betrachtet.* Hereditas, 1928. **11**(1): pp. 65–106.

[54] Tishkoff, S.A., et al., *Haplotype diversity and linkage disequilibrium at human G6PD: recent origin of alleles that confer malarial resistance.* Science, 2001. **293**(5529): pp. 455–462.

[55] Hollox, E.J., et al., *Lactase haplotype diversity in the Old World.* The American Journal of Human Genetics, 2001. **68**: pp. 160–172.

[56] Rana, B.K., et al., *High polymorphism at the human melanocortin 1 receptor locus.* Genetics, 1999. **151**(4): pp. 1547–1557.

[57] Fujimoto, A., et al., *A scan for genetic determinants of human hair morphology: EDAR is associated with Asian hair thickness.* Human Molecular Genetics, 2008. **17**(6): pp. 835–843.

[58] Huerta-Sanchez, E., et al., *Altitude adaptation in Tibetans caused by introgression of Denisovan-like DNA.* Nature, 2014. **512**(7513): pp. 194–197.

[59] Lewontin, R.C., *The interaction of selection and linkage. I. general considerations; heterotic models.* Genetics, 1964. **49**(1): pp. 49–67.

[60] Hill, W.G. and A. Robertson, *Linkage disequilibrium in finite populations.* Theoretical and Applied Genetics, 1968. **38**(6): pp. 226–231.

[61] Kingman, J.F.C., *On the genealogy of large populations.* Journal of Applied Probability, 1982. **19**: pp. 27–43.

[62] Hudson, R.R., *Properties of a neutral allele model with intragenic recombination.* Theoretical Population Biology, 1983. **23**(2): pp. 183–201.

[63] Ewing, G. and J. Hermisson, *MSMS: a coalescent simulation program including recombination, demographic structure and selection at a single locus.* Bioinformatics, 2010. **26**(16): pp. 2064–2065.

[64] Zuckerkandl, E. and L. Pauling, *Evolutionary divergence and convergence in proteins*, in *evolving genes and proteins*, V. Bryson and H.J. Vogel, Editors. 1965, Academic Press. pp. 97–166.

[65] Kimura, M., *Evolutionary rate at the molecular level.* Nature, 1968. **217**(5129): pp. 624–626.

[66] Rannala, B. and Z. Yang, *Efficient Bayesian species tree inference under the multispecies coalescent.* Systematic Biology, 2017. **66**(5): pp. 823–842.

[67] Takahata, N., *An attempt to estimate the effective size of the ancestral species common to two extant species from which homologous genes are sequenced.* Genetical Research, 1986. **48**(3): pp. 187–190.

[68] The 1000 Genomes Project, C., *A global reference for human genetic variation.* Nature, 2015. **526**(7571): pp. 68–74.

[69] Cantor, R.M., K. Lange, and J.S. Sinsheimer, *Prioritizing GWAS results: a review of statistical methods and recommendations for their application.* The American Journal of Human Genetics, 2010. **86**(1): pp. 6–22.

[70] Davey, J.W., et al., *Genome-wide genetic marker discovery and genotyping using next-generation sequencing.* Nature Reviews Genetics, 2011. **12**: p. 499.

[71] Watterson, G.A., *On the number of segregating sites in genetical models without recombination.* Theoretical Population Biology, 1975. **7**(2): pp. 256–276.

[72] Li, W.H. and L.A. Sadler, *Low nucleotide diversity in man.* Genetics, 1991. **129**(2): pp. 513–523.

[73] Osada, N., *Genetic diversity in humans and non-human primates and its evolutionary consequences.* Genes & Genetic Systems, 2015. **90**(3): pp. 133–145.

[74] Romiguier, J., et al., *Comparative population genomics in animals uncovers the determinants of genetic diversity.* Nature, 2014. **515**(7526): pp. 261–263.

[75] Halligan, D.L., et al., *Evidence for pervasive adaptive protein evolution in wild mice.* PLoS Genetics, 2010. **6**(1): p. e1000825.

[76] Osada, N., et al., *Whole-genome sequencing of six Mauritian cynomolgus macaques (Macaca fascicularis) reveals a genome-wide pattern of polymorphisms under extreme population bottleneck.* Genome Biology and Evolution, 2015. **7**(3): pp. 821–830.

[77] Tajima, F., *Statistical method for testing the neutral mutation hypothesis by DNA polymorphism.* Genetics, 1989. **123**(3): pp. 585–595.

[78] Schraiber, J.G. and J.M. Akey, *Methods and models for unravelling human evolutionary history.* Nature Reviews Genetics, 2015. **16**(12): pp. 727–740.

[79] Hudson, R.R., M. Slatkin, and W.P. Maddison, *Estimation of levels of gene flow from DNA sequence data.* Genetics, 1992. **132**(2): pp. 583–589.

[80] 根井正利, 分子進化遺伝学. 1990, 培風館.

[81] Weir, B.S. and C.C. Cockerham, *Estimating F-statistics for the analysis of population structure.* Evolution, 1984. **38**(6): pp. 1358–1370.

[82] Reich, D., et al., *Reconstructing Indian population history.* Nature, 2009. **461**(7263): pp. 489–494.

[83] Menozzi, P., A. Piazza, and L. Cavalli-Sforza, *Synthetic maps of human gene frequencies in Europeans.* Science, 1978. **201**(4358): pp. 786–792.

[84] Patterson, N., A.L. Price, and D. Reich, *Population structure and eigenanalysis.* PLoS Genetics, 2006. **2**(12): p. e190.

[85] Novembre, J., et al., *Genes mirror geography within Europe.* Nature, 2008. **456**(7218): pp. 98–101.

[86] Nelis, M., et al., *Genetic structure of Europeans: a view from the North-East.* PLOS ONE, 2009. **4**(5): p. e5472.

[87] Pritchard, J.K., M. Stephens, and P. Donnelly, *Inference of population structure using multilocus genotype data.* Genetics, 2000. **155**(2): pp. 945–959.

[88] Alexander, D.H., J. Novembre, and K. Lange, *Fast model-based estimation of ancestry in unrelated individuals.* Genome Research, 2009. **19**(9): pp. 1655–1664.

[89] Osada, N., et al., *Ancient genome-wide admixture extends beyond the current hybrid zone between Macaca fascicularis and M. mulatta.* Molecular Ecology, 2010. **19**(14): pp. 2884–2895.

[90] Charlesworth, B., *The effect of background selection against deleterious mutations on weakly selected, linked variants.* Genetical Research, 1994. **63**(3): pp. 213–227.

[91] Hernandez, R.D., et al., *Classic selective sweeps were rare in recent human evolution.* Science, 2011. **331**(6019): pp. 920–924.

[92] Maynard Smith, J. and J. Haigh, *The hitch-hiking effect of a favourable gene.* Genetics Research, 1974. **23**(1): pp. 23–35.

[93] Stephan, W., *Genetic hitchhiking versus background selection: the controversy and its implications.* Philosophical Transactions of the Royal Society of London B: Biological Sciences, 2010. **365**(1544): pp. 1245–1253.

[94] Fay, J.C. and C.I. Wu, *Hitchhiking under positive Darwinian selection.* Genetics, 2000. **155**: pp. 1405–1413.

[95] Sabeti, P.C., et al., *Detecting recent positive selection in the human genome from haplotype structure.* Nature, 2002. **419**(6909): pp. 832–837.

[96] Voight, B.F., et al., *A map of recent positive selection in the human genome.* PLoS Biology, 2006. **4**(3): p. e72.

[97] Rozas, J., et al., *DnaSP 6: DNA sequence polymorphism analysis of large data sets.* Molecular Biology and Evolution, 2017. **34**(12): pp. 3299–3302.

[98] Kamvar, Z.N., et al., *Developing educational resources for population genetics in R: an open and collaborative approach.* Molecular Ecology Resources, 2017. **17**(1): p. 120–128.

[99] *Population Genetics in R.* Available from: https://popgen.nescent.org/

[100] Rousset, F., *GENEPOP'007: a complete re-implementation of the GENEPOP software for Windows and Linux.* Molecular Ecology Resources, 2008. **8**(1): pp. 103–106.

[101] Galinsky, Kevin J., et al., *Fast principal-component analysis reveals convergent evolution of ADH1B in Europe and East Asia.* The American Journal of Human Genetics. **98**(3): pp. 456–472.

[102] Tang, H., et al., *Estimation of individual admixture: analytical and study design considerations.* Genetic Epidemiology, 2005. **28**(4): pp. 289–301.

[103] Corander, J., et al., *Enhanced Bayesian modelling in BAPS software for learning genetic structures of populations.* BMC Bioinformatics, 2008. **9**: pp. 539–539.

[104] Gao, H., S. Williamson, and C.D. Bustamante, *A Markov chain Monte Carlo approach for joint inference of population structure and inbreeding rates from multilocus genotype data.* Genetics, 2007. **176**(3): pp. 1635–1651.

[105] Caye, K., et al., *TESS3: fast inference of spatial population structure and genome scans for selection.* Molecular Ecology Resources, 2016. **16**(2): pp. 540–548.

[106] Guillot, G., et al., *A unifying model for the analysis of phenotypic, genetic, and geographic data.* Systematic Biology, 2012. **61**(6): pp. 897–911.

[107] Jombart, T. and I. Ahmed, *Adegenet 1.3-1: new tools for the analysis of genome-wide SNP data.* Bioinformatics, 2011. **27**(21): pp. 3070–3071.

[108] Purcell, S., et al., *PLINK: a tool set for whole-genome association and population-based linkage analyses.* The American Journal of Human Genetics, 2007. **81**(3): pp. 559–575.

[109] Delaneau, O., J.-F. Zagury, and J. Marchini, *Improved whole-chromosome phasing for disease and population genetic studies.* Nature Methods, 2012. **10**: pp. 5–6.

[110] Browning, S.R. and B.L. Browning, *Rapid and accurate haplotype phasing and missing-data inference for whole-genome association studies by use of localized haplotype clustering.* The American Journal of Human Genetics, 2007. **81**(5): pp. 1084–1097.

[111] Gautier, M. and R. Vitalis, *rehh: an R package to detect footprints of selection in genome-wide SNP data from haplotype structure.* Bioinformatics, 2012. **28**(8): pp. 1176–1177.

[112] Pavlidis, P., et al., *SweeD: likelihood-based detection of selective sweeps in thousands of*

genomes. Molecular Biology and Evolution, 2013. **30**(9): pp. 2224–2234.

[113] Alachiotis, N., A. Stamatakis, and P. Pavlidis, *OmegaPlus: a scalable tool for rapid detection of selective sweeps in whole-genome datasets.* Bioinformatics, 2012. **28**(17): pp. 2274–2275.

[114] Liò, P. and N. Goldman, *Models of molecular evolution and phylogeny.* Genome Research, 1998. **8**(12): pp. 1233–1244.

[115] Jukes, T.H. and C.R. Cantor, *Evolution of protein molecules*, in *Mammalian protein metabolism*, H.N. Munro, Editor. 1969, Academic Press. pp. 21–132.

[116] Kimura, M., *A simple method for estimating evolutionary rates of base substitutions through comparative studies of nucleotide sequences.* Journal of Molecular Evolution, 1980. **16**(2): pp. 111–120.

[117] Hasegawa, M., H. Kishino, and T.-a. Yano, *Dating of the human-ape splitting by a molecular clock of mitochondrial DNA.* Journal of Molecular Evolution, 1985. **22**(2): pp. 160–174.

[118] Yang, Z., *Maximum-likelihood estimation of phylogeny from DNA sequences when substitution rates differ over sites.* Molecular Biology and Evolution, 1993. **10**(6): pp. 1396–1401.

[119] Gu, X., Y.X. Fu, and W.H. Li, *Maximum likelihood estimation of the heterogeneity of substitution rate among nucleotide sites.* Molecular Biology and Evolution, 1995. **12**(4): pp. 546–557.

[120] Mayrose, I., N. Friedman, and T. Pupko, *A Gamma mixture model better accounts for among site rate heterogeneity.* Bioinformatics, 2005. **21**(suppl 2): pp. ii151–ii158.

[121] Nei, M. and T. Gojobori, *Simple methods for estimating the numbers of synonymous and nonsynonymous nucleotide substitutions.* Molecular Biology and Evolution, 1986. **3**(5): pp. 418–426.

[122] Li, W.H., C.I. Wu, and C.C. Luo, *A new method for estimating synonymous and nonsynonymous rates of nucleotide substitution considering the relative likelihood of nucleotide and codon changes.* Molecular Biology and Evolution, 1985. **2**(2): pp. 150–174.

[123] Pamilo, P. and N.O. Bianchi, *Evolution of the Zfx and Zfy genes: rates and interdependence between the genes.* Molecular Biology and Evolution, 1993. **10**: pp. 271–281.

[124] Goldman, N. and Z. Yang, *A codon-based model of nucleotide substitution for protein-coding DNA sequences.* Molecular Biology and Evolution, 1994. **11**(5): pp. 725–736.

[125] Yang, Z. and R. Nielsen, *Synonymous and nonsynonymous rate variation in nuclear genes of mammals.* Journal of Molecular Evolution, 1998. **46**(4): pp. 409–418.

[126] Yang, Z. and M. dos Reis, *Statistical properties of the branch-site test of positive selection.* Molecular Biology and Evolution, 2011. **28**(3): pp. 1217–1228.

[127] Hughes, A.L. and M. Nei, *Pattern of nucleotide substitution at major histocompatibility complex class I loci reveals overdominant selection.* Nature, 1988. **335**(6186): pp. 167–170.

[128] Wyckoff, G.J., W. Wang, and C.I. Wu, *Rapid evolution of male reproductive genes in the descent of man.* Nature, 2000. **403**(6767): pp. 304–309.

[129] Dayhoff, M., R. Schwartz, and B. Orcutt, *A model of evolutionary change in proteins*, in *Atlas of protein sequence and structure.* 1978, National Biomedical Research Foundation Silver Spring, MD. pp. 345–352.

[130] Kosiol, C. and N. Goldman, *Different versions of the Dayhoff rate matrix.* Molecular Biology and Evolution, 2005. **22**(2): pp. 193–199.

[131] Felsenstein, J., *PHYLIP (phylogeny inference package) version 3.6..* 2005, Distributed by the author.: Department of Genome Sciences, University of Washington, Seattle.

[132] Higgs, P.G. and T.K. Attwood, *Bioinformatics and molecular evolution.* 2013, John

Wiley & Sons.

[133] Kumar, S., G. Stecher, and K. Tamura, *MEGA7: Molecular Evolutionary Genetics Analysis version 7.0 for bigger datasets.* Molecular Biology and Evolution, 2016. **33**(7): pp. 1870–1874.

[134] Yang, Z., *PAML 4: Phylogenetic Analysis by Maximum Likelihood.* Molecular Biology and Evolution, 2007. **24**(8): pp. 1586–1591.

[135] Paradis, E., J. Claude, and K. Strimmer, *APE: Analyses of Phylogenetics and Evolution in R language.* Bioinformatics, 2004. **20**(2): pp. 289–290.

[136] Myers, E.W. and W. Miller, *Optimal alignments in linear space.* Bioinformatics, 1988. **4**(1): pp. 11–17.

[137] Henikoff, S. and J.G. Henikoff, *Amino acid substitution matrices from protein blocks.* Proceedings of the National Academy of Sciences USA, 1992. **89**(22): pp. 10915–10919.

[138] Needleman, S.B. and C.D. Wunsch, *A general method applicable to the search for similarities in the amino acid sequence of two proteins.* Journal of Molecular Biology, 1970. **48**(3): pp. 443–453.

[139] Lipman, D.J., S.F. Altschul, and J.D. Kececioglu, *A tool for multiple sequence alignment.* Proceedings of the National Academy of Sciences USA, 1989. **86**(12): pp. 4412–4415.

[140] Feng, D.-F. and R.F. Doolittle, *Progressive sequence alignment as a prerequisitetto correct phylogenetic trees.* Journal of Molecular Evolution, 1987. **25**(4): pp. 351–360.

[141] Thompson, J.D., D.G. Higgins, and T.J. Gibson, *CLUSTAL W: improving the sensitivity of progressive multiple sequence alignment through sequence weighting, position-specific gap penalties and weight matrix choice.* Nucleic Acids Research, 1994. **22**(22): pp. 4673–4680.

[142] *GenBank.* Available from: https://www.ncbi.nlm.nih.gov/nucleotide/

[143] *UniProt.* Available from: https://www.uniprot.org/

[144] Pearson, W.R. and D.J. Lipman, *Improved tools for biological sequence comparison.* Proceedings of the National Academy of Sciences of the United States of America, 1988. **85**(8): pp. 2444–2448.

[145] Altschul, S.F., et al., *Gapped BLAST and PSI-BLAST: a new generation of protein database search programs.* Nucleic Acids Research, 1997. **25**(17): pp. 3389–3402.

[146] Karlin, S. and S.F. Altschul, *Methods for assessing the statistical significance of molecular sequence features by using general scoring schemes.* Proceedings of the National Academy of Sciences USA, 1990. **87**(6): pp. 2264–2268.

[147] Zhang, Z., et al., *A greedy algorithm for aligning DNA sequences.* Journal of Computational Biology, 2000. **7**(1–2): pp. 203–214.

[148] Kent, W.J., *BLAT–the BLAST-like alignment tool.* Genome Research, 2002. **12**(4): pp. 656–664.

[149] Schwartz, S., et al., *Human-mouse alignments with BLASTZ.* Genome Research, 2003. **13**(1): pp. 103–107.

[150] Edgar, R.C., *MUSCLE: multiple sequence alignment with high accuracy and high throughput.* Nucleic Acids Research, 2004. **32**(5): pp. 1792–1797.

[151] Katoh, K., et al., *MAFFT version 5: improvement in accuracy of multiple sequence alignment.* Nucleic Acids Research, 2005. **33**(2): pp. 511–518.

[152] Notredame, C., D.G. Higgins, and J. Heringa, *T-coffee: a novel method for fast and accurate multiple sequence alignment.* Journal of Molecular Biology, 2000. **302**(1): pp. 205–217.

[153] *BLAST+ download page.* Available from:
ftp://ftp.ncbi.nlm.nih.gov/blast/executables/blast+/LATEST/

[154] *Tree of Life.* Available from: http://tolweb.org/tree/

[155] *TIMETREE Project.* Available from: http://www.timetree.org/

[156] Camin, J.H. and R.R. Sokal, *A method for deducing branching sequences in phylogeny.* Evolution, 1965. **19**(3): pp. 311–326.

[157] Sokal, R.R. and C.D. Michener, *A statistical method for evaluating systematic relationships.* University of Kansas Scientific Bulletin, 1958. **28**: pp. 1409–1438.

[158] Saitou, N. and M. Nei, *The neighbor-joining method: a new method for reconstructing phylogenetic trees.* Molecular Biology and Evolution, 1987. **4**: pp. 406–425.

[159] Felsenstein, J., *Maximum likelihood and minimum-steps methods for estimating evolutionary trees from data on discrete characters.* Systematic Biology, 1973. **22**(3): pp. 240–249.

[160] Yang, Z. and B. Rannala, *Bayesian phylogenetic inference using DNA sequences: a Markov chain Monte Carlo method.* Molecular Biology and Evolution, 1997. **14**(7): pp. 717–724.

[161] Yang, Z. and B. Rannala, *Bayesian estimation of species divergence times under a molecular clock using multiple fossil calibrations with soft bounds.* Molecular Biology and Evolution, 2006. **23**(1): pp. 212–226.

[162] Felsenstein, J., *Confidence limits on phylogenies: an approach using the bootstrap.* Evolution, 1985. **39**: pp. 783–791.

[163] Adachi, J. and M. Hasegawa, *MOLPHY version 2.3: programs for molecular phylogenetics based on maximum likelihood.* 1996: Institute of Statistical Mathematics Tokyo.

[164] Kishino, H. and M. Hasegawa, *Evaluation of the maximum likelihood estimate of the evolutionary tree topologies from DNA sequence data, and the branching order in Hominoidea.* Journal of Molecular Evolution, 1989. **29**(2): pp. 170–179.

[165] Akaike, H., *Information theory and an extension of the maximum likelihood principle, in selected papers of Hirotugu Akaike,* E. Parzen, K. Tanabe, and G. Kitagawa, Editors. 1998, Springer New York: pp. 199–213.

[166] Ezekiel, M., *Methods of correlation analysis.* 1930.

[167] Posada, D. and K.A. Crandall, *MODELTEST: testing the model of DNA substitution.* Bioinformatics, 1998. **14**(9): pp. 817–818.

[168] Stamatakis, A., *RAxML-VI-HPC: maximum likelihood-based phylogenetic analyses with thousands of taxa and mixed models.* Bioinformatics, 2006. **22**(21): pp. 2688–2690.

[169] Guindon, S., et al., *New algorithms and methods to estimate maximum-likelihood phylogenies: assessing the performance of PhyML 3.0.* Systematic Biology, 2010. **59**(3): pp. 307–321.

[170] Nguyen, L.-T., et al., *IQ-TREE: A fast and effective stochastic algorithm for estimating maximum-likelihood phylogenies.* Molecular Biology and Evolution, 2015. **32**(1): pp. 268–274.

[171] Ronquist, F. and J.P. Huelsenbeck, *MrBayes 3: Bayesian phylogenetic inference under mixed models.* Bioinformatics, 2003. **19**(12): pp. 1572–1574.

[172] Drummond, A., et al., *Bayesian phylogenetics with BEAUti and the BEAST 1.7.* Molecular Biology and Evolution, 2012. **29**(8): pp. 1969–1973.

[173] Asai, K., S. Hayamizu, and K.i. Handa, *Prediction of protein secondary structure by the hidden Markov model.* Bioinformatics, 1993. **9**(2): pp. 141–146.

[174] Baum, L.E. and T. Petrie, *Statistical inference for probabilistic functions of finite state Markov chains.* The Annals of Mathematical Statistics. 1996. **37**(6): pp. 1554–1563.

[175] Viterbi, A.J., *Error bounds for convolutional codes and an asymptotically optimum decoding algorithm.* IEEE Transactions on Information Theory, 1967. **13**(2): pp. 260–269.

[176] Dempster, A.P., N.M. Laird, and D.B. Rubin, *Maximum likelihood from incomplete data*

via the EM algorithm. Journal of the Royal Statistical Society. Series B (Methodological), 1977. **39**(1): pp. 1–38.

[177] Krogh, A., I.S. Mian, and D. Haussler, *A hidden Markov model that finds genes in E.coli DNA.* Nucleic Acids Research, 1994. **22**(22): pp. 4768–4778.

[178] Haussler, D., et al. *Protein modeling using hidden Markov models: analysis of globins.* Proceedings of the Twenty-sixth Hawaii International Conference on System Sciences. 1993.

[179] Krogh, A., et al., *Hidden Markov models in computational biology: applications to protein modeling.* Journal of Molecular Biology, 1994. **235**(5): pp. 1501–1531.

[180] Sonnhammer, E.L.L., et al., *Pfam: multiple sequence alignments and HMM-profiles of protein domains.* Nucleic Acids Research, 1998. **26**(1): pp. 320–322.

[181] Durbin, R., et al., *Biological sequence analysis: probabilistic models of proteins and nucleic acids.* 1998, Cambridge University Press.

[182] Brown, M.A., et al., *Using Dirichlet mixture priors to derive hidden Markov models for protein families.* Proceedings of the International Conference on Intelligent Systems for Molecular Biology, 1993. **1**: pp. 47–55.

[183] Dunn, O.J., *Multiple comparisons among means.* Journal of the American Statistical Association, 1961. **56**(293): pp. 52–64.

[184] Holm, S., *A simple sequentially rejective multiple test procedure.* Scandinavian Journal of Statistics, 1979. **6**(2): pp. 65–70.

[185] Benjamini, Y. and Y. Hochberg, *Controlling the false discovery rate: a practical and powerful approach to multiple testing.* Journal of the Royal Statistical Society. Series B (Methodological), 1995. **57**(1): pp. 289–300.

[186] *TMHMM Server v. 2.0.* Available from: http://www.cbs.dtu.dk/services/TMHMM/

[187] *SignalP-5.0 Server.* Available from: http://www.cbs.dtu.dk/services/SignalP/

[188] *TargetP 1.1 Server.* Available from: http://www.cbs.dtu.dk/services/TargetP/

[189] Petersen, T.N., et al., *SignalP 4.0: discriminating signal peptides from transmembrane regions.* Nature Methods, 2011. **8**: pp. 785–786.

[190] Emanuelsson, O., et al., *Locating proteins in the cell using TargetP, SignalP and related tools.* Nature Protocols, 2007. **2**: pp. 953–971.

[191] *HMMER.* Available from: https://www.ebi.ac.uk/Tools/hmmer/

[192] Finn, R.D., J. Clements, and S.R. Eddy, *HMMER web server: interactive sequence similarity searching.* Nucleic Acids Research, 2011. **39**: pp. W29–W37.

[193] *PredictProtein 2013.* Available from: https://www.predictprotein.org/

[194] Rost, B., G. Yachdav, and J. Liu, *The PredictProtein server.* Nucleic Acids Research, 2004. **32**: pp. W321–W326.

[195] Waterston, R.H., et al., *Initial sequencing and comparative analysis of the mouse genome.* Nature, 2002. **420**(6915): pp. 520–562.

[196] Kasahara, M., et al., *The medaka draft genome and insights into vertebrate genome evolution.* Nature, 2007. **447**: pp. 714–719.

[197] Howe, K., et al., *The zebrafish reference genome sequence and its relationship to the human genome.* Nature, 2013. **496**: pp. 498–503.

[198] The Arabidopsis Genome Initiative, *Analysis of the genome sequence of the flowering plant Arabidopsis thaliana.* Nature, 2000. **408**(6814): pp. 796–815.

[199] Adams, M.D., et al., *The genome sequence of drosophila melanogaster.* Science, 2000. **287**(5461): pp. 2185–2195.

[200] NIH. *DNA sequencing costs: data.* Available from:
https://www.genome.gov/27541954/dna-sequencing-costs-data/

[201] Imakawa, K., S. Nakagawa, and T. Miyazawa, *Baton pass hypothesis: successive incor-*

poration of unconserved endogenous retroviral genes for placentation during mammalian evolution. Genes to Cells, 2015. **20**(10): pp. 771–788.

[202] Sanger, F., S. Nicklen, and A.R. Coulson, *DNA sequencing with chain-terminating inhibitors.* Proceedings of the National Academy of Sciences USA, 1977. **74**(12): pp. 5463–5467.

[203] Venter, J.C., et al., *The sequence of the human genome.* Science, 2001. **291**(5507): pp. 1304–1351.

[204] Ewing, B. and P. Green, *Base-calling of qutomated sequencer traces using Phred. II. Error probabilities.* Genome Research, 1998. **8**(3): pp. 186–194.

[205] Lam, T.W., et al., *Compressed indexing and local alignment of DNA.* Bioinformatics, 2008. **24**(6): pp. 791–797.

[206] Li, H. and R. Durbin, *Fast and accurate short read alignment with Burrows-Wheeler transform.* Bioinformatics, 2009. **25**(14): pp. 1754–1760.

[207] *Sam Format.* Available from: https://samtools.github.io/hts-specs/SAMv1.pdf

[208] Li, H., J. Ruan, and R. Durbin, *Mapping short DNA sequencing reads and calling variants using mapping quality scores.* Genome Research, 2008. **18**(11): pp. 1851–1858.

[209] Ng, S.B., et al., *Targeted capture and massively parallel sequencing of 12 human exomes.* Nature, 2009. **461**(7261): pp. 272–276.

[210] Suyama, Y. and Y. Matsuki, *MIG-seq: an effective PCR-based method for genomewide single-nucleotide polymorphism genotyping using the next-generation sequencing platform.* Scientific Reports, 2015. **5**: p. 16963.

[211] Compeau, P.E.C., P.A. Pevzner, and G. Tesler, *How to apply de Bruijn graphs to genome assembly.* Nature Biotechnology, 2011. **29**(11): pp. 987–991.

[212] Tarjan, R., *Depth-first search and linear graph algorithms.* SIAM Journal on Computing, 1972. **1**(2): pp. 146–160.

[213] Goodwin, S., et al., *Oxford Nanopore sequencing, hybrid error correction, and de novo assembly of a eukaryotic genome.* Genome Research, 2015. **25**(11): pp. 1750–1756.

[214] Kharchenko, P.V., M.Y. Tolstorukov, and P.J. Park, *Design and analysis of ChIP-seq experiments for DNA-binding proteins.* Nature Biotechnology, 2008. **26**(12): pp. 1351–1359.

[215] Boyle, A.P., et al., *High-resolution mapping and characterization of open chromatin across the genome.* Cell, 2008. **132**(2): pp. 311–322.

[216] Harris, R.A., et al., *Comparison of sequencing-based methods to profile DNA methylation and identification of monoallelic epigenetic modifications.* Nature Biotechnology, 2010. **28**: pp. 1097–1105.

[217] *CLC Genomics Workbench.* Available from: https://www.qiagenbioinformatics.com/products/clc-genomics-workbench/

[218] *FastQC.* Available from: http://www.bioinformatics.babraham.ac.uk/projects/fastqc/

[219] Davis, M.P.A., et al., *Kraken: A set of tools for quality control and analysis of high-throughput sequence data.* Methods, 2013. **63**(1): pp. 41–49.

[220] *cutadapt.* Available from: https://cutadapt.readthedocs.io/en/stable/

[221] Langmead, B. and S.L. Salzberg, *Fast gapped-read alignment with Bowtie 2.* Nature Methods, 2012. **9**(4): pp. 357–359.

[222] Li, R., et al., *SOAP2: an improved ultrafast tool for short read alignment.* Bioinformatics, 2009. **25**(15): pp. 1966–1967.

[223] Li, H., et al., *The Sequence Alignment/Map format and SAMtools.* Bioinformatics, 2009. **25**(16): pp. 2078–2079.

[224] *bamtools.* Available from: https://github.com/pezmaster31/bamtools/

[225] Quinlan, A.R. and I.M. Hall, *BEDTools: a flexible suite of utilities for comparing ge-*

nomic features. Bioinformatics, 2010. **26**(6): pp. 841–842.

[226] Luo, R., et al., *SOAPdenovo2: an empirically improved memory-efficient short-read de novo assembler.* GigaScience, 2012. **1**(1): pp. 1–6.

[227] Simpson, J.T., et al., *ABySS: a parallel assembler for short read sequence data.* Genome Research, 2009. **19**(6): pp. 1117–1123.

[228] Zerbino, D.R. and E. Birney, *Velvet: algorithms for de novo short read assembly using de Bruijn graphs.* Genome Research, 2008. **18**(5): pp. 821–829.

[229] Kajitani, R., et al., *Efficient de novo assembly of highly heterozygous genomes from whole-genome shotgun short reads.* Genome Research, 2014. **24**(8): pp. 1384–1395.

[230] Chikhi, R. and P. Medvedev, *Informed and automated k-mer size selection for genome assembly.* Bioinformatics, 2014. **30**(1): pp. 31–37.

[231] Koren, S., et al., *Canu: scalable and accurate long-read assembly via adaptive k-mer weighting and repeat separation.* Genome Research, 2017. **27**(5): pp. 722–736.

[232] Catchen, J., et al., *Stacks: an analysis tool set for population genomics.* Molecular Ecology, 2013. **22**(11): pp. 3124–3140.

[233] Eaton, D.A.R., *PyRAD: assembly of de novo RADseq loci for phylogenetic analyses.* Bioinformatics, 2014. **30**(13): pp. 1844–1849.

[234] Gunaratne, J., et al., *Extensive mass spectrometry-based analysis of the fission yeast proteome: THE SCHIZOSACCHAROMYCES POMBE PeptideAtlas.* Molecular & Cellular Proteomics, 2013. **12**(6): pp. 1741–1751.

[235] King, M.C. and A.C. Wilson, *Evolution at two levels in humans and chimpanzees.* Science, 1975. **188**: pp. 107–116.

[236] Osada, N., *An overview of transcriptome studies in non-human primates post-genome biology of primates*, H. Hirai, H. Imai, and Y. Go, Editors. 2012, Springer Tokyo. pp. 9–22.

[237] Emerson, J.J. and W.-H. Li, *The genetic basis of evolutionary change in gene expression levels.* Philosophical Transactions of the Royal Society B: Biological Sciences, 2010. **365**(1552): pp. 2581–2590.

[238] Schena, M., et al., *Quantitative monitoring of gene expression patterns with a complementary DNA microarray.* Science, 1995. **270**(5235): pp. 467–470.

[239] Gautier, L., et al., *affy—analysis of Affymetrix GeneChip data at the probe level.* Bioinformatics, 2004. **20**(3): pp. 307–315.

[240] Khan, J., et al., *DNA microarray technology: the anticipated impact on the study of human disease.* Biochimica et Biophysica Acta (BBA) - Reviews on Cancer, 1999. **1423**(2): pp. M17–M28.

[241] Wang, Z., M. Gerstein, and M. Snyder, *RNA-Seq: a revolutionary tool for transcriptomics.* Nature Reviews Genetics, 2009. **10**(1): pp. 57–63.

[242] Kim, D., et al., *TopHat2: accurate alignment of transcriptomes in the presence of insertions, deletions and gene fusions.* Genome Biology, 2013. **14**(4): p. R36.

[243] Wagner, G.P., K. Kin, and V.J. Lynch, *Measurement of mRNA abundance using RNA-seq data: RPKM measure is inconsistent among samples.* Theory in Biosciences, 2012. **131**(4): pp. 281–285.

[244] Furusawa, C., et al., *Ubiquity of log-normal distributions in intra-cellular reaction dynamics.* Biophysics, 2005. **1**: pp. 25–31.

[245] Cui, X. and G.A. Churchill, *Statistical tests for differential expression in cDNA microarray experiments.* Genome Biology, 2003. **4**(4): p. 210.

[246] Dudoit, S., et al., *Statistical methods for identifying differentially expressed gens in replicated cDNA microarray experiments.* Statistica Sinica, 2002. **12**(1): pp. 111–139.

[247] Anders, S. and W. Huber, *Differential expression analysis for sequence count data.*

Genome Biology, 2010. **11**(10): p. R106.

[248] McCarthy, D.J., Y. Chen, and G.K. Smyth, *Differential expression analysis of multifactor RNA-Seq experiments with respect to biological variation.* Nucleic Acids Research, 2012. **40**(10): pp. 4288–4297.

[249] Monticone, M., et al., *Identification of a novel set of genes reflecting different in vivo invasive patterns of human GBM cells.* BMC Cancer, 2012. **12**(1): p. 358.

[250] Stuart, J.M., et al., *A Gene-coexpression network for global discovery of conserved genetic modules.* Science, 2003. **302**(5643): pp. 249–255.

[251] Davidson, E.H., et al., *A genomic regulatory network for development.* Science, 2002. **295**(5560): pp. 1669–1678.

[252] van Noort, V., B. Snel, and M.A. Huynen, *The yeast coexpression network has a small-world, scale-free architecture and can be explained by a simple model.* EMBO reports, 2004. **5**(3): pp. 280–284.

[253] Watts, D.J. and S.H. Strogatz, *Collective dynamics of 'small-world' networks.* Nature, 1998. **393**(6684): pp. 440–442.

[254] Backstrom, L., et al., *Four degrees of separation. 2011.* arXiv preprint arXiv:1111.4570.

[255] Featherstone, D.E. and K. Broadie, *Wrestling with pleiotropy: genomic and topological analysis of the yeast gene expression network.* BioEssays, 2002. **24**(3): pp. 267–274.

[256] Kim, D., B. Langmead, and S.L. Salzberg, *HISAT: a fast spliced aligner with low memory requirements.* Nature Methods, 2015. **12**: pp. 357–360.

[257] *HISAT2.* Available from: https://github.com/infphilo/hisat2/

[258] Trapnell, C., et al., *Differential gene and transcript expression analysis of RNA-seq experiments with TopHat and Cufflinks.* Nature Protocols, 2012. **7**(3): pp. 562–578.

[259] Nariai, N., et al., *TIGAR: transcript isoform abundance estimation method with gapped alignment of RNA-Seq data by variational Bayesian inference.* Bioinformatics, 2013. **29**(18): pp. 2292–2299.

[260] Ritchie, M.E., et al., *limma powers differential expression analyses for RNA-sequencing and microarray studies.* Nucleic Acids Research, 2015. **43**(7): p. e47.

[261] Liao, Y., G.K. Smyth, and W. Shi, *The subread aligner: fast, accurate and scalable read mapping by seed-and-vote.* Nucleic Acids Research, 2013. **41**(10): p. e108.

[262] Russo, F. and C. Angelini, *RNASeqGUI: a GUI for analysing RNA-Seq data.* Bioinformatics, 2014. **30**(17): pp. 2514–2516.

[263] Grabherr, M.G., et al., *Full-length transcriptome assembly from RNA-Seq data without a reference genome.* Nature Biotechnology, 2011. **29**: pp. 644–652.

[264] Harris, D.A., *Cellular biology of prion diseases.* Clinical Microbiology Reviews, 1999. **12**(3): pp. 429–444.

[265] Mead, S., et al., *A novel protective prion protein variant that colocalizes with Kuru exposure.* New England Journal of Medicine, 2009. **361**(21): pp. 2056–2065.

[266] Asante, E.A., et al., *A naturally occurring variant of the human prion protein completely prevents prion disease.* Nature, 2015. **522**: pp. 478–481.

[267] Richter, K., M. Haslbeck, and J. Buchner, *The heat shock response: life on the verge of death.* Molecular Cell, 2010. **40**(2): pp. 253–266.

[268] Kendrew, J.C., et al., *A three-dimensional model of the myoglobin molecule obtained by X-ray analysis.* Nature, 1958. **181**: p. 662.

[269] Wüthrich, K., *The way to NMR structures of proteins.* Nature Structural Biology, 2001. **8**: pp. 923–925.

[270] Unwin, P.N.T. and R. Henderson, *Molecular structure determination by electron microscopy of unstained crystalline specimens.* Journal of Molecular Biology, 1975. **94**(3): pp. 425–440.

[271] Sayle, R.A. and E.J. Milner-White, *RASMOL: biomolecular graphics for all.* Trends in Biochemical Sciences, 1995. **20**(9): pp. 374–376.

[272] Bikadi, Z., L. Demko, and E. Hazai, *Functional and structural characterization of a protein based on analysis of its hydrogen bonding network by hydrogen bonding plot.* Archives of Biochemistry and Biophysics, 2007. **461**(2): pp. 225–234.

[273] Kabsch, W., *A solution for the best rotation to relate two sets of vectors.* Acta Crystallographica Section A, 1976. **32**(5): pp. 922–923.

[274] Alder, B.J. and T.E. Wainwright, *Studies in molecular dynamics. I. general method.* The Journal of Chemical Physics, 1959. **31**(2): pp. 459–466.

[275] J E Williams, a. P J Stand, and P.R. Schleyer, *Physical organic chemistry: quantitative conformational analysis; calculation methods.* Annual Review of Physical Chemistry, 1968. **19**(1): pp. 531–558.

[276] Warshel, A. and M. Levitt, *Theoretical studies of enzymic reactions: dielectric, electrostatic and steric stabilization of the carbonium ion in the reaction of lysozyme.* Journal of Molecular Biology, 1976. **103**(2): pp. 227–249.

[277] Chou, P.Y. and G.D. Fasman, *Prediction of protein conformation.* Biochemistry, 1974. **13**(2): pp. 222–245.

[278] Martí -Renom, M.A., et al., *Comparative protein structure modeling of genes and genomes.* Annual Review of Biophysics and Biomolecular Structure, 2000. **29**(1): pp. 291–325.

[279] Bowie, J., R. Luthy, and D. Eisenberg, *A method to identify protein sequences that fold into a known three-dimensional structure.* Science, 1991. **253**(5016): pp. 164–170.

[280] Jones, D.T., W.R. Taylort, and J.M. Thornton, *A new approach to protein fold recognition.* Nature, 1992. **358**: pp. 86–89.

[281] Schrodinger, LLC, *The PyMOL Molecular Graphics System, Version 1.8.* 2015.

[282] Humphrey, W., A. Dalke, and K. Schulten, *VMD: visual molecular dynamics.* Journal of Molecular Graphics, 1996. **14**(1): pp. 33–38.

[283] Fiser, A. and A. Šali, *Modeller: generation and refinement of homology-based protein structure models*, in *Methods in enzymology.* 2003, Academic Press. pp. 461–491.

[284] Schwede, T., et al., *SWISS-MODEL: an automated protein homology-modeling server.* Nucleic Acids Research, 2003. **31**(13): pp. 3381–3385.

[285] Choi, Y., et al., *Predicting the functional effect of amino acid substitutions and indels.* PLOS ONE, 2012. **7**(10): p. e46688.

[286] Kumar, P., S. Henikoff, and P.C. Ng, *Predicting the effects of coding non-synonymous variants on protein function using the SIFT algorithm.* Nature Protocols, 2009. **4**: pp. 1073–1081.

[287] Stone, E.A. and A. Sidow, *Physicochemical constraint violation by missense substitutions mediates impairment of protein function and disease severity.* Genome Research, 2005. **15**(7): pp. 978–986.

[288] Schymkowitz, J., et al., *The FoldX web server: an online force field.* Nucleic Acids Research, 2005. **33**(suppl_2): pp. W382–W388.

[289] *National Center for Biotechnology Information (NCBI).* Available from: https://www. ncbi.nlm.nih.gov/

[290] *European Molecular Biology Laboratory (EMBL).* Available from: https://www.embl.de/

[291] *DNA Data Bank of Japan (DDBJ).* Available from: https://www.ddbj.nig.ac.jp/

[292] Pruitt, K.D., et al., *RefSeq: an update on mammalian reference sequences.* Nucleic Acids Research, 2014. **42**(D1): pp. D756–D763.

[293] *H-Inv DB.* Available from: http://www.h-invitational.jp/

[294] Brown, G.R., et al., *Gene: a gene-centered information resource at NCBI.* Nucleic Acids

Research, 2015. **43**(D1): pp. D36–D42.

[295] *UniProtKB*. Available from: https://www.uniprot.org/

[296] *Geome Data*. Available from: https://www.ncbi.nlm.nih.gov/genome/gdb/

[297] *ENSEMBL*. Available from: https://www.ensembl.org/

[298] *UCSC Genome Browser*. Available from: https://genome.ucsc.edu/

[299] *GFF/GTF File Format - Definition and supported options*. Available from: https://www.ensembl.org/info/website/upload/gff.html

[300] 統合 TV. Available from: http://togotv.dbcls.jp/

[301] *Gene Expression Omnibus*. Available from: https://www.ncbi.nlm.nih.gov/geo/

[302] *Expression Atlas*. Available from: https://www.ebi.ac.uk/gxa/home

[303] *Online Mendelian Inheritance In Man*. Available from: https://www.omim.org/

[304] *PubMed*. Available from: https://www.ncbi.nlm.nih.gov/pubmed/

[305] *PubMed Central*. Available from: https://www.ncbi.nlm.nih.gov/pmc/

[306] *Google Scholar*. Available from: https://scholar.google.co.jp/

[307] *Strucuture*. Available from: https://www.ncbi.nlm.nih.gov/structure/

[308] *Taxonomy*. Available from: https://www.ncbi.nlm.nih.gov/taxonomy/

[309] *dbSNP*. Available from: https://www.ncbi.nlm.nih.gov/snp/

[310] *1000 Genomes Browser*. Available from: http://browser.1000genomes.org/

索　引

英数字

α ヘリックス　27, 129, 177
β シート　27, 129, 177
3D-1D 法　179
AUC　133
BLAST　105, 108
ChIP-seq　151
cis 制御変異　155
CpG 配列　15, 88
de novo シークエンシング　137
DNA マイクロアレイ　157
EM アルゴリズム　129
EST　185
FASTA　104
FASTA フォーマット　104, 139
FASTQ フォーマット　139
F_{ST}　49, 69
Gene データベース　185
k-mer　104, 142, 147, 153
MA プロット　162
MCMC 法　119
NGS　140
PAM250 スコア行列　99
PAM 行列　93, 94, 99
PDB フォーマット　174
Phred 値　138, 145
PSI-BLAST　178
p-距離　94
Q-Q プロット　161
RAD-seq　77, 146, 153
RefSeq データベース　185
RNA
　　　リボソーム RNA　3, 16
RNA-seq　158
ROC 曲線　133
sam フォーマット　143
trans 制御変異　156
UPGMA 法　115, 166
X 線結晶構造解析　173

あ

赤池情報量基準　121
アクセッション番号　183, 187
アセンブル　138, 147, 153
アノテーション　186–188
アフリカツメガエル　10
アミノ酸プロファイル　130, 178
アラインメント　93, 96, 97, 108
　　　局所アラインメント　97, 105
　　　大域アラインメント　97, 100
　　　ペアワイズアラインメント　97
　　　マルチプルアラインメント　97, 103, 113, 130
アルフレッド・ハーシー　5
アレル　4
アンフィンセンのドグマ　28, 176
イエイヌ　3, 58
イエネコ　3
移住　49
一塩基多型 (SNP)　33–35, 49, 69, 73, 190
遺伝子型　4, 35
遺伝子共発現ネットワーク　167
遺伝子系図　53, 111
遺伝子制御ネットワーク　167
遺伝子重複　19, 57, 58, 109
遺伝子の水平伝播　8
遺伝的浮動　32, 34, 38, 47, 50, 51, 65
インデル　96–98
ウォルター・サットン　5
ウシ　172
エピジェネティック変異　15
エルンスト・ヘッケル　109
塩基遷移確率行列　83, 117
塩基多様度　42, 54, 64, 77, 146

塩基置換速度行列　82
塩基置換モデル　82, 117
　　　一般時間可逆モデル（GTR モデル）　87, 121
　　　木村の 2 パラメータモデル　86, 117, 121
　　　ジュークス–カンターモデル　84, 91, 117
　　　長谷川・岸野・矢野モデル（HKY モデル）　87, 121
塩基配列　7
　　　逆相補配列　7
エンドウ　4
エンハンサー　18, 155
オイラー経路　148, 149
オズワルド・エイブリー　5
オープンリーディングフレーム　21
オルソログ　57, 92, 109

か

外群　66, 76, 113
階層的クラスタリング　114, 166
核磁気共鳴法　173
核相　8
確率分布
　　　一様分布　195
　　　ガンマ分布　88, 165, 196
　　　幾何分布　21, 52, 194
　　　指数分布　52, 197
　　　正規分布　160, 195
　　　対数正規分布　161, 196
　　　多項分布　193
　　　二項分布　38, 192
　　　標準正規分布　161, 196
　　　負の二項分布　165, 195
　　　ベータ分布　197
　　　ポアソン分布　94, 164,

192
　　離散確率分布　191
　　連続確率分布　191
確率密度関数　53, 191, 195, 198
確率モデル法　113, 117
隠れマルコフモデル（HMM）　103, 125, 129, 134, 177
　　プロファイル HMM　130
過小分散　164
過大分散　164
カニクイザル　67, 92
カバー率　144, 146
感度　129, 132
キイロショウジョウバエ　5, 11
機械学習　80, 124, 132, 134, 177
　　教師あり学習　124
　　教師なし学習　124
偽発見率　132
橋　149
極値分布　107
距離行列法　113, 114, 123
近交係数　40
近隣結合法（NJ 法）　115, 166
クオリティスコア　138
組換え　50, 77
　　組換え率　5
クライオ電子顕微鏡　173
クラスタ係数　167
クリスチャン・アンフィンセン　28
グレゴール・ヨハン・メンデル　4
クレード　58, 119, 123
クロマチン　2, 152
結合情報量　200
ゲノムブラウザ　108, 187
原核生物　2
顕性　iii, 4, 44
交差確認　134
合祖過程　53
後退辺　149
コザック配列　20
コード領域　10
コドン　1
コンタクトマップ　175, 180
コンティグ　150

さ

最節約法（MP 法）　113, 121
サイト頻度スペクトラム（SFS）　65, 78
細胞内共生　2, 8
最尤推定量　198
最尤法（ML 法）　117, 120, 123
サンガー法　136, 138, 185
参照ゲノム配列　142, 158
ジェームス・ワトソン　5
事後確率分布　119, 198
次世代シークエンサー（NGS）　136, 140
事前確率分布　198
自然選択　2
　　正の自然選択　34, 59, 75, 78, 89
　　負の自然選択　35, 56, 59, 89, 178
シード配列　104, 105, 142
シャノン情報量　199
ジャン＝バティスト・ラマルク　109
集団変異率　42, 64, 65
収斂進化　55
主成分分析　69
出力確率　125
種分化　49, 57
条件付き確率　200
条件付き情報量　200
ジョン・メイナード－スミス　75
シロアシネズミ　46
シロイヌナズナ　55, 136
真陰性率　133
進化距離　58, 80, 95, 114
真核生物　2
真陽性率　133
信頼区間　120
スキャフォールド　150
スケールフリー　168
スコア行列　99, 106, 180
ステム－ループ構造　20
スレッディング法　179
生殖系列細胞　3, 13
セレクティブスウィープ　75, 78
遷移確率行列　81

漸進的アラインメント法　103
潜性　iii, 4, 44
線虫　11
セントラルドグマ　2
相関係数　50, 166
相互情報量　166, 200
操作的分類単位（OTU）　111
相同性検索　96, 104, 105, 108, 135
側系統群　58

た

第一種過誤　131
体細胞　3, 13
対数変換　161, 162
第二種過誤　131
田嶋の D 統計量　67, 76, 77
多重検定　132, 164
多重置換　79, 94
単系統群　58
中心極限定理　161
中心性　168
　　度数中心性　168
　　媒介中心性　168
チンパンジー　31, 34, 155
ディスオーダー領域　27
適応度　43, 44, 47
データベース
　　階層型データベース　182
　　リレーショナル型データベース　182
デュブラングラフ　148
転写因子　18, 152, 155
転写開始点　17
天然変性タンパク質　27
同時確率分布　200
同祖　40
動的計画法　100, 180
トウモロコシ　11
特異度　129, 132
突然変異　2, 13
　　生殖系列細胞突然変異　13
　　体細胞突然変異　13
　　点突然変異　13
　　突然変異と選択と浮動の釣合い　47
　　突然変異と浮動の釣合い　40, 41, 47

突然変異率　5, 9, 11, 14, 15, 30, 34, 35, 39, 64, 89
トーマス・ハント・モルガン　5
トランジッション　15, 22, 86, 91, 117, 121
トランスクリプトーム　154
トランスバージョン　15, 22, 81, 86, 91, 117, 121

な
ニードルマン–ヴンシュの方法　100
ニホンメダカ　58, 136
根井と五條堀の方法　91, 95

は
肺炎レンサ球菌　5
倍数体生物　9
ハイブリダイゼーション　12, 146, 154, 157
ハウスキーピング遺伝子　160
バウム–ウェルチアルゴリズム　129
ハツカネズミ　30, 55, 58, 65, 109, 113, 136, 172
バックグラウンドセレクション　75
ハッシュテーブル　104, 142
ハーディ–ワインベルグの法則　35, 47
ハーディ–ワインベルグ平衡　36
ハプロタイプ　50, 64, 77
ハプロタイプホモ接合伸長スコア　77
ハーマン・J・マラー　5
ハミルトン経路　148, 153
パラログ　57
バローズ–ホイーラー変換 (BWT)　142
パンコムギ　10
反復配列　11, 136
ヒストン　2, 152
ビタビアルゴリズム　126, 130

ヒト　2–5, 7, 8, 11, 13, 15, 17–19, 21, 30, 32, 34, 37, 46, 47, 51, 52, 55, 58, 62, 63, 67, 71, 75, 92, 105, 110, 111, 124, 138, 155, 160, 171, 183, 190
表現型　4
標準化　160, 162
　　中央値標準化　160
　　分位点標準化　160
ピリミジン塩基　6
ビン首効果　65, 67
フェイとウーの H 統計量　76
フォールディング　26, 172, 176
深さ優先探索木 (DFS)　149
ブートストラップ法　120
フラーリーのアルゴリズム　149
フランクリン・スタール　5
フランシス・クリック　5
プリオンタンパク質　172
プリン塩基　6
フレデリック・サンガー　138
プロモーター　17, 155
分散共分散行列　70
分子系統樹　57, 93, 109, 115
　　無根系統樹　111, 113
　　有根系統樹　111
分子シャペロン　27, 172
分子進化速度　43, 79, 115
分子進化の中立説　32, 59, 79
分子進化のほぼ中立説　46
分子動力学　176, 178
分子時計　59
分子力学　176, 178
分離サイト数　64
平均情報量　199
平衡淘汰　44, 49
ベイズの定理　198
ベイズ法　118, 123, 144, 198
ヘテロ接合　4
ヘテロ接合度　11, 42, 77, 144
変異検出　142, 153
ベンジャミニとホックバーグの方法　132

変数変換　161
ポアソン補正距離　94
ホモ接合　4
ホモログ　57
ホモロジーモデリング　178, 180
ボルケーノプロット　162
ホルムの連続ボンフェローニ法　132
ボンフェローニの補正　132

ま
マイクロサテライト配列　11
マーサ・チェイス　5
マシュー・メセルソン　5
マルコフ過程　80, 82, 126
ミスフォールディング　172
ミトコンドリア　2, 8, 9, 22, 105, 111
無限サイトモデル　41, 54
モデル生物　136

や
有向グラフ　147
有効集団サイズ　37, 64, 65
葉緑体　2

ら
ライト–フィッシャー集団　37, 51
リサンプリング法　120
リシークエンシング　137, 142
リー–パミロ–ビアンキの方法　91, 95
リボソーム　2
累積分布関数　191
連鎖　50, 63
　　連鎖不平衡　50, 73, 77
ロナルド・A・フィッシャー　4

わ
ワターソンの θ　64
ワーランド効果　47

著 者 略 歴

長田　直樹（おさだ・なおき）
- 1997 年　東京大学理学部生物学科卒業
- 2002 年　東京大学大学院理学系研究科博士課程修了
　　　　　　博士（理学）
- 2002 年　東京大学　博士研究員
- 2003 年　米シカゴ大学　リサーチアソシエイト
- 2005 年　独立行政法人医薬基盤研究所　研究員
- 2010 年　国立遺伝学研究所　助教
- 2015 年　北海道大学大学院情報科学研究科　准教授
- 2019 年　北海道大学大学院情報科学研究院　准教授
　　　　　　現在に至る

編集担当　宮地亮介(森北出版)
編集責任　藤原祐介(森北出版)
組　　版　藤原印刷
印　　刷　同
製　　本　同

進化で読み解く
バイオインフォマティクス入門　　　　　　　　　Ⓒ 長田直樹　2019

2019 年 6 月 28 日　第 1 版第 1 刷発行　　【本書の無断転載を禁ず】
2020 年 4 月 10 日　第 1 版第 2 刷発行

著　　者　長田直樹
発 行 者　森北博巳
発 行 所　森北出版株式会社
　　　　　東京都千代田区富士見 1-4-11（〒 102-0071）
　　　　　電話 03-3265-8341 ／ FAX 03-3264-8709
　　　　　https://www.morikita.co.jp/
　　　　　日本書籍出版協会・自然科学書協会　会員
　　　　　JCOPY ＜(一社)出版者著作権管理機構 委託出版物＞

落丁・乱丁本はお取替えいたします.

Printed in Japan ／ ISBN978-4-627-26141-9

MEMO

MEMO

MEMO

MEMO

MEMO